普通高等教育风景园林专业系列教材

古典园林建筑设计

第 2 版

主　编　戴秋思　杨　玲
副主编　汪智洋　冷　婕
参　编　焦　洋
主　审　王中德

重庆大学出版社

内容提要

园林建筑是中国传统园林重要的构景要素，在传统园林中起着重要而积极的作用，一直以来，深受人们的喜爱。本书针对古典园林建筑的各个层面展开叙述，力求做到以系统的观点解析典型案例，运用理论和实践相结合的手法构筑教材。

全书共分7章：第1章主要介绍园林建筑的相关概念及其分类、园林建筑的成因与特点、古典园林建筑的发展历程及其传承等内容，旨在对本书的主体内容做出框限，并阐明古典园林建筑的时代意义，这也是本书的立足点；第2章从审美的角度认识园林建筑，重点介绍古代园林建筑审美的内容，阐述审美观对园林建筑的影响；第3章为古典园林建筑群体设计，侧重分析园林建筑群体的空间组织形式与设计手法；第4章为古典园林建筑单体设计，对古典园林建筑进行分类并对主要类型做出设计要点的详解；第5章是古典园林建筑结构与装修，是全书的难点，主要对古典园林建筑的营造技术做出图解与分析；第6章是园林建筑实录，介绍我国现代园林建筑创作实例；第7章是学生作业选录。

本书的编写本着尊重传统、总结提炼，为当代风景园林设计提供参照的原则，力求文字简明、清晰，实例具体，资料丰富，图文并茂。本书适用于各大院校风景园林专业的教学，同时也可以作为建筑学、环境艺术等专业的参考教材。

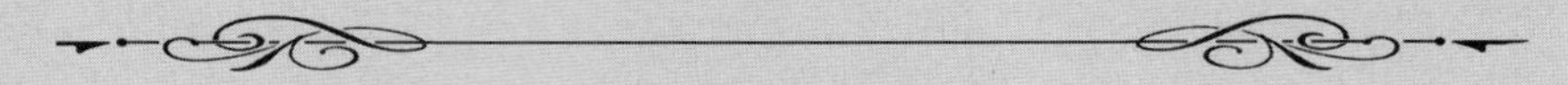

图书在版编目(CIP)数据

古典园林建筑设计/戴秋思，杨玲主编. --2版
. --重庆：重庆大学出版社，2023.1
普通高等教育风景园林专业系列教材
ISBN 978-7-5624-8234-5

Ⅰ.①古… Ⅱ.①戴… ②杨… Ⅲ.①古典园林—园林设计—高等教育—教材 Ⅳ.①TU986.6

中国版本图书馆CIP数据核字(2021)第019342号

普通高等教育风景园林专业系列教材
古典园林建筑设计
GUDIAN YUANLIN JIANZHU SHEJI
(第2版)
主　编　戴秋思　杨　玲
副主编　汪智洋　冷　婕
主　审　王中德
策划编辑：张　婷
责任编辑：张红梅　　版式设计：张　婷
责任校对：王　倩　　责任印制：赵　晟
*
重庆大学出版社出版发行
出版人：饶帮华
社址：重庆市沙坪坝区大学城西路21号
邮编：401331
电话：(023)88617190　88617185(中小学)
传真：(023)88617186　88617166
网址：http://www.cqup.com.cn
邮箱：fxk@cqup.com.cn(营销中心)
全国新华书店经销
重庆升光电力印务有限公司印刷
*
开本：787mm×1092mm　1/16　印张：16　字数：421千
2014年8月第1版　2023年1月第2版　2023年1月第4次印刷
印数：3 901—6 900
ISBN 978-7-5624-8234-5　定价：49.00元

总 序

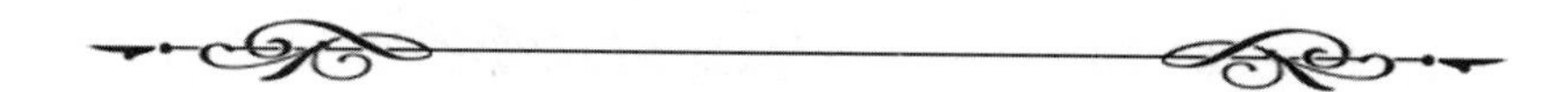

风景园林学，这门古老而又常新的学科，正以崭新的姿态迎接未来。

“风景园林学”是规划、设计、保护、建设和管理户外自然和人工环境的学科。其核心内容是户外空间营造，根本使命是协调人与自然之间的环境关系。回顾已经走过的历史，风景园林已持续存在数千年，从史前文明时期的“筑土为坛”“列石为阵”，到21世纪的绿色基础设施、都市景观主义和低碳节约型园林，它们都有一个共同的特点，就是与人们对生存环境的质量追求息息相关。无论中西，都遵循一个共同的规律，社会经济高速发展之时，正是风景园林大展宏图之日。

今天，随着城市化进程的加快，人们对生存环境的要求也越来越高——不仅注重建筑本身，而且更加关注户外空间的营造。休闲意识和休闲时代的来临，使风景名胜区和旅游度假区保护与开发的矛盾日益加大；滨水地区的开发随着城市形象的提档升级受到越来越高的关注；代表城市需求和城市形象的广场、公园、步行街等城市公共开放空间大量兴建；居住区环境景观设计的要求越来越高；城市道路在满足交通需求的前提下景观功能逐步被强调……这些都明确显示，社会需要风景园林人才。

自1951年清华大学与原北京农业大学联合设立“造园组”开始，到2009年中国现代风景园林学科已有58年的发展历史。据统计，2009年我国共有184个本科专业培养点。但是，由于本学科的专业设置分属工学门类建筑学一级学科下城市规划与设计二级学科的研究方向和农学门类林学一级学科下园林植物与观赏园艺二级学科；同时，本学科的本科名称又分别有园林、风景园林、景观建筑设计、景观学等，加之社会上从事风景园林行业的人员复杂的专业背景，使得人们对这个学科的认知一度呈现较为混乱的局面。

然而，随着社会的进步，学科发展受到越来越多的关注，业界普遍认为应该集中精力调整与发展学科建设，培养更多更好的适应社会需求的专业人才，于是达成了“风景园林”作为专业名称的共识。为了贯彻《中共中央　国务院关于深化教育改革全面推进素质教育的决定》精神，促进风景园林学科人才培养走上规范化的轨道，推进风景园林类专业的“融合、一体化”进程，拓宽和深化专业教学内容，满足现代化城市建设的具体要求，编写一套适合新时代风景园林类专业高等学校教学需要的系列教材是十分必要的。

重庆大学出版社从2007年开始跟踪、调研全国风景园林专业的教学状况，2008年决定启动“普通高等学校风景园林专业系列教材”的编写工作，并于2008年12月组织召开了普通高等学校风景园林类专业系列教材编写研讨会。研讨会汇集南北各地园林、景观、环境艺术领域的专业教师，就风景园林类专业的教学状况、教材大纲等进行交流和研讨，为确保系列教材的编写质量与顺利出版奠定了基础。重庆大学出版社的编辑和主编们经过两年多的精心策划，加上广大参编人员的精诚协作与不懈努力，“普通高等学校风景园林专业系列教材”将于2011年陆续问世，真是可喜可贺！

这套系列教材的编写广泛吸收了有关专家、教师及风景园林工作者的意见和建议，立足于培养具有综合创新能力的普通本科风景园林专业人才，精心选择内容，既考虑到了相关知识和技能的科学体系的全面系统性，又结合了广大编写人员多年来教学与规划设计的实践经验，并汲取国内外最新研究成果编写而成。教材理论深度合适，注重对实践经验与成就的推介，内容翔实，图文并茂，是一套风景园林学科领域内详尽、系统的教学系列用书，具有较高的学术价值和实用价值。这套系列教材适应性广，不仅可供风景园林类及相关专业学生学习风景园林理论知识与专业技能使用，也可用作专业工作者和广大业余爱好者学习专业基础理论、提高设计能力的有效参考书。

相信这套系列教材的出版，能更好地适应我国风景园林事业发展的需要，能为推动我国风景园林学科的建设、提高风景园林教育总体水平起到积极的作用。

愿风景园林之树常青！

编委会主任　杜春兰

编委会副主任　陈其兵

2010年9月

前　言（第2版）

风景园林建筑从属于建筑学范畴，涉及美学、环境艺术、结构技术等多个专业领域，具有很强的综合性和实践性，同普通的工业与民用建筑相比既有共同的特征，又有自身的特点。中国古典园林建筑在世界园林建筑中占有特殊的地位，具有鲜明的个性特征，在园林中实现了建筑与自然环境的和谐共生，创造出富有诗情画意的美丽图景。直至今日，中国古典园林建筑所蕴含的哲学思想、空间理念、营建技艺以及美学意境仍然是学习者需要汲取的重要设计养分。

本书以中国古典园林建筑经典案例为依据，根据广大风景园林教育工作者、设计工作者多年来的研究成果及教学、实践经验编写而成，对古典园林建筑的设计理论与原则、手法与技巧、营造技术等进行系统的介绍。该书作为风景园林学专业本科设计课的辅导教材，体现出了对古典园林建筑文化的继承与发展，对高等院校风景园林学的教学具有重要指导意义。同时，对于已具备一定建筑设计和风景园林专业知识的相关从业者而言，本书亦具有一定的实践参考价值。

作为普通高等教育风景园林专业"十二五"规划教材，该书2014年发行了首版并被广泛使用，创造了良好的社会效益。本次修订立足于教育部对学科发展与人才培养的要求，准确定位人才培养的基本目标，回应读者部分反馈信息，在初版基础上，保留基本框架，遵循"重难点突出、通识性与典型性相结合、设计方法可操作性强"等原则，重点对本书做出了以下四个方面的调整与优化：①注重园林建筑的地域性，如对巴蜀园林建筑的概述和营造技术予以补充；②对古典园林建筑单体进行重新分类梳理，令分类更加清晰、准确地呈现古典园林建筑的类型特征；③替换和增补案例，以体现新时代的设计创作成果；④展示最新的课程教学成果。希望本次修订能更好地发挥本书在人才培养和专业知识传播中的核心纽带作用。

本书共分为7章，内容包括园林建筑概述、古典园林建筑与审美、古典园林建筑群体设计、古典园林建筑单体设计、古典园林建筑结构与装修、园林建筑实录、学生作业选录，涵盖古典园林建筑设计所必需的知识点，内容编排由浅入深，由整体到局部，符合认知规律，叙述明确简练，并体现了如下特色：①体系完整，系统性强，针对古典园林建筑的各个层面展开，运用理论和实践相结合的手法构筑框架；②逻辑严谨，层次性强，内容编写遵循从宏观到中观、再到微观的顺序展开；③体现时代性与地域性，以传统为纲，注重传统园林精神和营建技艺的传承，选取并剖析不同地域的代表性案例，建立对园林建筑风格的多样化认知；④图文结合，直观清晰，汇集了

大量案例图片,提供了园林建筑的重要参考数据,并以图解方式直观地呈现了古典园林建筑结构系统与构造层次,便于学习者理解掌握。

本书由长期从事园林建筑教学与科研工作的教师共同编写,结合了编者的研究成果和从教体会。本书由重庆大学建筑城规学院戴秋思副教授和重庆大学艺术学院杨玲副教授担任主编。重庆大学建筑城规学院汪智洋老师、冷婕副教授任副主编。重庆大学建筑城规学院焦洋老师和廖屿荻老师参与部分章节的修订工作。本书具体编写分工如下:第一、二章由戴秋思编写;第三章由杨玲编写;第四章由冷婕编写;第五章由汪智洋编写;第六章由焦洋编写;第七章由戴秋思、汪智洋编写。重庆大学建筑城规学院硕士研究生吴任清、龙敏琦参与了本书的校对工作。全书由戴秋思、杨玲负责统稿、定稿,重庆大学建筑城规学院王中德副教授担任本书主审。

在本书的编写过程中,编者参考了国内外相关著作、教材、论文以及相关网站,在此谨向有关作者表示谢意。

在编写过程中,编者本着对传统的准确把握,力求让本教材能以一种易于学生理解和接受的方式呈现出来,但由于古典园林建筑设计实践性强,内容庞杂、涉及面十分广泛,且限于篇幅及编写水平,疏漏与错误之处在所难免。在此,恳切希望专家、读者予以批评指正。最后,对编写中给予支持的各位同仁表示感谢。

编　者

2021 年 12 月

前言

中国古典园林建筑在世界园林建筑中占有特殊的地位，将自然山水环境与建筑和谐地结合在一起，共同构成富有诗情画意的美丽图景是中国古典园林建筑的重要特征。直至今日，它的空间融合理念、传统营建技艺以及木作之美仍然是风景园林学需要深入钻研并加以传承与发扬的。因此，本书根据我国古代遗留下来的园林建筑遗产，综合广大风景园林教育家、设计工作者多年的研究成果及教学、实践经验编写而成，介绍古典园林建筑设计理论及相关知识。本书指向性明确，对高等院校风景园林学的教学具有重要指导意义；同时，对风景园林设计从业者亦具有一定的实践参考价值。

风景园林建筑从属于建筑学范畴，是一门涉及美学、环境艺术、结构技术等多个专业领域的学科，具有很强的综合性和实践性，同普通的工业与民用建筑相比既有共同的特征，又有自身的特点。风景园林建筑设计作为风景园林专业的一门重要的课程，是自然科学与人文科学高度综合的实践应用型课程，传授学生从事园林建筑设计的理论与技巧。本书旨在继承传统特色园林建筑设计的理论与原则、手法与技巧，为新时代下的园林建筑设计提供参照。本书定位为风景园林专业本科设计课的辅导教材，受众是已经具备一定的建筑设计基础知识的学习者。

全书共分为7章，内容包括园林建筑概述、古典园林建筑与审美、古典园林建筑群体设计、古典园林建筑单体设计、古典园林建筑的结构与装修、园林建筑实录、学生作业选录。具体的编写思路如下：首先，注重体现系统性与方法论的原则。编者通过对现有教材的分析发现，按照建筑类型进行具体的设计介绍是比较常见的编写方式，但本书力图从内容上突出编写的系统性，建构相对完整的知识体系，避免对建筑要素进行罗列；同时，注意建立起从宏观到中观再到微观的逐层深入的设计方法，这直接体现在编写的次序上：直接针对古典园林建筑设计中的三个层次，即从群体空间设计到建筑单体设计再到建筑细部构造设计进行详解，重点从环境、空间及细部着手，剖析园林建筑设计的方法和技巧。其次，注重体现时代性与地域性相结合的原则。园林建筑的内容是宽泛的，因此本书在内容上注重对因地域差异而产生的具体形态特征、营造技术等方面的分析，以利于读者建立对园林建筑风格的多样化认识。最后，注重实例分析的原则。由于园林建筑设计的实践性较强，对实例的选择与细致剖析就尤为必要，实例分析有助于建立起对设计内容、原则、方法等的直观认识。

本书由长期从事园林建筑教学与科研工作的教师共同编写，结合了编者们的研究成果和从教体会。本书由重庆大学建筑城规学院戴秋思老师和重庆大学艺术学院杨玲老师担任主编；重庆大学建筑城规学院汪智洋老师、冷婕老师担任副主编;重庆交通大学刘洁老师参与部分章节的编写。具体编写分工如下:第1章、第2章、第7章由戴秋思编写;第3章由杨玲编写;第4章由冷婕编写;第5章由汪智洋编写;第6章由刘洁编写。全书由戴秋思、杨玲负责统稿、定稿,由重庆大学建筑城规学院王中德副教授负责审核工作。

在本书的编写过程中,编者参考了国内外相关著作、教材、论文以及网站内容,在此谨向有关作者表示谢意。同时,对在本书编写过程中给予支持的各位同人表示感谢。

古典园林建筑设计是内容庞杂、涉及面十分广泛的综合学科,课程具有很强的实践性,在编写过程中,编者本着对传统的准确把握,力求使内容以一种易于学生理解和接受的方式呈现出来。但囿于编写水平,加上编写时间紧迫,书中疏漏与错误之处在所难免,恳切希望广大读者予以批评指正。

编　者

2013年10月

目录

1 园林建筑概述

本章导读 通过本章的学习，了解园林建筑及其相关的基本概念；认识园林建筑的功能、类型、特点以及影响园林建筑生成的因素；从宏观上了解古典园林建筑的发展历史，认清在快速发展的城市化进程中古典园林建筑具有的当代意义以及面临的继承和发展问题。

1.1 园林建筑

1.1.1 园林建筑的概念

园林建筑有狭义和广义之分。狭义的园林建筑是指风景区内主要起控制和组织景观作用并具有画龙点睛效果的建筑。广义的园林建筑是指在自然风景、城市环境以及其他室外人居环境中的一切人工建筑物。园林建筑是园林中人文景观因素在风景园林中的物化表现，所涉及的知识相当广泛，包含了风景园林规划设计、建筑历史、建筑构造、建筑材料、植物配置等多方面的内容。按学科分类，园林建筑位于建筑学之列，但与其他建筑类型相比，园林建筑又有其自身的发展历史、审美思想以及独特的艺术特点等。

就中国历史传统而言，建筑有“天下为庐”之说。纵观历史，无论山林隐居、城市私家宅园、皇家宫苑或者风景名胜区，建筑都占有一定的比重。园林建筑作为与自然融为一体的各类建筑物和构筑物的总称，是构成园林的重要组成部分，它既要满足建筑的使用功能要求（如供人游览、观赏、休憩等），又要满足园林的造景要求（如建造曲廊、楼阁、亭台等），并与园林意境的营建密切结合。

1.1.2 园林与园林建筑

园林，在中国历史上也称园、囿、苑、园亭、庭院、园池、山池、池馆、别业、山庄等，英、美各国则称之为 Garden、Park、Landscape Garden。它们虽具有不同类型的性质和规模，但都有一个共

同的特点，即包含着四种基本要素：土地、水体、植物和建筑。这可以从“園”的文字图解中获知（图 1.1）。

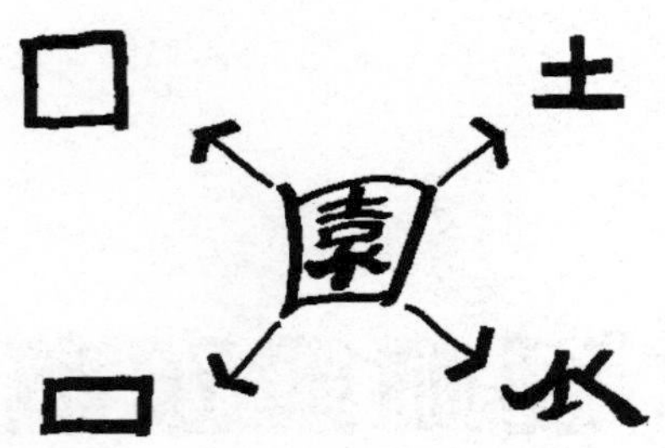

图 1.1 “園”的文字图解

大“口”形似围墙，具有建筑的意象；“土”代表土地，表现为山；小“口”居中为池，代表水体；“衣”形似树，代表植物。园之布局，虽变化无穷，但最基本的组景要素完全含于一“園”之内。《中国大百科全书》将“园林”定义为：“在一定的地域运用工程技术和艺术手段，通过改造地形（或进一步筑山、叠石、理水）、种植树木花草、营造建筑和布置园路等途径创作而成的美的自然环境和游憩境域。”创造这样一个环境的全过程（包括设计和施工在内）即为“造园”，研究如何去创造这样一个环境的学科就是“造园学”。随着社会的发展，现代园林已经远远超出了古代园林的范畴，不但有庭园、花园、公园，还有小游园、植物园、动物园、风景区以及沿江风光带等，这些均属于“园林”的范畴。

无论是古代园林还是现代园林，园林建筑都存在于特定的园林环境之中。作为园林中人工创造的具体表现，园林建筑与园林之间表现出相辅相成、互为增色的关系，两者的紧密结合是园林建筑的基本特征，也是园林建筑区别于其他建筑类型的一个最重要标志。建筑是园林建构的要素之一，园林中每一部分或多或少地受到建筑美的辐射；园林是园林建筑的生存环境，没有园林，就没有园林建筑这一区别于其他建筑的建筑类型。在功能上，园林是建筑的延伸和扩大，是建筑进一步和自然环境（山水、花木）的艺术结合；而建筑本身则构成园林的重要景观点和观景点。

1.1.3 园林建筑的功能

园林建筑大都具有使用功能和造景功能。园林建筑的使用功能是针对园林中承担园区主体活动的各类建筑而言的，虽然此类建筑兼具游览观景和点景等作用，但更重要的是它们担负了更为明确具体的功能，如祭祀、居住、办公、读书、会客、品鉴、储藏等，有着很强的实用性。这类建筑并非园林中可有可无者，而是满足园内活动的主体建筑，其体量也必须与其担负的功能和存在的环境相匹配。古典园林建筑和现代园林建筑有着不同的使用功能。本书第 4 章将针对中国古典园林建筑类型进行详细的介绍，这里主要讲解园林建筑在创造景观方面的功能。

1）点景

园林建筑往往因是园林景观构图中心的主体或易于近观的局部小景，而成为被看的对象，以控制全园或局部的布局。总之，园林建筑体现出与自然风景的融合，点醒园林景观的主题，起到画龙点睛的作用。

2）观景

园林建筑与自然环境相结合，既可以是园林中很好的景点，也可以是观赏园景的最佳地点。因此，建筑的位置、朝向，开敞或封闭，门窗位置、形式、大小等均要考虑赏景的需求，使观赏者能够在视野范围内获得最佳的景观效果。

3）聚景

园林建筑的审美价值往往并不限于建筑本身，反而更重在吸收和聚集无限山川景色。“江山无限景，都聚一亭中。”（张宣题倪瓒《溪亭山色图》）“惟有此亭无一物，坐观万景得天全。”（苏轼《涵虚亭》）“轩楹高爽，窗户虚邻，纳千顷汪洋，收四时之烂漫。”（计成《园冶》）这些诗句点出了园林中的楼台亭阁都是为观赏周围的山水、欣赏园中的景色而存在的。正如问梅阁、响月廊、眠云亭、听雨轩等建筑，它们的作用是聚集景观，审美价值在于梅、月、云、雨这些景观主体，而不是建筑本身。特别是对于一些大体量的建筑，为了避免过大体量对园林景观造成的影响，往往用小院围合，淡化建筑外观形象，在建筑周围点缀山水，增强山林气氛，并向室内延伸，如“四面有山皆入画，一年无日不看花”，因而它们具有更加明显的收纳和聚集景观的作用。

4）限定园林空间

园林中讲求空间的组织和划分，采用一系列的空间变化，做出巧妙安排，给人以愉悦的享受。以建筑围合并辅以各种形式的花墙、游廊、庭院等是组织空间、划分空间的手段之一。常见的如以围墙来分隔空间，墙上设置漏窗，可以让游人从漏窗中观赏到墙外的美好风光，给园林营造幽深广阔的境界和意趣。

5）组织游览线路

一栋建筑往往成为画面的重点，而一组建筑物或与游廊相连、或与道路结合，共同构成动观全景的观赏线，使人获得步移景异的空间感受。园林建筑还有助于形成空间的起承转合，当人们的视线触及某处优美的园林建筑时，游览路线就会自然而然地向其延伸，园林建筑便成为视线引导的主要目标。

综上所述，园林建筑设计除了要解决好建筑的使用功能，还要特别考虑园林景观的需要，仔细思索将园林建筑的使用功能与景观创造功能恰当结合起来的有效方法。

1.1.4 园林建筑的类型

园林建筑类型十分丰富，分类也有各种不同的标准，按照时代性可以将其分为古典园林建筑和现代园林建筑。在古典园林中常常按照其使用功能进行划分，不同功能冠以不同的名称；在现代园林中，建筑类型更为多样，功能更为复杂，技术和材料也有更多创新。结合园林建筑设计的已有研究成果，本节对园林建筑分类进行了适当的归纳和总结。

1) 古典园林建筑

中国古典园林经过数千年的发展,形成了皇家园林、寺观园林、私家园林、风景名胜园林等类型,产生了适应不同园林类型的园林建筑:皇家园林中大小规模的宫、殿等建筑群落;寺观园林中的寺庙、佛塔、大殿等宗教祭祀建筑;私家园林中的亭、台、楼、阁等观赏建筑。但这样的区分不是绝对的,如亭、台、楼、阁就可以出现在任何一种园林类型中。

园林建筑单体非常丰富,就形态和使用功能而言,有厅、堂、殿、轩、馆、斋、亭、廊、榭、舫、楼、阁、塔、台等不同的名称。古人常用"堂以宴、亭以憩、阁以眺、廊以吟"等来点出建筑的具体功能,但这样的划分也并不严格。园林建筑的名称与其具体的功能并非完全对应,如轩、馆、斋、室,有的属于厅堂类型,有的附属于厅堂作辅助用房,从单体造型上看没有什么特殊做法;从早先的功能来看,各自有不同的含义,但到了明清之后,功能上的区分已不那么严密,会客、饮宴、起居等均可,表现出很大的灵活性,使得今人对其类型的研究难以清晰。

园林中除了各种类型的园林建筑,还有各种园林建筑小品。园林建筑小品是指园林中体量小巧、功能简明、造型别致、富有情趣的精美构筑物,如园门、园墙、门楼、牌坊等。建筑小品的"小"主要是相对于园林和园林建筑的"大"而言的,它们虽然从属于园林和园林建筑,但绝非可有可无的附属品,它们在园林中起着点缀环境、活跃景色、烘托气氛的作用。

无论存在于哪种园林类型中,这些建筑都是赏景的场所及构景的要素,其形式或仿或创,沿用至今。

2) 现代园林建筑

在现代园林中,园林建筑除保留并延续传统园林建筑的形式和类型外,还衍生出了很多适应时代要求的现代风景园林的建筑类型。由于面向大众开放,公共园林中游人数量增加,建筑成为服务大众的重要场所,穿插在各风景点或游览区内,其设计取得了人工美与自然美的统一。现代园林建筑按照其使用功能可分为以下几种类型。

(1)游憩性建筑

此类建筑主要供游人休息、游赏,建筑形式延续和发展了中国古典园林的类型,如亭、廊、花架、榭、舫、园桥等传统建筑形式。

(2)服务性建筑

此类建筑是风景区或公园为游人提供必要服务的重要设施,在人流集散、服务游客、形象塑造等方面发挥着重要作用,有诸如游客接待中心、接待室以及小卖部、茶室、园厕等这样的小型建筑,也有如餐饮类建筑、住宿类建筑、商业性建筑等专类建筑。在风景园林设计中需考虑建筑造型与园林整体风格相一致,同时讲究材料质感对比、色彩变化及光影效果等,使其丰富多彩。

(3)文化娱乐性建筑

此类建筑主要供游人在风景园林中开展各种文教娱乐性质的活动。活动主要分为两类:一类是科普展览建筑及设施,主要指园林中供历史文物、文学艺术、摄影、科普、金石、花鸟鱼虫等展览的设施,如展览馆(室)、阅览室、陈列室等,并根据展览的使用特点,将其分为主题性专展室和综合性轮展室两种。前者以展出某一类专题性展品为主;后者展出的主题不固定,可以经常更换,灵活性大,有利于提高展馆的使用率。另一类是文体游乐建筑及设施,主要指园林中的

各类文体场所，如游船码头、游艺室、俱乐部、演出厅、露天剧场等。

(4)管理类建筑

此类建筑主要是指园区的管理设施以及方便职工的各种设施，包括大门、围墙等。如大门在园林中突出醒目，给游人以第一印象，依各类园林不同，大门的形象、内容、规模有很大的区别，可分为柱墩式、牌坊式、屋宇式、门廊式、墙门式、门楼式等多种形式。其他园林管理设施包括办公室、宿舍、食堂、医疗卫生室、治安保卫室等。

需要说明的是，以上分类并不是绝对的，有的园林建筑可以隶属于不同类型的园林，且多数兼具游憩性、服务性以及管理功能。

1.2 园林建筑的成因与特点

园林建筑的形成受多种因素的影响，主要包括自然因素、社会因素、人文因素和技术因素等多个方面，由此而产生的园林建筑具有地域性、社会性、文化艺术性和技术性等特点。

1.2.1 自然因素与地域性特点

园林中的自然因素是指除建筑外的土地、水体、植物等，它们是园林设计最基本的出发点。园林建筑总是处于特定的地域环境中，因此自然因素是园林建筑生成的基础条件。自然因素主要表现为自然地理区域的特征，包括地貌、气候、水系等。地貌涉及地形变化与土壤地质的特性；气候关乎温度、湿度、降水；水系包括河湖、沼泽、瀑布、蓄洪等。地域环境的不同带来了各区域大地景观的差异，并造就了不同文化生态下的园林及园林建筑形态。

园林建筑因地域的不同而展示出强烈的地域性特点，并集中反映在人文性差异和物质性差异两个方面。其中，人文性差异将在下文加以阐述。物质性差异也可以说是生态的地方性差异，主要表现为生态环境差异和建造技术差异，包括气候条件、地方材料等对园林建筑设计产生影响的物质载体。

中国园林界有“北雄、南秀、岭南巧”的说法，这种说法就折射出了三大地域的特色。

北方的皇家园林在文化形态上属于山岳文化，在造园选址时尽可能选择地形起伏的自然山水地段，即使在自然条件不具备时，也会挖湖堆山，构筑“龙”形山体骨架。清代避暑山庄，其西北部的山是自然真山，东南的湖景由天然塞湖改造而成；清代的清漪园北部山景系人工堆叠而成，宛若天然的山峦。因受气候条件限制，其水资源与植物资源不如南方充沛和丰富，所以其景色的秀丽媚美显得不足。但是，皇家园林地域宽广、范围较大，有政务活动区、生活居住区、宗教祭奠区和游览观赏区等多个功能区，其建筑尺度较大，大都有轴线贯通，富丽堂皇，气势恢宏，这是其他园林类型无法比拟的。

江南的园林地处富饶的江南农业区，土地肥沃，湖荡密布，气候温润，适合生长常青树木，花草品种众多，还多产石料。江南地区在文化形态上属于水乡文化，水资源丰富，水被视为大地景观的血脉，因此，几乎无园不水，江南地区也成为享受“城市山林”之美的理想之地，而这些均得益于优越的自然环境。江南园林小巧玲珑、清平淡雅、曲折幽深、多文人情趣、书卷气息；主要建筑物大都临水或迎面设开敞的厅堂，以供宴饮和赏景。未入园门先得水的沧浪亭，是巧妙地借园外天然水系造园的案例；网师园以水池为中心的景观布局是江南园林的普遍范式。

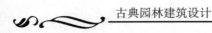

岭南的园林因其地处亚热带，终年常绿，又多河川，所以造园条件优于北方和江南。其明显的特点是具有热带风光，建筑物较高且宽敞，若是平顶屋则多做成“天台花园”以降温，建筑的通透开敞性更胜江南。在建筑材料和色彩的选择上，外墙和屋顶多用青砖灰瓦，这种冷灰色调在南方烈日下显得阴凉清淡、柔和悦目。清晖园、梁园建在小镇边缘，可园、余荫山房则建在乡村，以求得良好的环境条件。可园以“连房广厦”围成外封闭内开放的大庭院空间，同时创造了良好的环境小气候。

另外，在四川、云南等西南地区，由于受地理条件、气候、植被等自然因素和穿斗式木构建造技术等人文因素的影响，园林建筑表现出了显著的地域特色。西蜀历史文化名人纪念园林呈现出古雅清旷、飘逸自然的共性景象，如武侯祠的翠柏森森、张飞庙的竹木掩映、桂湖的荷桂飘香、杜甫草堂的“清江一曲抱村流”等等。复杂多样的地形地貌形成了因地制宜、随坡就势、灵活多变的山地园林景色，园林建筑更是巧妙地结合地形，以台、吊、挑、跨、跌等多样的设计手法与山地自然景观相协调。

地域差异带来了建筑单体造型和材料选择上的不同。如亭在造型上就有南北之分：南方的亭一般轻巧、玲珑，屋面多用小青瓦；北方的亭端庄、稳重，屋面多用筒瓦。这种长期以来几近固化的南北差异和地方做法一方面是源自建造施工的习惯，另一方面则是出于审美的习惯，是长年经验累积的结果。

1.2.2 社会因素与社会性特点

园林建筑的生成受诸多社会因素的影响，社会环境即成为园林建筑生成的背景条件之一。园林作为一种巨大的物质财富，多掌握在统治阶级或特定阶层的手中，它不仅要满足统治阶级或特定阶层的物质功能要求，而且还反映出一定的社会意识形态。

首先，从横向的、空间区域的角度来看，园林建筑因社会因素不同而产生差异化的社会性特点。例如，威严气派的北方皇家园林是政治官僚园林，出于政治需要，造园手法以“露”为主，园路通透、广场宽敞，建筑布局讲究对称，强调中轴线和严整的空间序列，体现了皇权至上、尊卑有序的等级观念，营造出了安全、稳定、永恒、威严和自豪的氛围。此外，各种宗教祭祀性建筑、官署、士大夫宅第等，因受到封建礼教的约束，为儒家伦理思想所支配，空间结构、位序、配置等皆依礼而制。这些都是社会伦理观的物化体现。反之，江南私家园林属于文人墨客园林，与皇家园林有着很大的差异。自唐宋以来，江南私家园林就表现出讲究清静雅洁，追求宁静淡泊、深邃含蓄的造园风格。但由于社会背景的微差，即便是处于相近地域的园林建筑也会有一定的风格差别。如扬州园林，其风格就与一般的江南园林有所不同。这是因为扬州园林多在清朝乾隆年间建造，其主人多是当时的巨商或当地官员，建造目的是炫耀财富、粉饰太平，功利性强，在审美情趣上更重视形式美的表现，建筑装饰精美、细腻。

其次，从纵向的、历时性的角度来看，园林建筑因所处时期不同而体现出阶段性、过程性和时代性的社会特点。例如，由于政治环境、社会条件较为宽松，南宋时期是中国造园活动的高潮期，该时期各类园林建造开展得轰轰烈烈，并互融长处，加上其他文化艺术门类的发展和渗透，最终以写意山水园林的面貌全面展示出中国园林艺术的风格特征。可见，只有清楚地认识了相应的社会背景才能更准确地把握和理解园林的风格演变与差异。

随着社会的发展，人类思想、心理及需要的变化，现代园林的范围更加宽泛，园林建筑的内容更为丰富，尤其是随着人与环境的矛盾日益突出，园林建筑不再单纯作为游憩的场所，而是作为体现环境保护、生态理念的实践对象来对待，充分地体现出了社会属性对园林建筑的重要影响。

1.2.3 人文因素与文化艺术性特点

园林建筑作为综合艺术的载体，除了受客观物质环境的限制，还受诸多人文因素的影响，如哲学观、宗教信仰、审美观念等。园林建筑正是在各种人文因素的影响下充满了文化内涵和艺术气息。本节就从传统哲学观、传统自然观、空间秩序观以及其他艺术门类的渗透与审美精神的借鉴四个方面来阐述人文因素对园林建筑的影响。

1)传统哲学观

哲学是人类理性思维的最高形式，中国的传统哲学思想深深地影响了中国古人的生活方式、价值取向、审美意识、思维方式以及艺术表现。在古代中国，儒释道诸家思想相辅相成，成为中国古代思想的主线，渗透和凝聚在中国文化的各个方面。

以孔子为代表的儒家学说是政治伦理学的美学观。儒家思想强调自然物的伦理象征意义，采用比德的方式去关照自然，提出“智者乐水，仁者乐山”，把山水比作一种精神，去反思“智”“仁”这类社会品格的意蕴，形成中国特有的山水文化。中国传统建筑受儒家思想的影响很大，如四合院、宫殿、寺院建筑的布局，都喜欢用轴线引导和左右对称的方法求得整体的统一，这在园林的宫殿区、居住区、祭祀区、纪念性空间的布局中都有体现。

佛教思想传入我国后被我国本土文化所同化，视审美为一种由感知、理解、情感、联想等多种因素共同参与的直觉感受，这是心理学的美学观。禅宗即是佛学中国化的产物，其境界在于将人置于现实生活中，体验人与自然的接近，以获得心灵上的平静。禅宗思想对中国艺术由写实到写意的质变起到了重要作用。它对自然的审美要求被古代的文人普遍接受。

以老庄为代表的道家哲学，是自然哲学的美学观。“道法自然”是道家哲学的核心，是对世界观的基本问题的看法，它包含了两层含义：一是主张热爱自然、尊重自然，提倡自然之美、朴素之美；二是重视人的参与同人的情感和智慧的渗透。它强调艺术的最高目标就是在自然中得到自我心灵的抒发和满足，即精神上追求“清水出芙蓉，天然去雕饰”。中国古典园林深受道家思想的影响，体现了道家摆脱传统礼教束缚、主张返璞归真的思想。而园林建筑无论在情趣上还是在构图上都表现出曲折多变、自由活泼的特征。

元代画家倪瓒曾指出，古代文人的思想是“据于儒，依于老，逃于禅”。这可视为对中国造园思想在哲学高度的概括：“据于儒”——决定园林布局的秩序特征；“依于老”——决定园林的环境特征；“逃于禅”——决定园林的意境追求。

2)传统自然观

自然观是指人们在长期的社会生活中建立起来的对人与客观世界之间关系的认识和理解，它与人类意识一起形成。中国的传统自然观体现为“师造化”说，强调向自然学习，真实地反映现实。“造化”一词泛指天地、自然界以及主体之外的一切事物。“天人合一”就是中国哲学中一种关于人与自然之间关系的观点,也成为中国古典园林艺术追求的最高境界。对待自然的态度从怕到敬、从远离到回归,中国传统文化中形成了“上下与天地同流”“天地与我并生,万物与我为一”的人与自然和谐统一的观点,体现在中国园林设计中便是自始至终以“崇尚自然”为遵循,寻求淳厚质朴的自然境界的审美趋向。

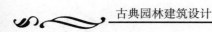

3)空间秩序观

古人力求在建筑空间组织中表现出“天地合和”与“宇宙秩序”的理想,这种空间秩序观是制约中国建筑空间组群的主要因素。“天地合和”主要涉及古人所关心的“天人关系”问题;而“宇宙秩序”所涉内容则更倾向于社会“人际关系”问题。因为古人相信,如果社会人际也如天地宇宙一样,有着严格的秩序与协调的关系,社会就达到了它的理想状态。

与儒家所主张的严格理性的宇宙秩序观有着很大的不同,中国古典园林的空间组织观念是一种更为空灵、通透,可以融合天地宇宙的空间理想。因此,对空间组织起主导作用的,不再是着意设置的具有等级节律感的秩序,而是一种表面看来不加雕琢、自然无为的、其实已经过深思熟虑的空间经营艺术——中国古典园林空间组织艺术,其中所隐含的依然是“天地合和”与“宇宙秩序”的文化精神。如坐落在地形起伏的自然环境中的庙宇殿堂,在“宫室务严整,园林务萧散”的思想下,园林建筑空间布局就形成了一种不规则的、自由活泼的布局特点。中国古代住宅庭院沿轴线“循次第而造”形成空间序列,并以“院”为中心组织建筑群,这种方式成为中国古典建筑的主要布局形式。在园林中,不论地形如何偏缺,建筑与庭院如何“随曲合方”,布置如何灵活,主体建筑都应遵循“先乎取景,妙在朝南”的布局原则,以取景为第一要义,在可能情况下兼顾朝向。

4)综合艺术观

由于中国古代造园者多为文人雅士,具有较高文化修养,能诗会画,善于品评,园林的营建又融合了造园者的意趣,因此,文学、绘画、书法、戏曲、雕刻等多种艺术手段和审美精神纷纷渗进园林的创建中。

诗文书画作为静态的艺术与园林密切相联。文之“气”、诗之“情”、书法之“骨”、绘画之“意”,对园林建筑的审美标准产生了重要影响。东晋“兰亭雅集”令园林成为群贤毕至之地,奠定了后世文人以文会友、诗酒相随的传统。明代文人文徵明所作《兰亭修禊图》即取材于王羲之写《兰亭序》一事,描绘了一群士人曲水流觞、行修禊之事,展现了树林蓊郁的春日美景(图1.2、图1.3)。唐宋之时,田园诗、山水画渐渐与园林艺术融为一体,文人们常常根据诗与画中表现的意境叠山理水,并通过匾额和楹联来表达文学意境,引导欣赏者进入一个诗情画意的世界。中唐文人造园家、园林美学思想家白居易一生爱园、造园、赏园,园居生活经历非常丰富,他在游庐山时被自然景观所吸引,而后营建了庐山草堂,同时也留下了大量的园林诗文,为今人了解、研究唐代园林提供了宝贵的资料。宋代文人园林兴盛,园林的创作深受“小中见大”“须弥芥子”“壶中天地”等绘画美学观念的影响[如夏圭、马远的山水画画不满幅却意味深长(图

1.4)],最终完成“写意山水园”的塑造。该时期界画中有大量反映建筑与山水关系的作品。元代画家倪瓒直接参与了苏州狮子林的营建,并作有《狮子林园》(图1.5)。明清时期,江南一带的文化比较发达,园林受诗文绘画的直接影响也更多一些。乾隆年间问世的古典小说名著《红楼梦》中就对园林进行了非常细致的描写,一般学者认为其中的大观园融合了皇家园林和南、北方私家园林的诸多景物。据《红楼梦》绘成的《大观园图》即表现了当时官僚贵族家庭的盛景(图1.6)。图1.7摹自清代袁耀的《山水楼阁图》,它反映了住宅部分依山、封闭,园林建筑临水、开放的景象。

图1.2 明·文徵明《兰亭修禊图》

图1.3 明·文徵明《兰亭修禊图》(局部)

图1.4 南宋·马远《梅石溪凫图》

图1.5 元·倪瓒《狮子林园》

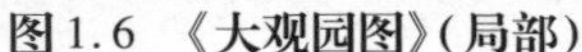
图1.6 《大观园图》(局部)

图1.7 《山水楼阁图》临摹

音乐、戏曲作为动态艺术与园林异质同构。古典园林中的音乐主要以琴的形式出现。部分园林中至今还残存有古代琴韵的遗迹。如江苏如皋水绘园有董小宛琴台,苏州怡园有坡仙琴馆、石听琴室等,不一而足。戏曲是供人休闲娱乐的,园与曲两相辉映,时空交感,置身其间,可感受到弥漫着的音乐气氛,极大地丰富了园林的声景。

园林建筑的形态和气质受到多种人文因素的影响,人文因素促进了园林及园林建筑的生成和发展,反之,园林建筑也反映出了一定的文化形态。园林建筑的艺术性主要体现在外在的形式美和内在的意境美。形式美不仅有个体的美,也有群体的美。建筑个体的美是群体美的基础,建筑群体的美则是个体美的整合。它们共同遵循美学的规律,如变化与统一、均衡与稳定、比例与尺度、节奏与韵律等。但这些美学要求会随时代而产生变化,并体现在园林建筑的形态上。设计者须细心揣摩、分析影响园林建筑生成的人文因素,灵活运用这些美学规律。

1.2.4 技术因素与技术性特点

建筑是运用各种建筑材料,通过一定的技术手段建造起来的。建筑的生成离不开技术,因此,技术因素是建筑得以实现的重要保障。建筑的工程技术性包含了这样几个方面:建筑结构、建筑构造、建筑材料、建筑物理、建筑设备与建筑施工等。园林建筑的发展始终伴随着技术的创新与发展。从生产方式看,中国传统建筑最终选择了以木材为主要的建筑材料,并随之发展出了一整套木结构建造体系,这是我国传统建筑体系的主流(尽管还有以砖石为主的砌筑体系等其他体系并存)。在设计时需将传统建筑中的造型与木构营建特点进行整体考虑,注重技术与艺术的统一。例如,传统建筑中屋顶起翘、出挑形成"如鸟斯革,如翚斯飞"的优美曲线,轻巧自在,呈现出动态美,这就离不开屋顶的构架形式和翼角的精巧构造。木材的用料与构造也随着时代的进步不断地发展。比较明代建筑与之前的木构体系可以清楚地发现,明清时期,梁架结构的用材明显地减少了,但是跨度和承重都有所增加,这无疑是技术的显著进步。随着社会发展,新材料带来新的结构体系,从而为多元建筑形态提供技术可能,现代园林建筑由此出现了前所未有的丰富性和多样性。当然,园林建筑的高技术需要艺术的不断渗入,在优美的艺术化形式中展现新技术的成果,从而创造出适合现代人审美观念的"高技艺术"空间。

园林建筑随不同时期人类活动及需求的变化而变化，可以说园林建筑是自然、社会、人文、技术等动态演变的产物。因此，从这个角度讲，园林建筑具有明显的复合性，也印证了影响园林建筑产生的因素是多元的。

1.3 古典园林建筑的发展概述

从古至今，中国古典园林建筑都是与园林紧密联系在一起的，园林建筑的发展离不开园林的发展，两者在历史发展的长河中相互依存、相得益彰。建筑与环境关系的发展方面，从最初利用天然山水林木，挖池筑台形成游憩生活境域，到模仿自然环境，艺术地再现自然山水之美；建筑类型的发展方面，从类型单一到形态多样，并逐渐走向成熟；建筑技术的发展方面，一直沿着以木构架为主要结构形式的方向发展并完善；建筑艺术风格的演变方面，具有明显的时代性特点。中国古典园林经历了漫长的历史发展且日趋完善，形成了独树一帜的园林建筑。根据园林建筑发展轨迹，中国古典园林建筑的发展历程可分为五个阶段，即生成期、转折期、全盛期、成熟前期和成熟后期。

1.3.1 生成期——殷、周、秦、汉时期

中国古典园林产生和成长的幼年期对应殷、周、秦、汉时期。该时期中国社会经历了从生产力低下的奴隶社会向封建社会初步确立的发展，最终建立起封建帝国，是皇家宫廷园林的形成期，也是园林建筑的生成期。关于中国古典园林起源的说法有三：一为“囿”；二为“圃”；三为“台”。“囿”最初是圈养各种禽兽供帝王围猎的地方，之后慢慢发展为苑囿。“圃”是人工栽植蔬菜的场地，并有界定四至的范围。两者均属于生产基地的范畴（图 1.8）。“积土四方而高曰台”（图 1.9），“台”是古人对山岳的模仿，也关涉通神、望天。可见，原初的台就具有登高以通神明、观天象的作用，并一直延续到秦汉时期，成为中国古典园林建筑的雏形。

图 1.8 古文字中的“囿”与“圃”

图 1.9 “台”的雏形

夏、商、周是我国的奴隶社会时期，这一时期的奴隶主通过分封采邑制度获得了世袭的统治地位，并大规模地建造自己的庄园。该时期的庄园规模宏大、风景优美，成为中国皇家园林的前身。商代是我国形成国家政权最早的朝代，从那时出现的象形文字中可以见到关于“宫”“室”“宅”“囿”等字眼。这里的“囿”是指从天然地域中截取一块用地，在内筑台，狩猎游乐，是最古老、朴素的园林形态。《孟子》中记载有周文王修建“灵囿”以作帝王游玩的场所（图 1.10）。

从商周到秦汉时期“囿”的演变来看，囿的规模更为浩大，人工设施增多，囿内大量建造寝殿屋宇，增加了帝王在其中寝居等内容。先秦园林只能说是园林的雏形，到了秦统一中国，国力强盛，集全国之物力、人力和财力，建都咸阳北陵之上，规模宏大的宫苑建筑群便形成了，建筑营

造盛况空前。“宫”与“苑”对后世影响极大。宫是园林中的建筑群体，而苑是园林部分。秦始皇在渭河南岸建造的上林苑以阿房宫为中心，周围离宫别馆环绕，在咸阳“做长池、引渭水，……筑土为蓬莱山”，把人工堆山引入园林环境中。受当时“天人合一”“神仙思想”等的影响，这一时期的园林和建筑都以模拟天界的秩序为主要形式，因相信“仙人在高处”，于是建造了高高的楼阁半隐于绵延千里的山水之中，山水间养有珍禽异兽，种植奇花异草，力图营造出人间仙境，这种造园手法开辟了中国园林史上“一池三山”的神仙境界模式。

图 1.10　周文王时代的三灵（灵囿、灵台、灵沼）

汉武帝继承了秦始皇好为苑囿的传统，修复和扩建了秦时的上林苑，使其“广长三百里”，是规模极为宏大的皇家园林。此时，苑中有苑、宫、观，并挖掘池沼、河流，种植奇花异草，豢养珍禽异兽，殿、堂、楼、阁、亭、廊、台、榭等园林建筑已经具备雏形。汉时的建章宫是一处苑囿型的离宫，位于长安西郊，依方士神仙之说在苑中建造了太液池，池中堆蓬莱、方丈、瀛洲三座神山以模拟东海的神仙境界（图 1.11、图 1.12）。汉代后期，官僚、地主、富商营造的私家园林开始发展起来，园林建筑布局不拘泥于整齐对称，追求错落变化，依势随形，功能上具有更好的游憩和观赏的作用。在建筑造型上，汉代屋顶形式已经具备庑殿、歇山、悬山、攒尖、囤顶等基本形式，同时出现了重檐屋顶。该时期的造园活动虽然规模宏大，但园林造景处于萌芽阶段，还缺乏因地制宜、随势造景等艺术手法的应用，园林类型较单一，处于比较原始、粗放的状态，表现的是自然的野趣。

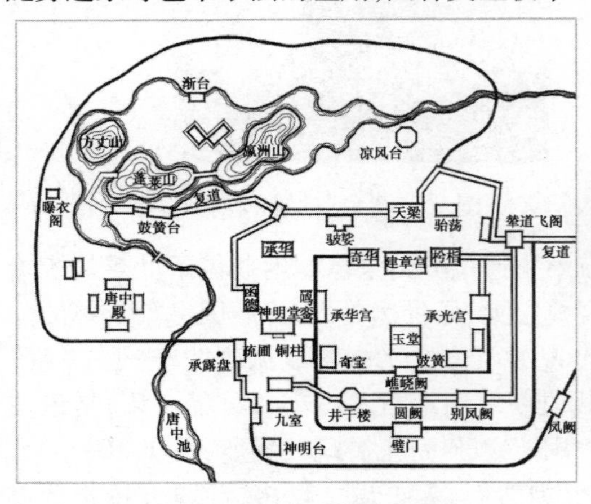

图 1.11　汉·建章宫宫苑平面示意图

图 1.12　汉·建章宫宫苑鸟瞰图

1.3.2 转折期——魏、晋、南北朝时期

中国古典园林建筑发展的转折期对应魏、晋、南北朝时期。该时期在中国历史上是一个比较特殊的过渡期:时局动荡、朝代更替频繁,但思想极其自由、解放,是富有智慧和艺术创造精神的时期。诸家思想争鸣,彼此阐发,思想的解放促进了艺术领域的开拓,给予了园林发展很大影响。佛道盛行,寺观园林逐渐兴盛,形成皇家、私家、寺观三大园林鼎立局面,标志着中国园林体系的完成。在这样的背景下,园林及园林建筑发生了一次文化面貌上的转变,主要体现在以下方面:

其一,佛教的传入和兴盛催生了寺观园林作为园林的一种独立类型开始出现,促进了寺庙建筑的发展。佛教建筑(佛塔、石窟等)与中国本土建筑相互影响、相互融合,得到发展,且建造数量迅速增长。"南朝四百八十寺,多少楼台烟雨中"就是寺观园林营建兴盛之写照。北魏时期的《洛阳伽蓝记》记述了当时洛阳的40座重要佛寺。

其二,以自然美为核心的美学思想直接影响造园活动。该时期战火连绵,士族势力扩张,封建割据的经济基础,加上源自本土的玄学的兴起,使一些士族和士大夫远离朝堂,亲近自然,寄情于山水,希望能在宁静的大自然中获得精神上的慰藉,这便促使了私家园林的兴起和兴盛。山水园在这种背景下应运而生,山水模式运用由自发转变为自觉,园林和园林建筑的营造增加了许多自然色彩和写意成分。园林风格渐渐脱离了秦汉时期的仙山楼阁,转向清新自然。皇家园林虽然仍受制于传统礼教和皇家气派的制约,但逐渐接受了私家园林的建园思想,通神、求仙功能减弱,游览观赏功能增强,艺术开始升华。该时期建筑的艺术风格也发生了一定的变化。宗白华指出,魏晋六朝是一个转变的关键,划分了两个阶段。从这个时候起,中国人的审美走向了一个新的方向,表现出一种新的美学理想,那就是认为"初发芙蓉"比之于"错彩镂金"是一种更高的美的境界(《中国美学史中重要问题的探索》),这奠定了中国古典园林美学思想的基础。

与生成期相比较,该时期的园林规模由大入小,园林造景由过多的神异色彩转为浓郁的自然气氛,创作方法由写实趋向于写实与写意相结合。园林创作思想的转变得益于这一时期中国士大夫文化的全面发展,诗文、书法、绘画、音乐等空前勃兴,园林开始体现出与各个艺术门类交相辉映的特点。

1.3.3 全盛期——隋、唐时期

中国古典园林建筑的全盛期对应隋、唐时期。隋代结束了南北朝的分裂局面,相对稳定的政治、经济和文化背景为造园活动创造了社会现实条件,促进了各类园林的发展。而唐朝是秦汉以后又一个鼎盛的朝代,它揭开了我国古代历史上灿烂夺目的篇章。社会的长久安定、经济的繁荣昌盛,促进了文学艺术的繁荣,产生了文艺上的"盛唐之音"。如果说魏、晋时代人们对山水的热爱源于对朝政的失望和对现实的逃避,那么隋、唐时期人们对园林的热爱则是盛世游乐的需求。这一时期,随着山水、田园文学的发展,文人直接参与造园活动,逐渐成为私家造园的主体,开始有意识地融诗情画意于园林之中;皇家园林表现出宫苑与宫殿、宫城紧密结合,结构严整,统一中求变化的特点,建设趋于规模化,皇家气派完全形成,展现出恢宏气魄和灿烂光

彩。据记载,洛阳兴建的别苑中以西苑最为宏丽,它以大的湖面为中心,园中分成若干景区,各景区内组织和布局建筑,景区之间又以绿化及水面间隔,已具有中国大型皇家园林布局基本构图的雏形。此外,这一时期的别墅园林也大为兴盛,寺观园林获得长足发展,促进了风景名胜区开发。

隋、唐时期,园林建筑在技术和艺术方面均已趋于成熟,形成了一个完整的建筑体系。建筑从总体到细部的营造,比前代都有明显提高,建筑艺术风貌庄重大方,整齐而不呆板,华美而不纤巧,舒展而不张扬,古朴却富有活力。园林中重要建筑大都恢宏壮阔,对后世建筑产生了举足轻重的影响。园林中建筑的数量虽不多,但造型丰富、形象多样,水平方向上能营造深远的空间层次,垂直方向上能展现丰富的天际线,有着不可替代的点睛之效。这一时期的园林根据选址差异可分为不同的类型:①自然山水园林,即在自然风景区中相地而筑,借四周景色略加人工建筑而成的园林,如王维建于蓝田的“辋川别业”,从《辋川别业图》局部(图 1.13、图 1.14)可以明显地看出中国古人造园所具有的结合自然山水地形的环境意识;②城市园林,如李德裕的平泉别墅,该园林所处位置“去洛城三十里”,即在洛阳城南三十里处;③具有城市公共游赏性质的园林,如长安东南隅的曲江,利用低洼地疏凿,点缀以亭、廊、台、榭、阁等,扩展成一块公共风景游览地带。

图 1.13 《辋川别业图》(局部一)

图 1.14 《辋川别业图》(局部二)

1.3.4 成熟前期——宋、元时期

中国古典园林建筑发展的成熟前期对应宋、元时期。这一时期,文化的发展失去了汉唐的闳放风度,转为在日趋缩小的精致境界中实现从总体到细节的自我完善。相应地,园林的发展由全盛期升华到富于创造与进取精神的成熟前期。宋朝崇文尚雅,文化艺术成就斐然,此时期的园林作为一个体系,其内容和形式均趋于定型,造园的技术与艺术都达到了历史最高水平,不但有大型苑囿,更有无数的中小型园林。

宋代作为我国历史上对传统文化起承上启下作用的朝代,也是中国园林与园林建筑在理论与实践上向更高水平发展的一个重要时期。该时期的园林虽然没有唐代园林的宏大气势,但却更具秀丽、精巧,长于变化,建筑类型也更为丰富多样;出现了两部重要的建筑文献,即《木经》和《营造法式》,促进了建筑技术的规范化和用材的制度化。私家造园活动最为突出,文人园林兴盛,表现出简远、疏朗、雅致、天然的气质;皇家园林、寺观园林均受到文人园林的影响;公共园林更加活跃、普遍。北宋时期的御苑艮岳(图 1.15)标志着中国古典园林进入了写意造园发展的高潮阶段,造园上出现了新特点:首先,将人的主观情感、对自然美的认识及追求自觉地移入

园林创作之中。它已不像汉、唐时那样截取优美自然环境中的一个片段、一个区域，而是运用造园的种种手段，于有限中体现无限。其次，在创造以山水为主体的自然风景园林方面，手法灵活多样，将掇山理水之法推向一个历史新高度，对后世影响深远。最后，在园林建筑上，尤其是建筑布局上，重视从整体环境出发，因景而设，为元明清自然山水式皇家园林的创作奠定了坚实的基础。另一座具有代表性的御苑是金明池。金明池是一处以略近方形的大水池为主体的皇家园林，每年定期开放，任人参观游览，从宋画《金明池夺标图》(图 1.16)中可以获得一些关于该园林形象的了解。得益于政治、经济中心的南移和江浙一带优越的地理条件，南宋时期的江南园林亦得到了极大的发展，更密切地与当地秀丽的山水环境相结合，催生了许多因地制宜的设计手法。

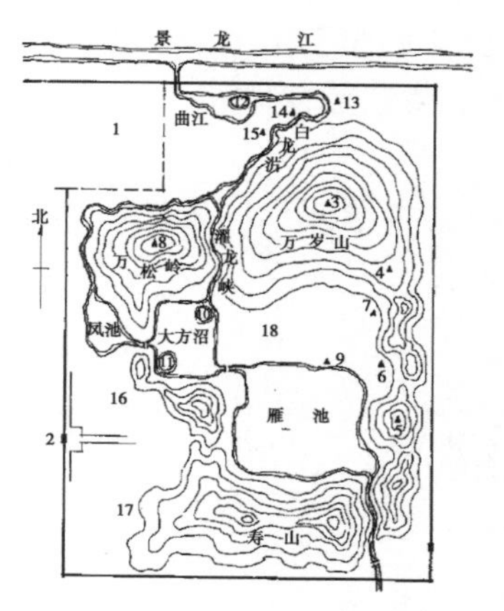

图 1.15 艮岳平面设想图

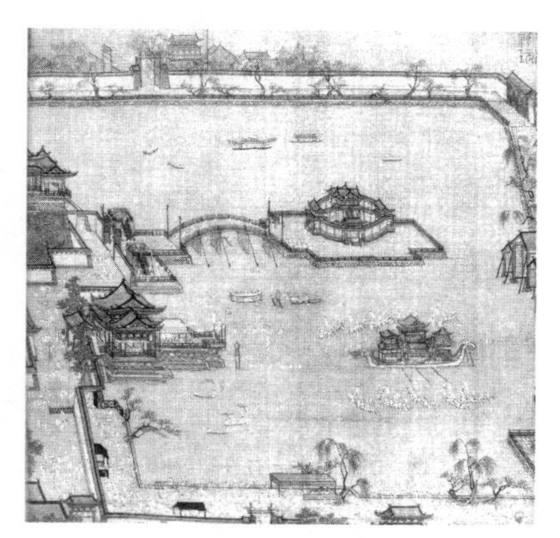

图 1.16 《金明池夺标图》

南宋至元代的园林着重于意境的营造和与绘画的趣理结合，可用“神理兼备”四字概括。在大规模的都城建设中，也把壮丽的宫殿与幽静的园林交织在一起，人工的神巧和自然景色交相辉映，形成了元大都的独特风格。到了元朝后期，社会矛盾尖锐，士人多追求精神层次的境界，庭园成为其表现人格、抒发胸怀的载体，因此庭园之中更加注重情趣，如画家倪瓒所凿的云林堂和其参与设计的狮子林均是很好的代表。由于连年战乱，经济停滞，这个时期，都城内除太液池及宫中禁苑的兴建外，其他园林活动基本停滞，但宁静之中预示着鼎盛期的到来。

1.3.5 成熟后期——明、清时期

中国古典园林建筑发展的成熟后期对应明、清时期。虽然该时期的园林规模远不及秦汉苑囿的规模，但园林及园林建筑的营造手法更为精湛、技艺更加专业、造型更加精致，出现了很多今天仍有幸观赏到的有代表性的园林巨作。此时的园林一方面继承了前一时期的成熟传统而更趋于精致，体现了中国古典园林的辉煌成就；另一方面则暴露出某些衰颓的倾向，多少丧失了前一时期的积极、创新精神。

明代中后期由于经济的恢复，园林又重新得到了发展。清代沿袭了明代的传统，将中国园林与园林建筑的创作推向了封建社会的最后一个高峰，并奠定了其在世界园林史上的地位。

概括明清时期园林及园林建筑的成就，主要体现在以下三个方面：①园林的数量和质量都大大超过了历史上任何一个时期。②中国园林的四大基本类型——皇家园林、私家园林、寺观

园林、风景名胜园林都已发展到相当完备的程度，并且依据地域特点逐渐形成了以北京为中心的皇家园林，以长江中下游的苏州、扬州、杭州为中心的江南私家园林，以珠江三角洲为中心的岭南园林，以巴蜀为中心的巴蜀园林等地域风格明显的园林类型；以及遍布名山大川的宗教特征明显的寺观园林。③明代的造园技术水平大大提高，出现了系统总结造园经验的著述。明代计成的《园冶》是在广泛总结前人造园法则的基础上，结合自己的丰富经验，从规划与设计的角度对造园活动加以论述的专著，集中体现了中国传统造园艺术的美学思想，有着极为重要的理论和实践价值。全书分为园说和兴造论两部分，其中园说分为相地、立基、屋宇、装折、门窗、墙垣、铺地、掇山、选石、借景十篇。该书既有实践总结，也有对园林艺术的见解。其中提出的造园要诀“虽由人作，宛自天开”“巧于因借，精在体宜”等精辟独到，是对中国园林艺术的高度概括。另有文震亨的《长物志》、李渔的《闲情偶寄》、沈复的《浮生六记》、钱泳的《履园丛话》等，这些著作针对园林及园林建筑进行了评论与阐述，不仅为其繁荣和传播做出了贡献，也为后人学习和理解园林提供了宝贵史料。

清代末期随着封建社会完全解体，历史发生急剧变化，中国园林的发展亦相应地产生了根本性的变化，结束了它的古典时期，开始进入现代园林阶段。

1.4 古典园林建筑的传承与发展

1.4.1 古典园林建筑的当代意义

我国园林行业在当今受到了越来越多的关注。从园林建设的实践来看，园林建筑的类型不断增多、功能更加复合、材料更为丰富、形式更为多元，古典园林建筑不再是园林建筑所依托的主要形式，多元形态的现代建筑成了主流，这也是满足园林建筑发展的必然结果。时代环境一方面为现代园林建筑提供了更多的发展机会，另一方面也令古典园林建筑面临严峻挑战，但在设计实践中我们仍能从不同的层次体会到古典园林及园林建筑对当代园林的影响，这些影响比较突出地体现在三个方面：①古典园林建筑作为中国传统文化的重要内容之一，深深根植于我国民族土壤之中，其独具特色的传统自然观、传统哲学观以及诸多美学思想为现代人居环境、现代园林建筑的创作提供了思想基础和灵感启迪；②古典园林建筑在单体设计、技术构造、群体组合、总体布局、建筑类型及与园林环境的结合等方面形成了一套相当完整的体系，积累了丰富的经验，为现代园林建筑的创作提供了借鉴；③面临全球化日渐明显的建筑趋势，面临地域性特征式微的情形，在发掘地域性的美学特征和表达地域文化特色方面，古典园林建筑为现代建筑提供了源泉。

尽管业界在对待古典园林建筑的继承与发展问题上有着不同的观点，但唯有在动态发展中辩证地认识这一问题才是科学的态度。我们既不可简单地把古典园林建筑看作无法融入现实社会的死物，也不可简单地追随其表现形式，而应既认识到古典园林建筑所包含的精神，又认识到其存在的局限性；既认识到当下设计界所面临的困境，又认识到目前面临的机遇与挑战。这样的园林建筑创作才能真正做到超越传统，又回归传统，既有“根”，又有新的“探求”。

1.4.2　古典园林建筑的传承手法

1）古典园林建筑的复原和重建

古典园林建筑样式在现代园林中仍然被采用，特别是在一些古典园林的复建项目以及仿照传统园林风格新建的园林中。这类园林建筑的平面柱网、立面造型、色彩装饰完全按照古典建筑的法式、规则进行设计和施工，除历史依据较为充分、复原重建要求严格的项目仍采用木结构外，为了耐久、防火并满足相关功能要求，更多采用钢筋混凝土结构及钢结构等，而以仿木结构达到神形兼备的效果。园林建筑的复原，必须要有科学的依据和必要的条件，要对考古发掘成果和文献资料进行细致、严密的分析，参照当时的建筑特征才能科学地进行。相比而言，重建则在一定程度上发挥了后人的主观创造性。如杭州雷峰塔（图 1.17、图 1.18）就是在原址上新建的，其结构采用钢结构框架，造型沉雄劲挺，古朴庄严，做到了不破坏古建筑所表达的历史文化意义的创新，弥补了雷峰塔倒塌后西湖风景区南线旅游标志性景点缺失的问题，在再现昔日辉煌的同时，又能为大众所接受，满足了人们的情感需求。

图 1.17　雷峰塔（新建）的山水关系

图 1.18　雷峰塔（新建）

图 1.19　新报恩寺塔

在大报恩寺遗址公园内原宋代长干寺地宫上搭建的一个轻质保护塔——新报恩寺塔（图 1.19），作为原址重建的案例，是设计团队在项目中坚持“布局原真性”理念的结果。新塔的建造随着地块内考古挖掘大仙地宫而调整，最终由复建工程变为遗址保护项目，设计过程充满了一系列大胆的创新，主要体现在三个方面：一是结构创新，新塔架空在遗址上，既传承历史记忆又保护地宫；二是形式创新，新塔平面轮廓与古塔八边形吻合又有所区别，轻质的九层塔层层收分、塔顶重构，但规模、形制、长细比与原塔近似；三是材料创新，新塔以“钢结构+玻璃”替代“砖木+琉璃”，采用超白玻璃等轻质材料，外挑翼板经图案蚀刻、手工上釉、高温烧制、夹胶合片等多道工艺，将当代艺术玻璃与建筑幕墙技术相结合，塔基则用仿古法烧制的玻璃碎片再现新塔与古塔的历史关联性与差异性。新塔形象既有历史韵味，又符合现代功能。

2）仿古园林建筑的创作和实践

我国古典园林特有的审美精神是激发现代园林创作灵感的不竭源泉。优秀的园林建筑不应该只是让人在视觉上被取悦，更在于让人从中自然而然地体会到文化内涵，在不知不觉中受到传统文化意蕴的熏陶。

广义上的仿古建筑形式是指利用现代建筑材料或传统建筑材料，对古建筑形式进行符合传统文化特征的再创造。仿古园林建筑类型多样，包括殿堂、轩馆、榭舫、斋台、亭廊、牌楼等。此类建筑大多处于中国传统文化浓郁的环境，或以古建筑为主的邻近区域，通过仿古园林建筑的形式来取得与历史环境的协调，取得视觉上的连续性，体现对环境的尊重。在实际应用中遵循建筑选址合理、因地制宜、体量适当、建筑风格与特定的地域文化相匹配等原则。凉亭建筑被广泛地应用于花园、公园、校园和风景名胜区等，是一种最常见的仿古园林建筑类型。烟台大学烟雨亭（图1.20）坐落于校园内三元湖湖心岛的最高处，是一座纪念亭，于2019年10月兴建，仿木结构，亭高7.035米，寓意中华人民共和国成立70周年、烟台大学建校35周年。该亭地处学校核心景观区，东接莲桥、北望钟楼，绿树掩映、湖水环绕，亭桥雨荷、意境幽远。亭子藏于层层绿树掩映中，仿佛一块朱红色的宝石嵌在茫茫碧波之上。亭名“烟雨”取自苏轼《定风波》中“一蓑烟雨任平生”，寓意于简朴中见深意，于寻常处生奇景，表现出旷达超脱的胸襟，寄寓着超凡脱俗的人生理想。亭子现已成为校园的标志性景观，不仅为人们提供了一处休憩场所，点缀了环境，同时对丰富校园人文环境、营造浓厚育人氛围具有重要意义。

图1.20　烟台大学烟雨亭

3）园林建筑语汇的诠释与演绎

尽管古典园林建筑空间已经不能满足现代建筑对空间功能的要求，但古典园林建筑映射出来的环境意识、造型意蕴仍然对现代园林建筑的设计产生了极大的影响，常常成为现代园林建筑设计的灵感源泉。设计师通过吸收和提取传统建筑文化中的精华并加以现代诠释，往往能够创造出优秀的作品，设计手法为以下几种。

①提取与拼贴。这是通过对传统建筑构件进行解构、镶拼和重新组合来完成的转换。当一个地区的大量传统建筑共同反映出某种特色时，该地区的建筑特性才得以凸显，传统建筑的典型符号才得以显现。而传统建筑的典型符号在现代园林建筑中的运用，强调了民族传统、地方特色和乡土风格。因此，当这样的符号被拼贴于新园林建筑中时，就使新建筑与传统建筑之间建立起了视觉上和情感上的联系，符合人们约定俗成的习惯。当然，在运用提取与拼贴这种设计手法时，要避免随意、滥用符号的做法。

贝聿铭先生设计的北京香山饭店，体现了设计者这样的理念：既不打算照搬西方的建筑形式，也不准备原封不动地套用中国传统建筑中的某些要素，诸如大屋顶之类。正是在这样的设计理念的指导下，最后才设计成了一栋具有园林与民居典型特点的低层旅馆，院落布置为其精髓所在。该建筑立面从形式上运用了一些传统的几何符号，空间组合上继承了我国传统民居的院落式布局，并加以整合和变形，以庭院空间表达出传统文人庭院的意境特征。

②简化和提炼。这是在对传统园林建筑形式进行深入理解和研究的基础上，对传统建筑的结构、屋顶形式、整体形象、细部处理等进行简化、抽象，从而提炼出新的形象，但注重保持适宜的比例和尺度，从而获得传统的气质和现代的表现。如张锦秋院士设计的黄帝陵祭祀大殿（轩辕殿）（图 1.21、图 1.22），展现出建筑与山水形胜一脉相承的关系，庄严、古朴的建筑风格中又具有浓郁的新时代气息；重庆鹅岭公园瞰胜楼则抛弃了烦琐的装饰，用现代的结构形式和材料塑造出了简洁的现代园林建筑形象，同时保持了[illegible]度，使其古典神韵犹存。

图 1.21　轩辕殿鸟瞰全景

图 1.22　轩辕殿透视效果图

③变形与转化。运用现代的材料和建造手段重新诠释和演绎园林建筑的传统要素，使园林建筑既具有传统建筑的某些特征，又保持与传统建筑的距离，表现出创造性，完成形式上的“差异性转变”，这个过程就是“变形与转化”。变形与转化涉及概括、变形、解构、重构等手法。冯纪忠先生在 20 世纪 80 年代初设计的上海松江方塔园是以方塔为主题的历史园林，景观布置以松江一带“地势平坦、河湖柳荡交织，局部地带冈峦起伏”的特点为蓝本，蕴含了浓厚的地方特色。其中的何陋轩茶室以当地民居屋顶和弧脊为设计主题，设计者不是对民居屋脊进行翻版照搬，而是取其情态作为地方特色予以继承的新产物，整座建筑几乎全部采用传统材料建造，以竹子为骨架，结构和构造方式顺应毛竹这种材料的力学性能，屋顶和传统的大屋顶概念一致，又与钢结构有异曲同工之妙，最终取得传统与现代之间潜在的默契。尽管该建筑采用的是传统建筑材料，却用了完全现代化的建造语言体系去展示和暴露节点（图 1.23），是本土建筑师对建造理念的早期探索。当代建筑师王澍认为“何陋轩是‘中国性’建筑的第一次原型实验”，认为它“打通了历史与现在”，“几乎做到了融通”。王澍设计的中国美术学院象山校区（图 1.24—图 1.26），以富于层次的开敞空间面向西湖，建筑物原本生硬的钢材和透明玻璃巧妙组合，黑白灰色调有着和谐的对比关系，使冰冷的现代建筑材料趋向丰富深厚的传统水墨书画般的神韵。

图 1.23　何陋轩节点构造模型

图 1.24　中国美术学院象山校区建筑景观

图1.25 中国美术学院象山校区建筑内庭

图1.26 中国美术学院象山校区建筑中的廊道空间

值得注意的是，有时我们很难对一栋现代园林建筑进行设计手法的明确归类，建筑是各种手法综合运用的结果，归类的目的只是便于阐述手法。

4）园林空间精神的诉求与再现

建筑师对古典园林建筑的传承还体现在新建筑对古典园林精神的“神似”追求上，并不刻意追求建筑形式语言的直接对应，而更关注建筑与整体环境的处理、流线设计及材质运用等方面，试图建立起新建筑与传统园林建筑空间意蕴的关联性。这种方法走出了对传统形式的模仿，超越了表层符号的运用，注重园林空间精神的诉求和再现。如刘家琨设计的鹿野苑石刻艺术博物馆（图1.27、图1.28）等。

图1.27 鹿野苑石刻艺术博物馆外观

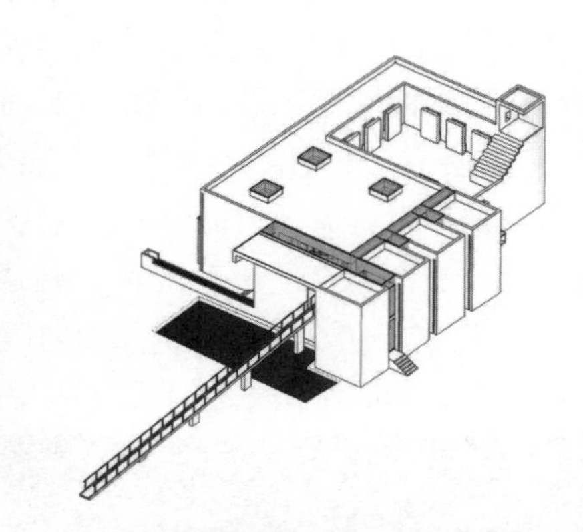

图1.28 鹿野苑石刻艺术博物馆空间组织

现代园林在全面吸收与继承古典园林成就的基础上更加开放与自由。园林建筑设计的发展基于对园林脉络的延伸、对本土材料和技术的采用、对人们生活环境和乡土建筑情节的尊重。在这里，我们要看到保持传统和设计创新的完美结合——不失文化身份而又标新立异，也许这才是我们追求的目标和归旨。

思考与练习

1. 古典园林建筑的特点有哪些？它们与哪些因素有关？
2. 古典园林建筑的发展主要经历了哪几个重要阶段？每个阶段的特点是什么？
3. 结合当今的园林建筑实例，谈谈古典园林建筑对当下园林建筑的影响。

2 古典园林建筑与审美

本章导读 园林建筑除具有建筑的共性外，还表现出了自身在审美属性上的特有价值。本章从审美文化的角度来认识园林建筑的美学特征：首先从审美认知、审美思维方面简述审美文化的基本知识；然后阐述传统审美观对古典园林建筑的意义；接着从园林环境美、建筑空间美、建筑结构美、建筑装饰美、建筑题刻美、建筑意境美六个方面分析古典园林建筑审美的主要内容；最后简要阐述传统审美观对现代园林建筑创作的影响，帮助建立对园林建筑审美的完整认知。

中国园林是中华文化的瑰宝，体现了中国美学的精髓，可视为中国传统文化精神包括美学精神的感性显现。园林建筑具有突出的美学特性与可供审美观照的艺术价值。因此，园林建筑比一般建筑更注重组景立意，尤其强调景观效果和艺术意境的创造，其主要目的就是在塑造具有一定实用价值的建筑空间的同时，为人们提供丰富和愉悦的精神生活空间，其精神功能在一定程度上超越了物质功能。可见，在处理园林建筑与园林环境的关系、园林建筑群体的关系、园林建筑单体营造方面均需要立足于艺术美的角度，寻找自然美与人工美的高度统一。下面将对古典园林建筑审美内容展开分析和阐述，这是解读古典园林建筑的重要途径，也是为现代园林及园林建筑创作提供设计灵感的重要途径。

2.1 审美解读

审美活动是人类的一种精神文化活动，反映了一种审美关系。构成审美活动，需要审美主体、审美客体、审美主客体的联系，以及实现这种联系的审美心理活动等要素。审美感知作为审美心理结构的外在表现，审美思维作为隐性的作用因素，是审美的重要方面，贯穿审美活动始终。

2.1.1 审美感知

审美感知即审美感受能力，是指审美感觉器官对审美对象的感知能力。园林建筑是一种集

物质功能与精神功能于一体的“美的艺术”。建筑美的产生来源于人们的审美需求，而人们对建筑审美需求的不断变化，也促使了建筑美自身的不断发展。对建筑美的感知，将会直接影响人们对建筑美学价值体系的确定，进而在某种方法论的指引下，最终产生各自的建筑审美准则。建筑审美准则也会反过来指导人们对建筑美的感知与认同。因此，要从根本上探究建筑的审美问题，就应当从审美认知的角度探索审美准则的落脚点。同样，只有通过对建筑的审美准则的探究，才能认知与创造真正能体现和符合审美评判标准的建筑之美。

1）审美主体

园林及园林建筑的审美具有明显的主体意识，表现为在园林及园林建筑的营造与鉴赏中，审美主体有意识地自我表现与自我欣赏。就古典园林而言，根据园主的生活经历、审美偏好，有特定意义的园林景观意境被创造出来。其不仅以形体美为人所欣赏，还与山、水、林、木相配合，共同体现古典园林的特有风格。

古典园林及园林建筑中渗透着审美主体巧妙的构思，其最主要的审美价值体现在将人的意志纳入自然事物里，而在把审美主体的意志贯彻到外在世界中的时候，环境被人化了。造园、构筑建筑物的目的，不再是满足单纯的物质需要与欲求，而是获取精神的安顿之地、心灵的栖憩之处，在诗意的栖居中构筑成一个精神家园。因此，园林及园林建筑的兴造包涵了浓郁的个体审美倾向，处处烙着园主思想情操、道德品质、美学志趣、人格力量的印记。就其审美而言，虽然带有浓厚的主观情感因素和丰富的个体差异，但从另一个方面看，审美感受也有客观的、理性的评价标准，这种客观性离不开具有普遍意义人群的审美感知和对美感的理性分析。例如，古典园林建筑与现代园林建筑的区别之一就是服务对象不同：前者属于士文化范畴，只为少数人服务，个人色彩浓厚；而后者是为大众使用而设计，是雅俗共赏的，其创作须面对广大受众，包括不同文化背景的人群，要考虑大众的审美意识和客观理性的审美规律。

2）审美客体

人类感受到的各种美，总体上来说有三大类，即自然美、生活美和艺术美。园林艺术的审美内容是三者的结合，体现出审美内容的丰富性。园林建筑作为与园林不可分割的一大要素，其审美客体为建筑及其周围的景象。

园林建筑为游人提供了多种感觉器官上的审美享受。人们可以通过眼、耳、鼻、舌、身等多种知觉途径感受古典园林及古典园林建筑。

①视觉艺术。优美的园林及园林建筑形态让人获得视觉上的审美享受，形成“立体的画”，这是园林中的“画境”。在传统的绘画作品中多有表现这种园林般的诗意境界：画面空间开阔、和谐统一，表现了浓浓的诗意（图 2.1）。植物与园林建筑结合，产生独特的光环境。如怡园的锁绿轩，其利用反光来改善室内的光环境，植物起到过滤光的作用，使室内增添绿意和幽静。该建筑为东西朝向且西向开窗，过午西晒的阳光是理想的光源，经

图 2.1　明·蒋乾《抱琴独坐图》

窗外竹林漫反射滤光深入轩室。因此,轩名即点醒了“日光穿竹翠玲珑”之意。

②听觉体验。园林中有莺歌鸟语、猿啼鹿鸣,有瀑布鸣响、溪涧流声,有雨打芭蕉、风吹挂铃,这些声响给人听觉上的审美享受。园林建筑除了作为听声场所,有时也担当声景创造的场所,如具有琴境的琴室、琴亭等,透出丝丝琴韵。典型案例有:怡园的园主顾文彬在造园时,精心构筑了与琴有关的景点“坡仙琴馆”,琴馆西侧是“石听琴室”,西北窗外有两座石峰,状如两人在听琴,创造出园林“声境”的意象。

③嗅觉感知。园林中常有香花植物,如梅花、桂花等,松、柏等树木也会散发出香气,都能刺激人的鼻腔,使人体验“沁人心脾”“闻香忘忧”的意境,这便是园林的“香境”。

总之,园林中如此丰富多彩的内容能刺激和调动人们的感官形成联觉,共同感受并欣赏园林美与建筑美。

3)审美生成

人是审美主体,建筑是审美客体,审美主体通过对审美客体进行大量的思索和实践,不断地将人类的主观意识添加到建筑的审美观念之中。最终,建筑审美中社会文化思想稳定地表现为审美的主体意识,社会生产力的成果如实地被建筑承载并进入一个相对稳定的发展阶段,表现为主客体的高度统一,形成具有一定历史延续性的建筑审美观念。这种由人类长期社会实践生成的审美观念也被视为审美理想,它依赖审美主客体的互动来实现,客体的发展成为推动审美发展的基础力量,社会、经济、技术等条件如实地映照在建筑审美的客体上;主体认知程度的提高则将审美推上了主客体统一的高度,完成了审美的最终阶段。园林审美理想是创造园林艺术、园林美的内在依据。园林建筑的美感来自审美过程中人与景象的和谐,即通常所谓的“共鸣”,凝聚着特定时空下人们对生存空间的向往。

2.1.2 审美思维

中国人的传统思维方式作为深层次地、本质地对民族文化行为起支配作用的稳定因素,被融入园林及园林建筑当中,呈现出深刻的思想内涵。

思维方式通常分为直觉思维(非理性思维)和逻辑思维(理性思维)。直觉思维运用具体形象和该形象产生的联想来感知和认识事物,也就是通过具体、感性的形象来表达对事物本质的认识。当我们漫步在古典园林之中时,画境文心之感会油然而生,这是一种对事物直观感受式的整体把握。有学者将中国人的智慧概括为“诗性智慧”。“诗性智慧”式的思维不能离开感性形象,心理感受和联想是其主要的思考方式。这种思维方式的特点有二:一是认识事物的过程不是从局部到整体渐进,而是先从总体上把握事物,再通过事物的整体形象去把握事物的内在规律;二是认识过程中体现出一定的模糊性,即典型地表现出意象化的思维特点。《周易》中就有“观物取象”之说,观物取象是手段,立象尽意是目的;观物是为了立意,取象是为了尽意。直觉思维发展成了中国传统文化中占主导地位的思维方式,体现出了中国古典园林的审美不是以分析为基础,而是凭借主体的直觉来观照对象,具有“原初物我浑冥”的思维特征。整体思维的观照方式在园林的营造中表现为注重建筑单体之间、单体与群体之间、建筑与环境之间所带来的美。每个建筑单体只是作为整体的一部分而存在。例如,藏于深山之中的古寺,深山因与古寺融为一体而变得更加神秘,古寺因深山的渲染衬托变得更加清净,给人以超尘脱俗又宁静淡

泊的审美感受。

另一个对园林审美起重要作用的思维方式是辩证思维。它是指对立双方在对立中共存,从而形成一个生动、统一的整体。我国古人在处理人与自然的关系问题上便是本着“矛盾和谐”的态度。儒、道两家都注重从总体上观察事物,都重视事物的对立面及其相互转化,带有浓厚的辩证思维特征。在此基础上形成的相关范畴为中国古典园林建筑布局、建筑形态提供了一系列重要的审美原则,如有与无、虚与实、疏与密、直与曲、围与透、主与从、静与动、旷与奥、形与神等。这些美学法则不仅在建筑形式方面被运用得十分娴熟,而且在更深的层次上,即在建筑群体的和谐、建筑整体与自然的和谐、建筑与人类自身的和谐方面也被运用得炉火纯青。

2.2　传统审美观对古典园林建筑的影响

中国古典园林及园林建筑之所以能够以其独特的风格呈现,重要原因之一就是其中蕴藏着丰富的传统美学思想。古典园林建筑除了满足人们物质生活的需求,更需要满足人们精神上的审美要求。中国传统的审美观念认为,美虽然不能离开形,但美的本质却不在于形而在于神。因此中国传统艺术对美的追求是由形入神、以形传神。园林的审美客体为景象,即建筑、山石、树木、水体等有限的实体,然而却具有“袖里乾坤”的审美理想。传统审美观对园林建筑的影响主要体现在园林建筑的发展和形式风格上。

2.2.1　传统审美观影响古典园林建筑的发展

纵观中国建筑审美发展的历程可以发现,建筑审美的变化一直与美学发展相互咬合、彼此缠绕。在漫长的历史里,中国传统建筑与传统审美观水乳交融地完成了契合,这种结合紧密而又严谨。中国古典园林的生成与发展得益于自然山水审美意识的觉醒与成熟,反过来,园林艺术的日益成熟也促进了自然山水审美意识的进一步发展。

从秦、汉时期开始,一直到唐、宋时期,随着儒、道审美思想的注入,古典园林建筑走上了一个个审美的高峰:唐代建筑在形式和感官上达到了一个高点,宋代建筑呈现出理性和秀美的特质,技术和艺术都走向成熟。自然地,从审美发展的逻辑看,此时审美认识应该有新突破,建筑审美应该向着更高的阶段发展,但是这时园林建筑审美的发展却并没有获得应有的推进,而是在元代归于沉寂。在明代,建筑技术实际上有了长足的进步,建筑的合理性和对建筑材料的认识都取得了前所未有的进步。比较明代建筑与此前的大木体系可以清楚地发现,梁架结构的用材明显减小,但是跨度和承重都有所增加,这无疑是技术的显著进步,但类似的建筑技术进步却没有推动审美的进一步发展,而是局限在原有的审美体系中。直到清代,园林建筑走向了辉煌后的没落,繁文缛节的堆砌更是到了无以复加的程度,艺术的创造力难以找到突破口。从这段历史来看,传统建筑一直呈单一形式发展,深深地被社会文化心理控制,直到外来的西方文化进入中国,美学发展受到西方思想的影响,社会文化受到西方文明的冲击,中国的建筑发展才进入了一个新的阶段,审美也有了新的发展。因此,传统审美观对园林建筑艺术发展的影响是十分明显的。

2.2.2　传统审美观影响古典园林建筑的风格

作为体现审美意识的物化语言,园林建筑以自身独有的风格记录了历史发展进程中人们的世界观、历史观以及价值观的变化,在实际功用的外表下包含着深厚的历史文化底蕴和传统审美观。传统哲学思想浸润下的传统审美观深刻地影响了古典园林及古典园林建筑的风格。自两汉以来,园林建筑受儒道诸家思想的浸染,在文化层面上表达出了诸多抽象的语义和深刻的哲理,儒家和道家美学作为中国传统美学的重要组成部分,相互交融,形成了中国传统美学的基石。

儒家讲中庸之道,注重万物的和谐、中正、均平、循环,对建筑布局,喜欢用轴线引导和左右对称的方法求得整体统一。受儒家美学思想的影响,园林宫殿区的格局,包括结构、位序、配置皆必须依礼而制。皇家园林中的宫殿建筑和私家园林中的住宅建筑,以及寺庙园林建筑在设计上多取正方形或长方形,在南北纵轴线上安排主要建筑,在东西轴线上安排次要建筑,以围墙和围廊构成封闭式整体,严肃、方正,井井有条,这些是儒家的均衡对称美学思想在园林建筑中的反映。例如皇家园林颐和园中的"涵远堂""知春堂""澄爽斋""湛清轩""知春亭"等建筑沿中轴线对称分布。这种蕴含了传统社会中强烈伦理秩序的美学概念,使得古典园林建筑艺术的审美被赋予了本体之外更多的社会意义。

道家主张返璞归真、无拘无束、顺其自然。受道家美学思想的影响,古典园林建筑在布局时采取了本于自然、高于自然的基本原则,力图使人工美与自然美相互配合、相互增色。建筑多以轻巧活泼的造型、开敞流通的形式与自然谐调。山水园林部分遵循追摹自然、返璞归真的原则,呈现出不规则、不对称的布局;园林建筑布局上则力求高低错落,随景赋形。例如避暑山庄在造园思路上巧用地形划分景区,在每个景区布置不同意境、趣味的景点,并使用对景、借景、隔景、透景等传统手法,形成各自的特色。环境空间构成上手法灵活多变,藏露旷奥、疏密得宜、曲径通幽,令人目不暇接,潇洒超脱,意趣横生。追求天然之趣,把自然美与人工美高度结合起来,将艺术境界与现实生活融为一体,形成一种把社会生活、自然环境、人的情趣和美的理想都交融在一起的,可居、可游、可观的现实物质空间。道家思想中这种带有强烈民族心理的审美命题稳定地影响着古典园林建筑的形式。

古典园林建筑在传统美学思想影响下持续地进行着对自身艺术性的追求。

2.3　古典园林建筑的审美内容

园林建筑美学,有一系列的问题需要探讨,如园林建筑的环境美、结构形式美、空间造型美、物化在建筑中的工程技术美等,内容十分丰富。

2.3.1　园林环境之美——虽由人作,宛自天开

古典园林与园林建筑之间的美学关系,可以从两个角度来理解:一方面,园林建筑是园林建构的要素之一,唐代诗人姚合在《扬州春词》中就有"园林多是宅"的诗句,这足以说明园林对建

筑的依赖;另一方面,园林中每个部分、每个角落皆受建筑美的衬托。从功能上讲,园林是建筑的延伸和扩大,是建筑进一步与自然环境(山水、花木)相融的艺术综合;建筑在一定程度上是园林的起点和中心,园林不可能脱离建筑而存在。这充分体现了中国古典园林建筑的环境观。

中国古典园林以山水为骨架,以建筑为眉目,山水为主,建筑配合。因此,园林建筑在空间布局上时时处处都体现出对环境的尊重,通过对环境的利用达到与环境的共生,使园林建筑本身成为环境的一部分。要理解园林建筑的美,首先要理解园林的美。中国古典园林创作的基本思想强调"源于自然而高于自然",园林中的环境美学思想体现在融于自然、顺应自然、表现自然等方面。首先认识自然环境内在的和谐,从中发现美、找出美的规律,从而创造自然环境美。其次,把人文思想、情感、生活与自然紧紧地融为一体,这种人情化的自然环境思想是中国自然环境观的又一重要方面。中国古典园林建筑虽是人工之物,但在园林中既不是喧宾夺主地压制环境,也不是简单地躲避环境,而是与自然环境取得水乳交融的艺术境界。

2.3.2 建筑空间之美——构园无格,精在体宜

人的一切活动都是在一定的空间范围内进行的。空间由"空"与"间"复合而成,"空"是指"虚无",如茫茫宇宙那样空旷缥缈,可以向四周无限延伸和扩展,是无形的,但又是客观的,是可以感受到的。"间"是指"分隔"或分隔而成的"间隙、空隙、空当"。因此,"空间"一词可以理解为通过对虚空的分隔而形成的一种客观存在。其中,建筑空间(包括室内空间、建筑围成的室外空间以及两者之间的过渡空间)给予人们的影响和感受最直接。建筑作为一种空间的艺术,包含了空间的形态、空间的格局、空间的尺度、空间的比例、空间的序列、空间的光影等丰富的内容。

1)建筑空间的形态美

古典园林建筑的类型十分丰富,因功能用途不同而形成大小各异的若干栋单体建筑,形成千姿百态的建筑形象:如庄重典雅的主体厅堂;"线形"形态的廊,它们"随形而弯,依势而曲。或蟠山腰,或穷水际,通花渡壑,蜿蜒无尽……"(《园冶》);曲线优美的拱桥,或矫健、或秀巧,有架空之感;势若飞虹落水的廊桥,水波荡漾之时,桥影欲飞,虚实相接;不计其数的亭子,造型无定,风韵多姿,典雅秀丽,位置自由、灵活,因景而立于花间、水际、竹里、山巅、溪涧等。可见,通过因地制宜地选择建筑式样,可以产生出旷与奥、开与合、敞与闭的空间感受,以外向性空间、内向性空间、内外性空间以及画卷式连续空间等形态类型创造并丰富园林环境。

2)建筑空间的格局美

传统的木构建筑,由于受到木材及结构本身的限制,内部的建筑空间一般比较简单,单体建筑比较定型。因此,除了古典园林建筑单体的形态表现外,整体建筑群的结构布局和制约配合也十分重要。每栋单体建筑先有其特定的功能和一定的"身份",以及与这个"身份"相适应的位置,然后以庭院为中心,以廊和墙为纽带,把它们连成一个整体。例如,曲线变化的屋顶,表现出群屋之联络美,而非一屋之形状美;主屋、从屋、门廊、楼阁、亭榭等,形式不同、大小高低各异,于变化之中又有一脉统一、浑然之势。古典园林建筑以"巧于因借"为基本指导思想来经营建

筑的位置。为了不落窠臼，顺应环境，强调“构图无格”“不拘一格”的灵活性，设计方面有着更大的自由度。在私家园林中，空间处理往往会避免轴线对称，而力求曲折变化、参差错落、灵活布置、空间对比、增加层次、扩展空间。同时，在空间布局上，古典园林注重整体之间的映照关系，注重外部空间设计，并将其视为对建筑内部空间的补充，借景就是重要的空间处理手法之一。总之，可以通过独立的建筑物和环境结合或建筑组、群自由组合形成开放性空间，也可以通过建筑物与廊墙等围合成庭院空间、天井空间等，创造出复杂的群体结构，但多样的形式与园林的整体风貌应始终保持和谐与统一。

3）建筑空间的序列美

空间序列是时间和空间相结合的产物，园林的空间序列关系到园林的整体结构和布局。古典园林被比喻为“山水画长卷”，因为它有着多空间、多视点和连续变化等特点，其按照预设的时空顺序展开的特点尤其显著。景观设计中不单要考虑从某些固定的视点来看可否获得良好的景观效果，还必须考虑能否通过大路、小路、桥廊、涵洞等游览线路的引导和景观对视线的引导，把全园的主景、副景贯通串联起来，让人在行进的过程中体验景观连贯、完整的空间序列，获得良好的动观体验，体味时空的“起承转合”和园林的主题立意。园林建筑在对应的“开始、过渡、高潮、结束”四阶段中以特定的先后次序出现，表现出闭合环绕式、串联规则式、中心辐射式等多种序列空间组织形式。在整个园林的空间组织上，空间序列起着穿针引线、突显园林意境的重要作用。

4）建筑空间的尺度美与比例美

尺度和比例既有联系也有区别。联系在于它们都是一种量度的表示；区别在于比例是一种相对量度，不受绝对尺寸的影响，而尺度是一种绝对量度，涉及具体的尺寸。一切尺度大小的判断都是以人体的尺度为出发点的。园林建筑空间包括建筑室外空间和建筑室内空间两部分。在古典园林中，山水为主，建筑为从，建筑尺度可间接代表人的尺度来衡量它是否与山水环境等物的尺度处于适宜的状态。计成在《园冶》中指出，园林建筑应遵循“精在体宜”的基本原则。园林建筑尺度的推敲不仅要考虑建筑内部空间和外部形状从整体到局部的比例关系，而且还要推敲建筑与山水、植物景观之间的比例关系。室外空间不应过分空旷或闭塞而削弱景观效果；室内空间应满足建筑物使用功能和观赏风景的需要。尤其要注意，在有限的园林空间里，建筑尺度不可过大，以免喧宾夺主。只有建筑空间的比例和尺度得当且符合人们的审美习惯，才能令人对自然景物或空间产生美好的感受。造园中“小中见大”，即在小空间营造大景观的手法，就是尺度运用得当的结果。

5）建筑空间的光影美

光影不仅能够营造空间气氛，强化空间内涵，而且能使空间更加具有意境美。因此，园林建筑空间营造十分注重对光环境的创造。利用建筑围合成的小庭院，配合山石、花木、粉墙等，巧妙地构成光影变换的小景，俨然一幅立体国画。在园林空间序列的创造中，往往要先经过迂回曲折、光线幽暗的长廊，当到达主体空间时才会有豁然开朗的感觉。整个行进中的空间序列，其实就是光影设计对心理感应的一种动态引导。正是有了这样的光影设计，空间才不会空泛，才

能突显主题空间的震撼，在动态中实现最后的场所精神。

2.3.3 建筑结构之美——构木为架，灵活优美

《韩非子·五蠹》有记载：“上古之世，人民少而禽兽众，人民不胜禽兽虫蛇，有圣人作，构木为巢，以避群害。”为了躲避自然界中的种种危险，人们自发地在大自然中营造出一个小环境以供栖息，当原始的洞穴不能满足人们的需要，于是“构木为巢”。中国古典园林建筑从整体到构件，以木材为基本素材，搭建框架，对各构件的形状进行加工，最终在“构木为架”的基础上达到建筑的功能、结构和艺术的统一。

首先了解一下古建筑木构造型的合理性：①木材的合理性在于：便于取材、成本低、可再生，便于加工、运输，保温性能较好。②木构架的合理性在于：采用柱、梁构成房屋的承重框架，将屋顶的荷载通过梁架传到立柱上，有较好的抗震效果；墙壁能起到围护和隔断的作用，可灵活拆建，易于适应不同水平的地基。“墙倒屋不塌”形象地说明了这种框架式木结构的基本特点。③大屋顶造型的合理性在于：利于排水，保护屋身，利于采光，曲线造型优美。中国古典建筑仅屋顶就有庑殿、歇山、悬山、硬山、卷棚、攒尖以及单檐、重檐等诸多类型。另外，在这种木结构的体系中创造出了一种独特构件——斗栱。这种构件不仅有承重作用还有很强的装饰作用。在这种木结构体系下产生的建筑形式姿态优美、灵活多样。

除了木结构外，不同的古典园林建筑因其使用功能以及其本身审美情趣的需要，往往使用不同的材料，以提高整个建筑的审美价值。如北方皇家园林建筑，往往以材料的特殊、贵重、罕见为美，突出皇家园林建筑的金碧辉煌与气势磅礴；而在南方私家园林之中，材料的选择则偏重于精致、亲切，整体色调偏灰，犹如一幅写意山水画。

2.3.4 建筑装饰之美——技艺精湛，细微雅致

中国古典园林建筑的装饰艺术在世界建筑史上独树一帜，装饰手法繁多，装饰材料丰富，装饰技术精湛。但对于“装饰性”的认识，我们应当有恰当的态度。在以“虽由人作，宛自天开”为主要审美情趣的古典私家园林中，装饰性技艺仍然被大量运用，只是它的存在方式与西方园林有所不同。金学智先生在《中国园林美学》一书中将装饰性的存在概括为“三隐三显”。①大处隐而小处显：在山石、林木中尽量不见人工痕迹，而在一方铺地、一扇花窗中却尽显技艺之精巧。如门楼，总体较质朴，檐下雕饰却细致入微。②明处隐而暗处显：在大面积的建筑屋顶、墙面等明处往往以自然姿态呈现，但是暗处如斗栱下的雕梁画栋等却尽显精致繁复的人工技巧之美。③室外隐而室内显：室内的隔扇、落地罩、家具、古玩陈设等都极富装饰性。所以，归纳起来，古典园林建筑的装饰艺术内容十分广泛，除去大木构架与斗栱结构外均属于装修与装饰部分。装饰部分主要包括小木作、瓦作、石作、琉璃作、彩画作等部分。而小木作又分为外檐木作与内檐木作：外檐木作包括走廊、栏杆、挂落、门、窗等；内檐木作包括隔断、罩、天花、藻井等。这些装饰皆融入了人们的欣赏习惯，渗透着民族传统和民间习俗，表达了人们的美好意愿。

古典园林建筑装饰也常用到绘画或雕刻的形式。例如，构思独到的漏窗，图案巧妙纷呈，有隔有通，小中见大，远山近水悉入目中。漏窗为审美主体提供了一个特殊的视角，让审美对象从周围环境中相对独立出来，成为古典园林审美的重要手段。有窗芯的漏窗，特别讲究装饰美的

图2.2　尺幅窗图式

效果，具有极强的实用性与装饰性，其本身就是一件艺术品。几何图案的窗芯多由直线、弧线和圆形等组成，直线图案较为简洁大方，曲线图案则较为生动活泼；也有将一些具有吉祥意义的字符刻画在漏窗之中的，表达祈福迎祥的愿望，如“福”“寿”等；还有用一些具有象征意义的纹饰点缀漏窗的，如用冰裂纹象征文人的高雅等；而松、柏、牡丹、梅、兰、竹、菊、芭蕉等图案更是体现了以花比德的思想。另一种无窗芯的漏窗，常作为取景的画框，使空间互相穿插渗透，达到增加景致和扩大空间的效果。明末清初的文人、造园家李渔阐述了对建筑与园林的独特见解，他力荐开窗借景手法，主张将窗户作为观景的媒介，进行画框式的加工，以期把平凡的景物通过媒介转化为造园的理解之一——如画。窗外景物如天然图画，称为“尺幅窗，无心画”（图2.2），其“四面皆空，独虚其中”，显示出很强的设计感和装饰味。

建筑装饰美除了“精”，还有“雅”，主要在色彩方面有所体现。古典园林中的色彩是由山景色彩、水景色彩、花木色彩、动物色彩和建筑色彩五大项构成的。园林建筑的色彩又因地域不同、性质不同而呈现变化。造园者对园林中建筑色彩的选择也寄托了他们各自的思想情感，着意创造“以色传神，以色抒情”的作品：北方皇家园林建筑色泽华丽，金碧辉煌，黄色琉璃瓦、鲜红色木柱、色彩缤纷的彩绘，追求富丽、豪华、高贵之美；江南私家园林建筑色彩淡雅，多以大片粉墙为基调，配以黑灰色的小瓦，栗壳色梁柱、栏杆、挂落，内部装修也多用淡褐色或木材本色，衬以白墙与水磨砖所制灰色门框，具有一种素雅恬淡有如水墨渲染画的艺术格调。

2.3.5　建筑题刻之美——书文共赏，隽永悠长

古代文人造园，注重传统文学艺术的渗透、审美精神的借鉴，注重情和意的表达，追求文学艺术与环境艺术的交融。中国古典园林中存有大量的文学品题就是具体表现。文学品题是指在厅堂、楹柱、门楣和庭院的石崖、粉墙上留下的历代文人墨迹，即匾额、楹联和品题性石刻、砖刻等等。它们是建筑物典雅的装饰品、园林景观的说明书，透露了造园设景的文学渊源，表达了园主的品格心绪，是造园家传神的点睛之笔。

园题的类型大致包括园名、建筑和景点的木石题额、楹联及题诗。园名最初只是作为一种符号，并没有什么特殊的含义，北魏时期开始明确提出“名目要有其义”，到了宋代就逐渐盛行起来，筑园立名，深寓其意，如表现隐逸之乐几乎成了后代园名万变不离其宗的一大主题。江南私家园林中的园名多表达出这种归隐的闲逸、对前代名士风流的仰慕，出现大量直接以归、隐、适、怡为名的园名。园林建筑的题额也颇具深意，如网师园中的“月到风来亭”，取唐代诗人韩愈“晚色将秋至，长风送月来”之句而得名，亭所建的位置最宜秋夜赏月，有“月到天心处，风来水面时”的情趣；又如狮子林中的“揖峰指柏轩”，取“前揖庐山，一峰独秀”之意，将山石人化，在一个小小的匾额中体现了禅、道两种文化精神，表现了文人士大夫对自然山石的热爱尊崇之情；

再如拙政园中的“与谁同坐轩”亭(图2.3、图2.4),该扇面亭中仅一张椅子,于是借用宋代诗人苏轼的“与谁同坐,明月清风我”的诗句来表达士大夫的清高。乾隆皇帝六游狮子林,留有诸多诗句:见园内楹联“一树一峰入画意,几湾几曲远尘心”,赐匾“画禅寺”;见石峰俯仰多姿、石洞剔透空灵,赐匾“真趣”,意为“忘机得真趣”。初看之下,不觉得题名有什么特别,实际都是前人精心结撰的成果,里面浸透了传统文化的深厚涵养,细细品味,才能有会于心。从文辞内容上看,题刻作为一种文学艺术形式,集中体现了一字、一意、一音的功能:或描绘园林胜景,诗情画意,异彩纷呈;或借景抒情,臧否史事,褒贬人物;或寄情山水,托物言志,颂扬高尚情操。“文因景成,景借文传”的例子不一而足,长则百余字,短则寥寥数字,大大超出了点醒意境的作用而成为凝聚着浓郁人文意味的独立景观,使园林中的建筑更具深隽的趣味和魅力。

图2.3 拙政园“与谁同坐轩”

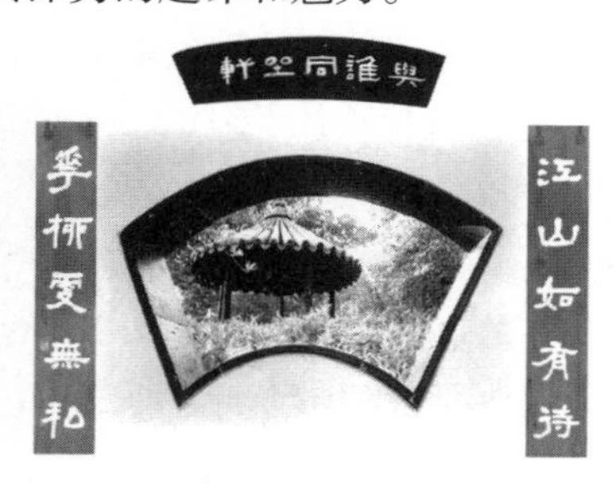

图2.4 拙政园“与谁同坐轩”匾联

在中国古典园林中,不仅要欣赏题刻文辞的内容之美,同时还要欣赏书法的古雅之美,并由其引领园林物境进入园林审美之境。

书法艺术的魅力来自点画用笔之美、字形结构之美和意境内蕴之美,其“形美以感目,意美以感心”与园林完美结合。早在秦始皇时期,小篆名家李斯便刻石记功,留下了峄山刻石、泰山刻石。南方园林中较普遍地存有“书条石”,一般采用条形青石制作,上面镌刻着园主收藏的名家书法法帖、文章、书信、诗词、图画等,大多镶嵌在私家园林中曲折长廊的粉墙上、厅堂壁面间,黑白辉映,与园中的匾额、楹联、摩崖、砖刻、碑刻等共同营造出氤氲的“书卷气”,如著名的“留园法帖”。有时园林建筑与书法艺术之间也能引发通感之赏。如网师园中小山丛桂轩的北窗上有清代书法家何绍基所书对联“山势盘陀真是画,泉流宛委遂成书”,轩东侧有一条被称作“盘涧”的小溪涧(图2.5),其状如书法用笔中的涩笔,自此进入书法线条美的欣赏层次,园林水景与书法笔法之间产生了一种美学通感。

图2.5 网师园的盘涧

2.3.6 建筑意境之美——寓情于景,情景交融

意境是中国古典美学传统中一个极其重要的美学范畴。美学家叶朗提出,从审美活动的角

度看，所谓“意境”，就是超越具体的有限的物象、事件、场景，进入无限的时间和空间，从而对整个人生、历史、宇宙获得一种哲理性的感受和领悟。简单地说，意境即主观的感情、理念熔铸于客观生活、景物之中，从而引发鉴赏者类似的情感激动和理念联想，使情寓于景，情因景生、景为情适，融而难分，亦即物我交融。中国古典园林的设计与营造多有诗人、画家参与，这些文人借助山水、建筑、花木等景物形象来抒发情感，表达意愿，倾诉理想。

中国古典园林发展成为一种抒情言志的艺术，表达出特有的审美境界。这种境界有实有虚、虚实统一，但重要的不是实而是虚；这种境界有动有静、动静结合，但重要的不是动而是静；这种境界有情有景、情景交融，但重要的不是景而是情；这种境界有显有隐、显隐互生，但重要的不是显而是隐。“景有尽而意无穷”，这是比直观的园林景象更为深刻、更为高级的审美范畴，也是古典园林建筑更高层次的追求，即用有形的景观来展示或暗示园主所想表达的意蕴。这里的“意”起着统摄作用，造园的“立意”大至全局整体，小至片石株树，都要以意为聚焦点，把各种造景因素一一组织起来。而“立意”是在“体物”基础上生成的，这样的意境才有表达的可能。“体物”是指园林意境的创作必须在调查研究过程中，对特定环境与景物所适宜表达的情意作详细的体察。如根据条件进行“因借”“取景在借”，讲的不只是构图上的借景，也是为了丰富意境的“因借”。凡是晚钟、晓月、樵唱、渔歌等无不可借，更有“触情俱是”，这样才有助于构成情与景谐、意与境合的园林意境。

作为自然环境与建筑、诗、画、楹联、雕塑等多种艺术之综合体的中国古典园林，其意境就产生于园林境域的综合艺术效果。设计者能否给予游赏者以情意方面的信息，以唤起记忆联想，从而产生物外情、景外意是关键所在。园林的景观外貌要极尽自然美，而寓于“形”中的“神”则要极尽人文美，使本来不具有“情”的景物，通过“迁想”和“移情”神形皆备、情景交融。“不愁明月尽，自有暗香来”，这是一种对超越于形之外的神韵的追求和渴望，而中国传统艺术的妙境就在形式之外妙香远溢的世界中。

如果说古典园林建筑所具有的感性物质美是一种外在的形式美，那么当物质美同园林建筑内在的精神内容相契合时，往往会内化为深层的审美内涵。如成都杜甫草堂中的少陵草堂碑亭(图2.6)和柴门(图2.7)，前者屋顶为圆形攒尖草顶，后者为一双坡的草顶，它们的屋顶都和“草堂”的“草”字吻合，从而渗透了纪念意义，使人联想起杜甫诗中的“独树老夫家”“浣花溪里花饶笑”“乾坤一草亭”“柴门鸟雀噪”，象征着诗人居住的茅屋，极为简朴亲切，体现出一种负载着凝重历史感的简陋古朴之美。此处“草”的审美价值远胜于金玉，形式得到了升华。再如良好的建筑细部处理往往能让观者产生良好的视觉联想，利用横匾、诗词对句、木纹石刻等形式让观者产生合理联想，让建筑与自然环境融合，建筑成为诗情、景观成为画意，共同为观者提供美的精神体验。

总之，古典园林建筑审美的内容极其丰富，古典园林建筑的美是一种综合的美，需要“品”——细细体会、慢慢咀嚼、精心琢磨，反复推想、融合意象来感悟。探讨园林建筑的审美内容能让设计目标指向更为明确，让设计与周围的建筑、人群、环境产生和谐的关系，从而解决好三方面的问题：形式的运用、精神的传达、文化的共融。

图2.6 杜甫草堂内的少陵草堂碑亭

图2.7 杜甫草堂内的柴门

2.4 传统审美观对现代园林建筑的影响

从园林建筑的形态演变来看,现代园林建筑的整体形态已经摆脱了传统建筑形态的束缚,向着更灵活、更自由的方向发展。我们可以从审美主体、审美客体以及审美理想三个方面来认识现代园林建筑审美观的变化以及传统审美观的持续作用。

从审美主体来看,一方面,古典园林经过蜕变,由为少数文人雅士游园赏景服务,演变成服务大众的现代公共游赏园林;园林建筑也由被少数人群所拥有,发展为被大众所使用。另一方面,由于人们的意识形态受地域环境、风俗习惯、文化结构、观念形态等因素的影响,具有强烈的社会性,因此园林建筑形象的创造不可避免地会受到社会潮流与当代美学思想的影响,令现代审美走向多元化,建筑形象获得更丰富的表现力。作为审美主体,人们面对不同建筑风格各有喜好,但都在寻求各自的理解与表达,释放创造力。受多元化的现代审美观影响,人们对建筑艺术的形象追求,已经超出了传统建筑美学所着重研究的"美感"范畴,构图的平衡、和谐以及视觉上的舒适感不再是追求的唯一目标,平面及空间形态随场地环境自由地舞蹈,直线、弧线、曲线形、折形,甚至非线性等新的空间形态和体验层出不穷。

一些古典园林建筑或充满古典园林意味的园林建筑渗透出来的浓厚意境深深地吸引着当代人,一种诗情画意的情感体验在人们心中油然而生。例如苏州古城区的街头绿地点缀着一系列以太湖石立峰的"抽象雕塑";老城中诸多的公交车站,大抵被建成亭廊结合式,屋顶为卷棚歇山或悬山形制,檐下有挂落,墙上有漏窗或空窗洞门等;尤其是棋布于市内大街小巷的一个个"小游园",以及环城河畔长长的园林风光带,修篁一丛,湖石三五,游廊屈曲,亭轩翼然。凡此种种,颇具苏州古典园林的雅趣,尽管其中巧拙互现,但对苏州园林群体的外部环境来说,可视为一种围拱环绕和一种扩展延伸,它们与苏州古典园林一起,显示出苏州地域浓郁的园林情调和古色古香的艺术氛围。另外,在街坊改造或房地产开发建设中也隐现出古典园林的影响。如"姑苏城外寒山寺"旁的江枫园,大园之中,又有一百多个由黛瓦粉墙围合而成的苏式宅园,宅园外古内今,适宜现代人居住。在多元化的房地产开发中,这样的创作和建设思路是一种值得注意的时代走向,反映出当代人对传统审美的心理需求。

对审美客体而言，中国传统建筑是典型的一脉相承的发展模式，数千年来保持着相对稳定和单一的形式体系。如今建筑审美正处在一个高速发展的阶段，对建筑审美客体的研究和理解不断推陈出新。一方面，园林建筑自身作为展示新技术、新材料、新工艺的载体，与艺术进行着良好的结合，在优美的艺术化形式中展现了现代科技成果。如传统建筑中的梁柱式结构体系是一种富有弹性的结构体系，"墙倒屋不塌"表达出了它的特点。但传统建筑的建造是手工操作，工期长、技术细腻，这些已经不再适合现代社会快速、高效的趋势。建筑结构及材料技术的不断创新为现代园林建筑的形态发展提供了良好的条件，使其形态出现了变异。另一方面，现代园林建筑设计已走向大众文化，体现出来的变化是建筑体量由相对较小转向相对较大，内部空间层次更加丰富，功能更加复合，类型更加多样，既包括了传统游赏性的建筑，还出现了许多新的体验性以及服务性建筑，如游客接待中心、餐饮区、茶室、咖啡厅、展览建筑等。又如一些图书馆、博物馆以及高级宾馆，其外部环境、整体布局、建筑格调、室内陈设等都显现出古典园林的种种影响，尽管其中或多或少地融进了现代的材料技术和新的造型风格，但既古又新的建筑风貌背后隐藏着传统的审美内涵。

从审美理想来说，古典园林源于自然生态环境的审美选择，进而以顺乎自然规律的设计指导思想探求"虽然人作，宛自天开"的审美标准，并建立起"道法自然"以追求天人合一的审美理想。现代园林建筑强调人类发展和资源与环境的可持续性，现代园林越来越重视园林的生态保护功能。园林建筑作为城市及自然景观系统的重要组成部分，被置于大的生态环境之下。园林建筑设计应不再局限于建筑自身，而应该关注其存在环境的生态承载力及能量平衡，从可持续发展的角度衡量其是否有利于社会的未来发展。其生态趋势不仅仅是单纯提倡使用新技术，同时也倡导尊重当地气候条件，挖掘传统建筑技术并按照资源与环境的要求对其进行改造，效法自然有机体的生命活动进行设计，或通过精心设计的建筑细部来提高建筑和资源的利用效率等，这些都是贯彻生态思想的方法。这种可持续发展的生态观与古典园林建筑所追求的与自然和谐统一的审美理想一脉相承。

随着信息时代的到来，建筑文化的交流与融合也达到了前所未有的高度。尽管在当今的建筑实践中仍然有明显的风格差异，但是，信息技术手段却在理论上使这种差异呈现逐渐缩小的趋向。独特的建筑风格和样式一出现就被迅速地传播和复制到世界各地，建筑师的个性特征也迅速转化为群体特征，这就是建筑走向面貌趋同的事实。这也是传统特色、地域文化失语的客观原因之一，这样的状况威胁着地域景观系统的完整性、稳定性与安全性。因此，需要提倡园林建筑设计的文化性既要在设计中尊重地域文化，又要兼顾时代文化特征，实现历史与现实的融合与协调。在满足物质功能性和技术性指标的前提下进行现代园林建筑的创作实践，注重对文化观念和生活方式的体现，将传统审美的精神内容融入设计之中，是一种有效的设计策略。

园林建筑与人的关系不仅仅是简单的依存关系，更是一种必然的情感生活体验。良好的园林建筑不但赏心悦目，还能深深地影响观者的情绪，激发特定的意趣，创造一定的意境。因此，我们对环境的体验不应只停留在视觉上，而应使精神上的追求成为一种必然的趋势。传统美学思想中的意境，仍然是现代园林建筑设计值得追寻的方向之一。尽管现代审美观已经发生了深刻变化，但中国传统的审美观以及和谐共生的价值取向，对我们所面临的新审美探索是大有裨益的，这将成为当下进行园林建筑创作的巨大财富。

思考与练习

1. 结合自身的体验，谈谈古典园林建筑的主要审美内容。
2. 结合现代园林建筑实例，试分析传统审美观的具体体现。

3 古典园林建筑群体设计

本章导读 本章以园林建筑群体为研究对象。首先阐述建筑群体的概念、园林建筑群体和单体之间的相互关系，引导读者从全局出发认识园林建筑；其次从园林建筑群体与自然山水的关系、园林建筑群体的布局、造型和空间等方面描述园林建筑群体的特征；接着分析园林建筑群体在山地环境、滨水环境等自然环境因素下的应变措施，重点归纳总结园林建筑群体的空间组织（包括空间形态类型、空间组合形式、空间序列）和设计手法（空间的对比、空间的渗透与层次、空间的因借），这也是本章的学习重点。

3.1 古典园林建筑群体概述

3.1.1 建筑群体的概念

"群体"与"个体"相对。"群体"由"个体"组成，"群体"中的"个体"之间存在着相互联系、相互作用，而非简单相加。将"群体"概念加以引申，可以理解为：园林建筑群体是指由两个或两个以上相互联系的单体建筑以一定的方式联系在一起而形成的有机整体，也称建筑群。同单体建筑相比，建筑群体内各单体之间的关联性显得尤为重要。由于功能关系和审美关系，建筑多以群体组合的形式存在，其中的单体建筑设计寓于群体之中，它不但要与周围的建筑发生关系，同时也要考虑与其他建筑的统一性和协调性。

3.1.2 古典园林建筑群体与单体的关系

园林建筑单体并不是特指某一幢在功能上完全独立的建筑，它只是形体上的划分。这就是说，单体是建筑群中的一个完整形体，具有独立的建筑形象，但在功能上，它并不完全独立。例如，五台山佛光寺大殿是五台山佛光寺建筑群的主体建筑，具有中国古典建筑典型的屋顶、屋身和台基三大部分，自身形象完整，但在功能方面，它并不完全独立，必须与配殿等共同组成寺庙。

同样，在一座古典庭院空间中，有厅、堂、馆、榭、亭、廊等多个单体建筑，虽然它们各自有独立完整的形象，但只有彼此联系成为整体才能成为可居可游的庭院。

人们评价一栋建筑单体，往往从它的造型、色彩、材料以及内部空间等方面进行。建筑的造型是内部空间的反映，也是建筑个性和特征的表现。优秀的建筑群体能将建筑单体的“个性”融于群体之中，形成形象多样统一、空间内外贯通、彼此相互依存的有机统一的整体。因此，建筑群体设计在注重单体建筑完美的同时，还要充分考虑各单体建筑之间的相互关联。这种关联主要表现在功能与流线关系，以及景观协调性等方面。

1）功能与流线关系

功能是指建筑的使用要求，如居住、饮食、娱乐、会议等各种活动对建筑的基本要求，功能是决定建筑形式的基本因素。在中国古典园林中，建筑依据功能的不同，被冠以不同名称，古人常用“堂以宴、亭以憩、阁以眺、廊以吟”概言之。一座现代化的综合性公园常有展览室、餐厅、茶室、亭廊、办公室等各种不同功能的建筑单体，总体上讲，它们都是为满足人们的休憩和文化娱乐生活而设置的，功能上互为补充，体现了园林空间中功能活动的多样性及功能关系的整体性。

在群体设计中，首先要做好功能分区，做到分区明确，并按主、次、内、外、闹、静等关系合理安排各单体建筑。同时，还要根据实际使用要求，按人流活动的顺序安排其位置。功能分区是建筑群的分离组织手法，而流线关系则是建筑群聚合组织的手段，二者相辅相成。园林中的流线，既是组织空间和联系建筑的交通流，又形成了人们感知空间环境的景观序列，是游人动中观景的行为秩序的反映。设计中，应对不同环境的人们的游赏心理和行为秩序做出充分的考虑。如苏州留园入口空间序列的组织，游人在一系列景观、空间的变化中，视觉上出现了先抑后扬，由曲折幽暗到豁然开朗的景观效果，而心理上由城市的喧嚣繁杂进入悠游山水的境界（图3.1）。其次，在建筑单体选址时，还应考虑单体自身对环境的要求，即考虑建筑基地的外部条件，例如：公园的大门应有方便的交通；阅览室、陈列室则宜设置在幽静一隅；亭、廊、榭等点景游憩建筑，则需有景可赏，并能点缀风景；餐厅、小卖部等服务性建筑应布置在交通方便且不影响主要景观的地方；办公管理用房宜处于僻静之地，并设专用入口。总之，单体建筑需根据功能与流线关系按照一定的空间组合形式形成一种连续、有序的有机整体。

2）景观协调性

景观协调性体现了造型艺术多样统一的基本规律，单体建筑需服从总体布局。园林建筑单体只有与其他建筑及环境要素（山、水、植物）相结合，成为一个有机整体，才能完整、充分地体现它的艺术价值。建筑单体之间的景观协调，一般可以通过体形、体量、色彩、材质的统一来获得。在中国传统建筑形制影响下，古典园林建筑在结构体系、形态、造型、色彩等方面都达到了高度的协调统一。在建筑群体设计中，还常通过轴线关系建立建筑单体间的结构秩序以取得协调，常见的有：以一幢主体建筑的中心为轴线，如北京北海的五龙亭（图3.2）；或以连续几幢建筑的中心为轴线；或用轴线串起几进院落，如颐和园佛香阁建筑群（图3.3）；或分隔成簇群，每个群体中轴线旋转，形成多轴线布局，如武夷宫景点规划（图3.4）。

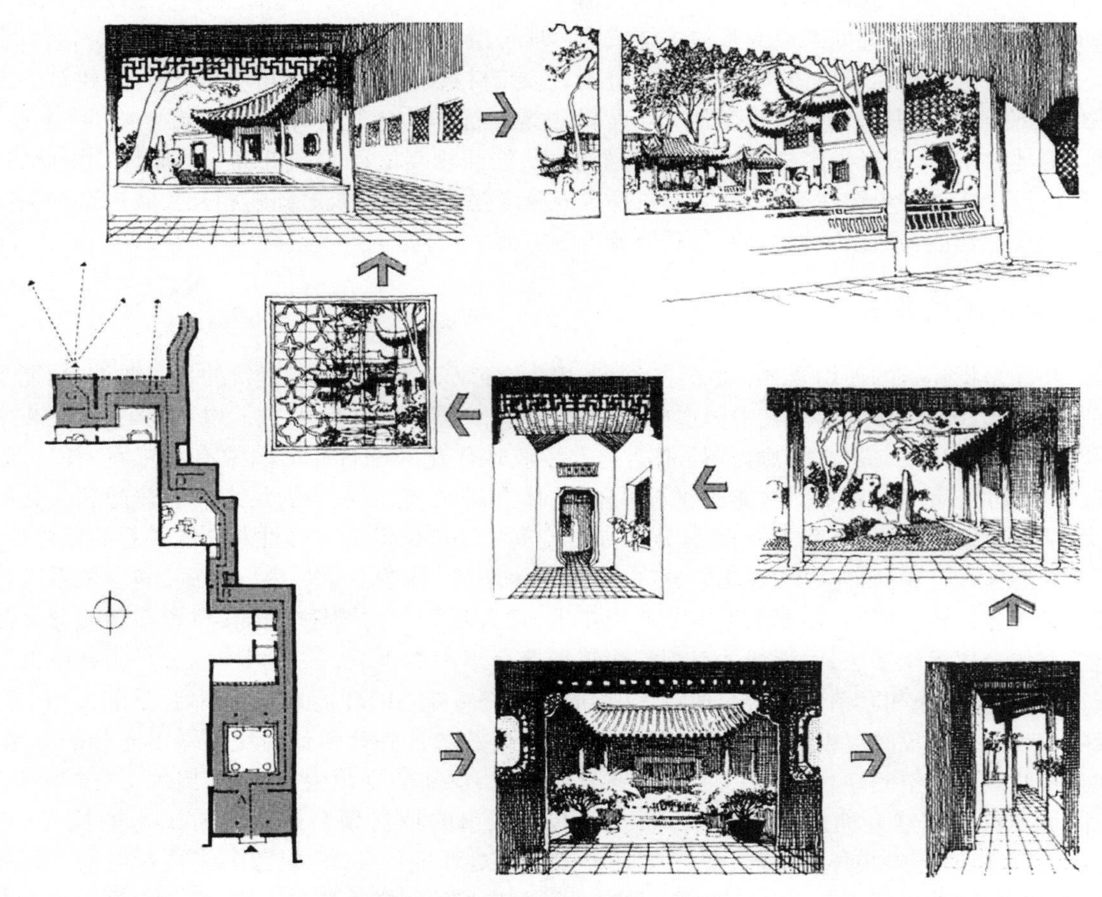

图 3.1　苏州留园入口的空间序列

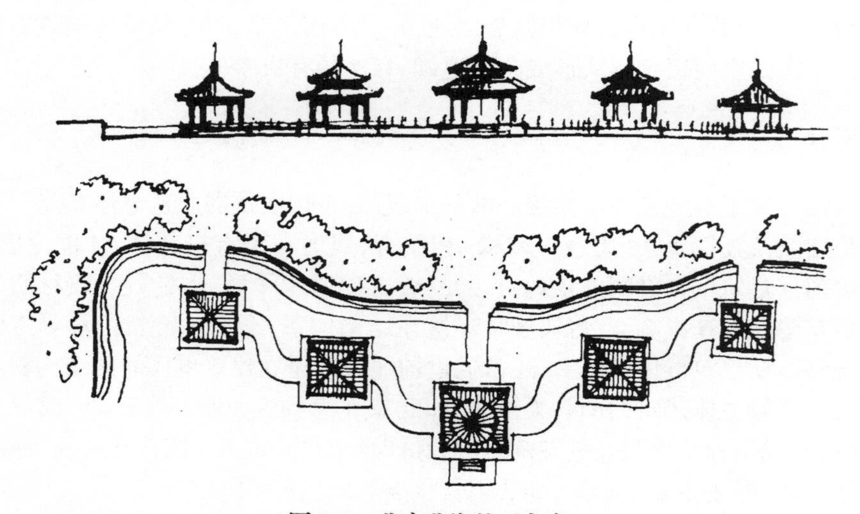

图 3.2　北京北海的五龙亭

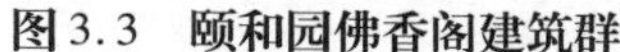
图 3.3 颐和园佛香阁建筑群

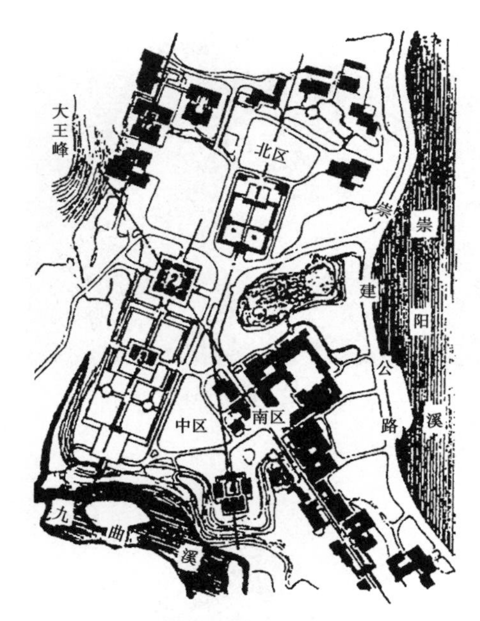

图 3.4 武夷宫景点规划图

中国的传统建筑以群体组织关系见长，将相似的单体建筑置于群体之中，形成复杂多变的院落空间。通过创造建筑的群体空间来展现其艺术魅力，体现中国人独有的整体环境观。这种整体设计思想在古典园林中体现得淋漓尽致：建筑由简单的柱网构成间，间构成栋，栋形成院，可能单体建筑造型上相差不大，但在与空间环境的交错布局中匠心独运，丝毫不产生单调感，反而总是能以迥然不同的形象出现在人的视野中，创造出“多方胜景，咫尺山林”的艺术效果。

运用系统论的观点来分析，群体与单体之间的关系就是整体与局部的关系，且整体大于局部之和，即建筑群体产生的影响要远远大于组成它的建筑单体产生的影响。如果把建筑群体比作一个完美的乐章，那么建筑单体就是该乐章中一个个跳动的音符，这些音符按照一定的节奏、韵律构成了整个乐章。

以北京天坛为例（图 3.5），它是世界上现存的、规模最大的祭天建筑群，不论其整体布局还是每座单体建筑，以至各个细节的设计都表现出了高度的和谐。天坛由圜丘坛（图 3.6）、祈年殿（图 3.7）、皇穹宇（图 3.8）三组建筑组成。圜丘坛是天坛南端的一组建筑，平面呈圆形，由三层石台组成，上层中心是一块圆石，圆外有九环。坛的四周有外方内圆双重矮墙，象征天圆地方。坛内空旷无物，造成圜丘与天相近的错觉。祈年殿是皇帝举行祭天仪式的神殿，立于三层汉白玉须弥座台基上，整座建筑色调纯净，庄重典雅。皇穹宇是供奉圜丘坛祭祀神位的场所，以琉璃门与圜丘坛分割。天坛的布局，没有刻意安排高潮，天地间两个巨大的圆坛遥遥相映，北端祈年殿争当了主角，圜丘坛紧紧揽住了皇穹宇，丹陛桥两端的建筑群实现了微妙的视觉平衡。

除在自然郊野园林中作点景用的亭、台等外，古典园林中的单体建筑多与其他建筑组合为庭院甚至形成更大的建筑群，并以此为依托与山水等自然景观相互融贯。每一单体建筑中的众多因素不仅要实现与其对应的某一山水景观间的平衡和谐，而且必须与庭院中的其他建筑乃至庞大建筑群中的各式建筑实现平衡。显然，这是一个非常复杂的体系，但另一方面，这又为中国古典园林建筑灵活的群体组合形式提供了用武之地，使之可以用千变万化的庭院空间及其序列，在单体建筑之间、单体建筑与建筑群之间、多组建筑群之间、建筑群与自然景观之间乃至整个园景之间建立起巧妙的关系。

图3.5　北京天坛

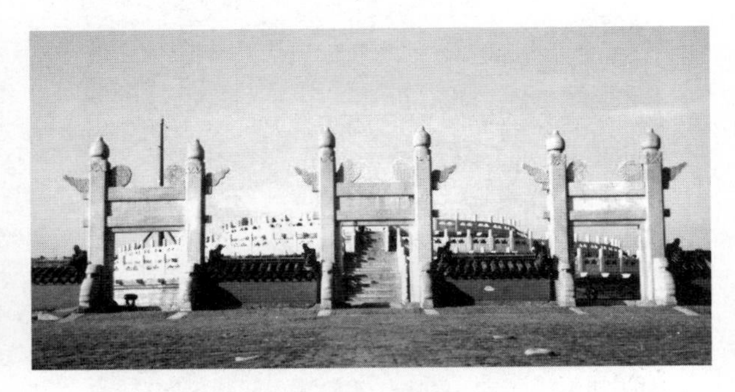

图3.6　圜丘坛

图3.7　祈年殿

图3.8　皇穹宇

3.2　古典园林建筑群体的特征

“天人合一”思想与对自然美的鉴赏融糅而成中国传统美学的核心，并相应地产生了绚丽的山水文化、山水画、山水园林等。在这种美学思潮的影响下，人们处理建筑与自然环境的关系时持亲和态度，从而形成了建筑和谐于自然的朴素环境观。传统园林建筑更加自觉而深刻地体现出与自然和谐的环境意识。在园林中，建筑与山水、花木等有机地组织为一系列风景画面，建筑美与自然美相互交融，反映了源于自然而又高于自然的古典园林艺术创作的基本思想，并由此诞生了在布局、空间、造型等方面都独具特色的中国古典园林建筑群体。

3.2.1　山水为主，建筑是从

中国古典园林与西方古典园林在总体布局上的最大区别在于一个突出自然风景，一个突出建筑。北京故宫和巴黎卢浮宫同属宫殿建筑群，二者在布局上却截然不同(图3.9、图3.10)。前者是将房间分散到400多座大大小小的单体建筑中，后者与前者面积相仿，却将所有功能集中在一座建筑物中。从表面上看，故宫总平面组织的层次十分复杂，卢浮宫却一目了然。反过来，前者建筑内部的平面十分简单，后者室内组织却十分复杂，层次变化也很丰富。巴黎卢浮宫

是把不同功能、不同用途的房间集中在一栋建筑内，追求内部空间的构成美和外部形体的雕塑美，建筑体量庞大。而北京故宫将建筑分散，更注重建筑与环境的交融、协调和统一。英国著名的中国科技史学家李约瑟在评价对故宫建筑艺术的感受时称：这些细致有序的安排往往引起参观者的不断回味，中国建筑这种伟大的总体布局早已达到它的最高水平……将深沉的对自然的谦恭情愫与崇高诗意组合起来，形成任何文化都未能超越的有机图案。

图 3.9　北京故宫总体鸟瞰

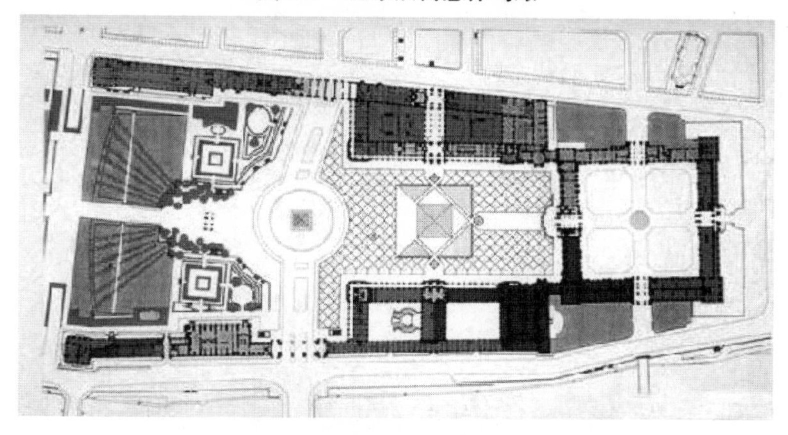

图 3.10　巴黎卢浮宫总体平面图

中国古典园林是一种由文人、画家、造园匠师们创造出来的自然山水式园林，追求天然之趣，富有自然山水情调是中国造园艺术的基本特征。传统园林一般以自然山水作为景观构图的主体，园林植物随山水自由配置，道路回环萦绕，穿插于山水、花木、建筑之间，园林建筑作为园林整体环境中一个协调、有机的组成部分，多为观赏风景和点缀风景而设置，在自然美与人工美的高度统一中为园林增添人情味和生活气息。

一般来说，山水环境在园林中所占的比重和分量都是较大的，而建筑所占的比重及分量应按环境构图要求权衡确定，环境是建筑创作的出发点。特别是在一些风景游览区中，建筑物的相对体量与绝对尺度，以及在景观构成上所占的比重，一般说来都很小，处于从属的点景地位。在这种情况下，建筑布局强调“依山就势”“自然天成”，它们穿插、点缀在自然景色之间，起着画龙点睛的作用。

对一些体量较大的建筑也要善于利用环境有意识地去遮挡,使其掩映于山林水体之间。例如,杭州西湖风景区(图3.11)中的灵隐寺,又名云林禅寺,它背靠北高峰,面朝飞来峰,两峰相峙,林木耸秀,云烟万状。建筑体量较大的灵隐寺等隐蔽于山麓林木之中,并不去争夺自然风景中的主角地位。(图3.12)

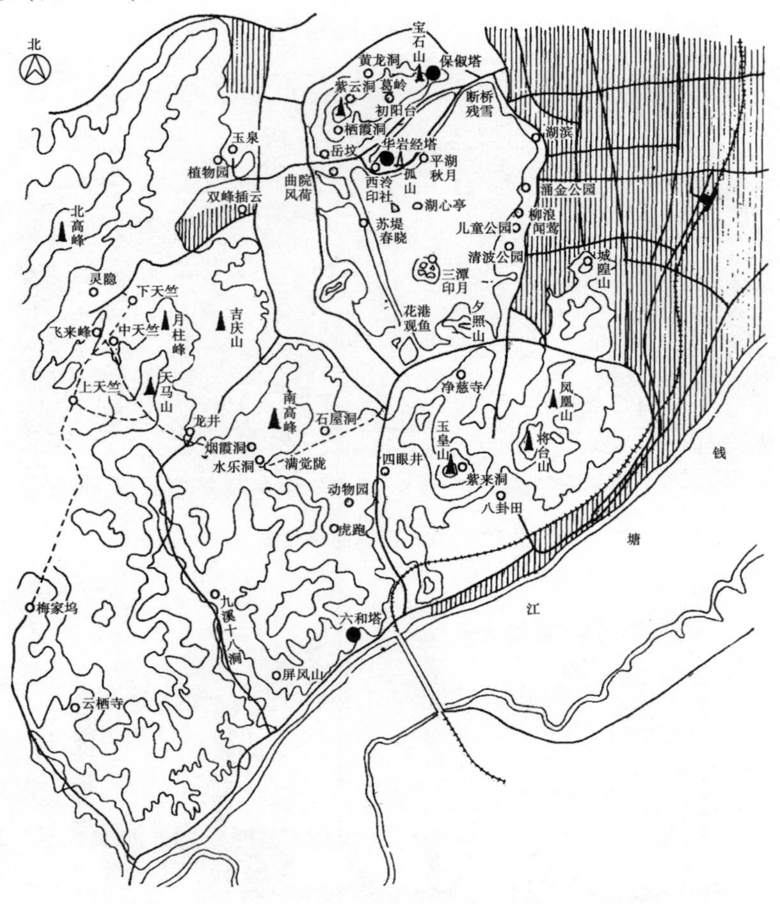

图3.11　西湖风景区平面图

此外,还应考虑园林建筑的体量与所处环境的协调。例如,杭州西湖风景区(图3.12)中有三座大小不同的塔,分别建在大小不同的三座山上:尺度很小、雕刻精致的华严经塔建于紧贴西湖、高度仅30米左右的小孤山上,从苏堤望去,它隐现于茂林修竹之间;在西湖北侧高达百余米的宝石山山脊上,则建有一座体量与山势相当的保俶塔,它秀丽、挺拔、高耸,是西湖景色的重要点缀;而在钱塘江畔的日轮山上,面对极为开阔的景界和大尺度的自然景观,则建有总高度达60米的六和塔,登塔临槛,山河景色,极为壮丽。

位于风景区中的寺观园林,它的主体是风景优美的自然山水,其中的建筑有浓厚的宗教色彩。例如四川的峨眉山、山西的五台山、浙江的普陀山和安徽的九华山等地的佛教建筑群;山东泰山、陕西华山、湖北武当山、四川青城山等地的道教建筑群。风景区寺观园林占有"地偏为胜"的有利条件,加之园林范围较大,建筑体量较小,多运用"略有小筑,足征大观也"的手法,以较少的建筑散点式地布置在一些制高点、转折点、特异点,控制大的景观场面,达到"千山抱一寺,一寺镇千山"的艺术效果。其建筑空间的处理善于运用开敞、渗透、连续和流动等手法,加

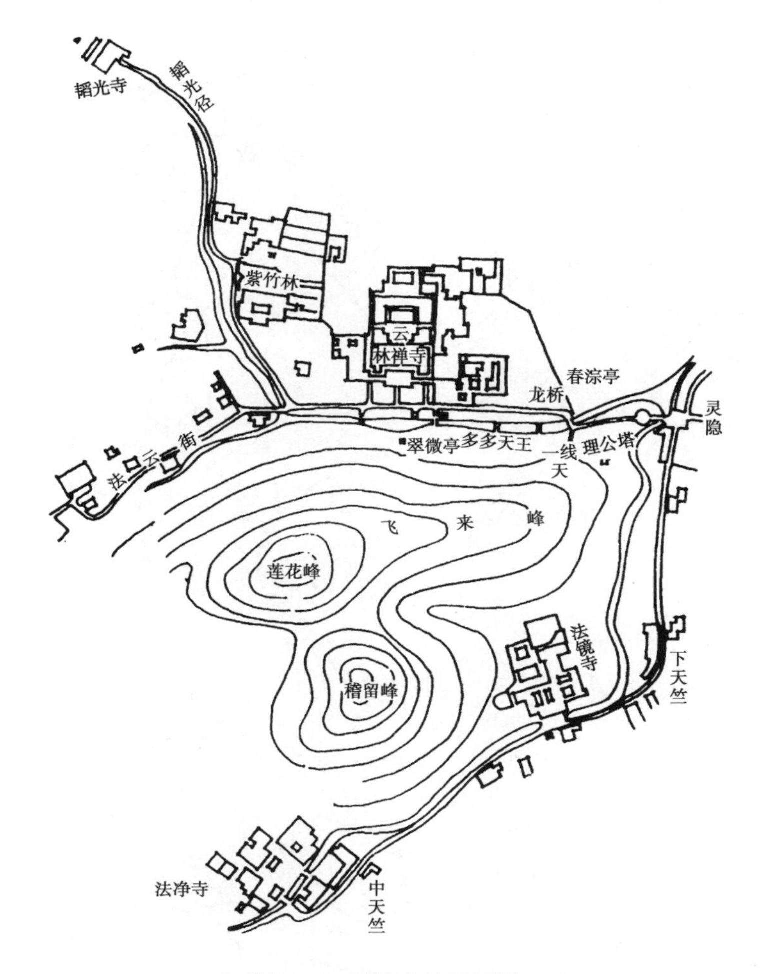

图3.12　灵隐寺总平面图

强与自然景色的对话。每一组建筑群控制一片具有自然环境特色的景域,建筑物随山势地形的起伏而布置,使建筑完全融于自然环境之中。曲折迂回的山路,把这些寺观串联起来,也同时把风景区内的主要自然景色有机地连贯在一起,形成一个整体。(图3.13)

在北方的皇家园林中,虽然建筑物宏伟壮丽,人工气息较浓,但由于园林规模很大,且以真山真水为造园要素,因此从整体布局上看,仍是以自然山水为园林艺术的主体。北京颐和园万寿山南坡中部的排云殿—佛香阁这组中央建筑群,可以说是皇家园林中气势最宏大、建筑处理最突出的一组,但即使把这一组建筑群放到颐和园的前山、前湖整体空间环境中去考察,万寿山和昆明湖仍是园林艺术的主体(图3.14)。从总体上看,这组建筑并没有压抑和破坏主体,相反,却有助于克服万寿山稍显平淡、呆板的形象,帮助烘托、渲染皇家园林所需的艺术气氛。整个建筑群顺山势的起伏层层跌落布置;最高的单体建筑佛香阁并没有布置于山顶,而是布置于距山脚三分之二处,只使佛香阁的顶部比山脊微微高出一点;除中央建筑群体量较大外,两侧的建筑退晕般地向东西两侧分散开去,尺度也逐渐缩小,成为一些点景建筑物。这些具体的设计手法,都有助于实现园林艺术的整体效果。承德避暑山庄为保持原有的天然风致,巧妙地利用地形,把建筑物分为若干小的组群,“随山依水”地布置于优美的自然环境之中,没有大的建筑体量,不施绚丽的色彩,创造出了一种浓郁的山林气息(图3.15、图3.16)。

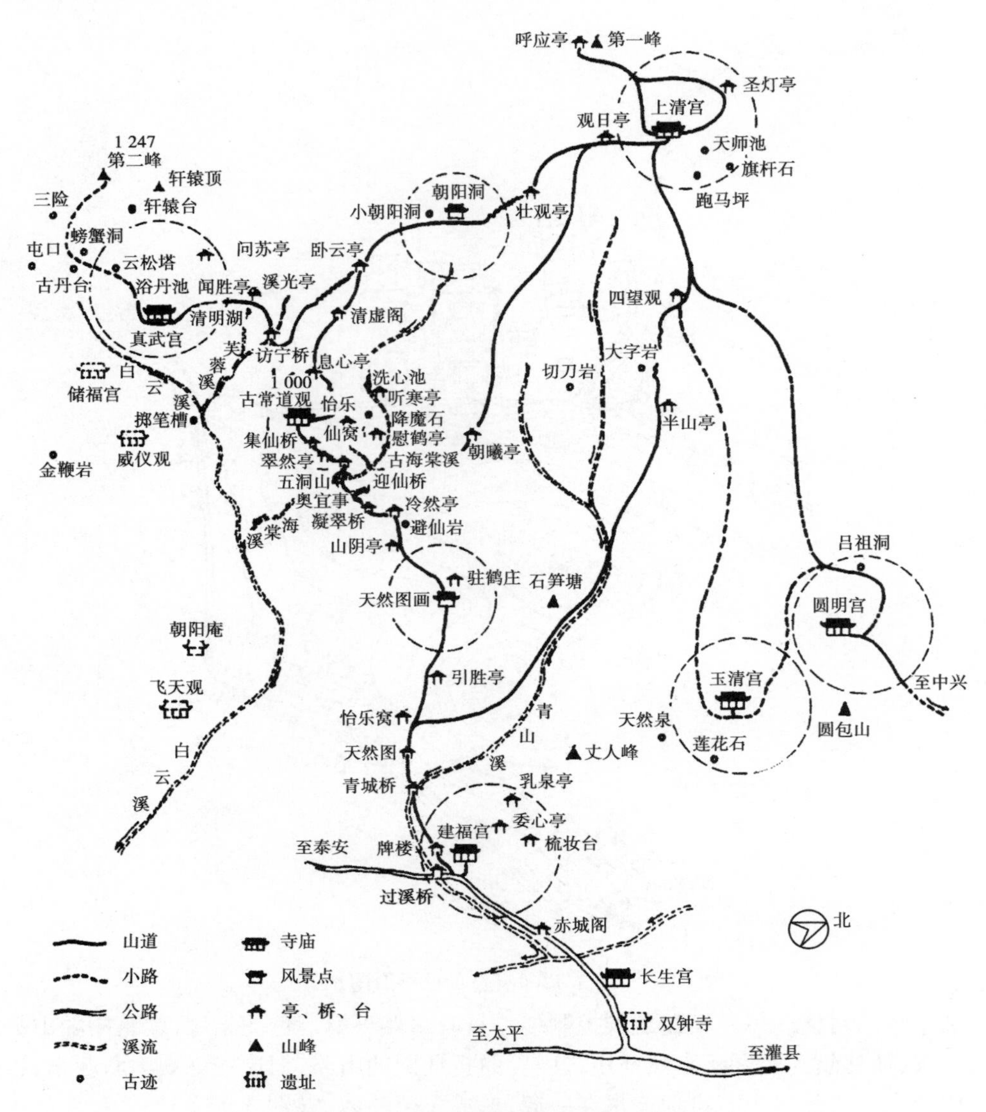

图 3.13　青城山风景区总平面示意图

图 3.14　颐和园前山、前湖景色

即使是宅第园林，建筑物相较于园内山石、水池而言体量也较大，但在组织园林景观方面，仍保持以自然山水为主体的特点，有的以山取胜，有的以水见长，有的山水结合，形成既丰富又有特色的景观效果。宅第园林常采取以下几种设计手法：一是用居住生活用房尽可能相对集中，以“密”托“疏”，让出构成自然山水小园林的主要地块。二是用与园林景观关系不密切或体量比较大的建筑、建筑群组组成相对独立的小院，以土丘、假山、花木、游廊、花墙等围绕，使之隐蔽于主景之外，以突出自然景色。如留园的五峰仙馆、沧浪亭的清香馆、网师园的集虚斋等都采用了这种手法。三是园林内部除布置观赏用的厅堂、轩榭外，其余建筑均采用较小尺度（尤其在江南，建筑尺度更是小巧至极，外观轻盈，形式多样），内外空间有较多连通、渗透。并且，主要厅堂的轴线并不延伸到园林内部，它与主要山水景色在平面布置上只是一种为满足观赏需要而形成的对应关系，不起支配的作用。（图3.17、图3.18）

图3.15　承德避暑山庄局部鸟瞰

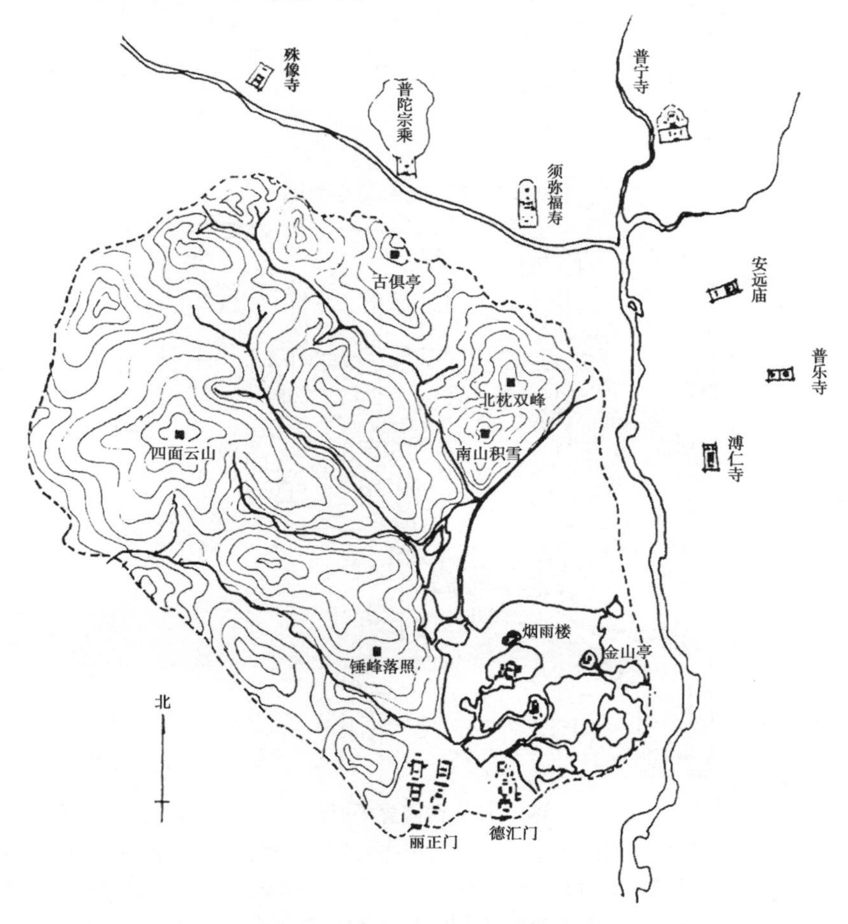

图3.16　承德避暑山庄总平面图

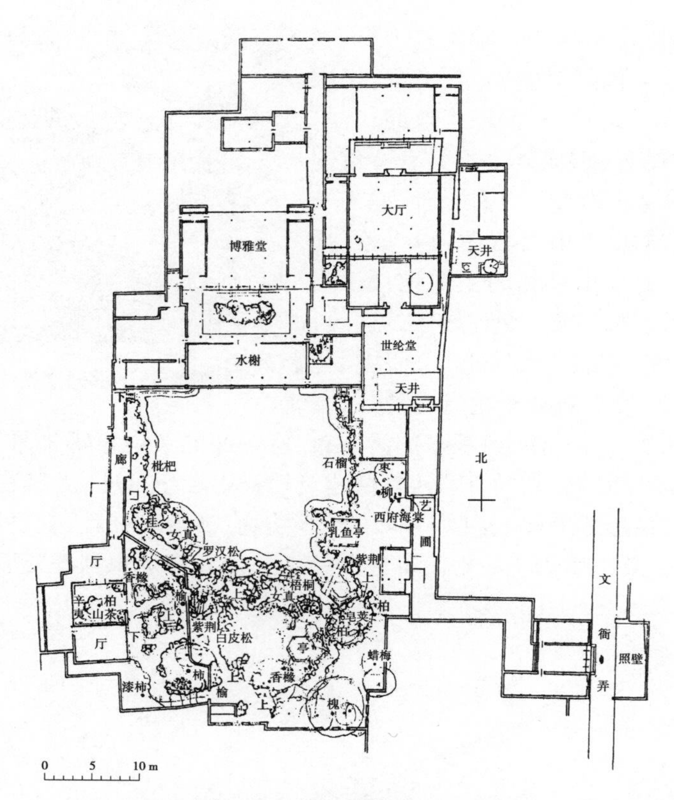

图 3.17　苏州艺圃总平面图

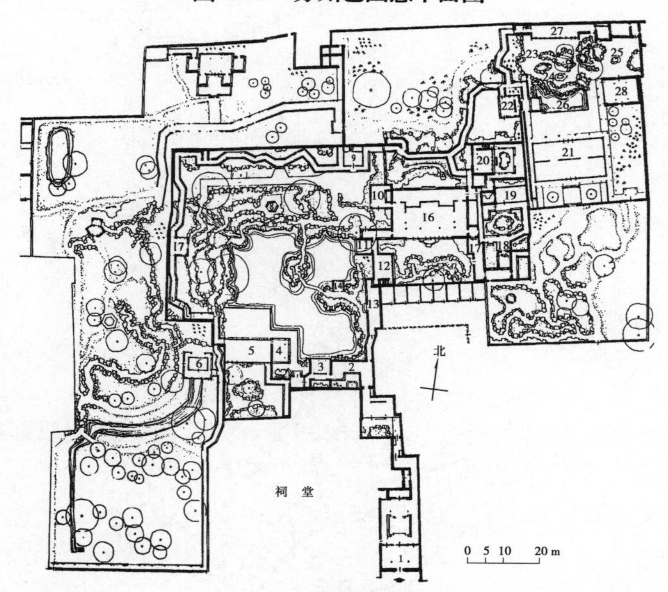

图 3.18　留园总平面图

1—大门;2—古木交柯;3—绿荫;4—明瑟楼;5—涵碧山房;6—活泼泼地;7—闻木樨香轩;8—可亭;9—远翠阁;10—汲古得绠处;11—清风池馆;12—西楼;13—曲溪楼;14—濠濮亭;15—小蓬莱;16—五峰仙馆;17—鹤所;18—石林小屋;19—揖峰轩;20—还我读书处;21—林泉耆硕之馆;22—佳晴喜雨快雪之亭;23—岫云峰;24—冠云峰;25—瑞云峰;26—浣云池;27—冠云楼;28—伫云庵

3.2.2　化整为零，化大为小

在总体布局上，传统园林运用景区划分的办法来创造功能、特点、主题不同的园林空间环境，而景区之间又相互联系融为一体。园林建筑正是在配合景区划分、表现各景区特色上进行合理布局，化整为零、散中有聚、相互联系。如北京圆明园，占地面积大，分区明确，加上考虑借万寿山、西山之景色，园林建筑在造景与观景安排上或登山临水、或穿峡渡涧、或曲折幽深、或开阔明朗，烘托出以水景为主的山水风景主体和特色，同时又能满足不同功能区域的要求。建筑布局分散，空间豁达，富有层次，做到了形散而神不散。

中国传统建筑采用木构架结构体系，这种结构体系本身就决定了建筑物在一般情况下体量较小、较矮，单体建筑物的形状一般比较简单。按使用上的需要，建筑可以独立设置，也可用廊、墙、路等把它们组合成院落式的群体。中国古典园林建筑布局上的这种特色，既是木结构本身所赋予的，也是我国古代匠师们在长期实践中摸索、探求的结果。

建筑体量化大为小，有助于协调建筑与自然景色之间的关系，建筑物或掩映于山林间，或傍依山崖水际。把建筑物分散成一些独立的小个体，还有助于建筑物与自然风景之间互相穿插、交融，也有助于建筑物结合地形地貌的具体特点，因山就势地进行布置，以取得与环境的协调。“花间隐榭，水际安亭”，“房廊蜿蜒，楼阁崔巍”，建筑与自然山水相依成景，构成有特色的、丰富变化的景观。人们欣赏到的建筑和人们从建筑中观赏到的风景，既是“风景中的建筑”，又是“建筑中的风景”。

化整为零、化大为小是古典园林建筑群体协调环境的重要经验，但由于园林性质不同以及建筑在园林中所处区域不同，建筑分布的疏密关系也并不相同。一般而言，皇家园林宫室区建筑较密集，布局遵循严格的伦理秩序，而山林、湖泊区建筑较疏散，且依山就势分布。江南宅园内住宅区建筑较集中，有厅、堂等主体建筑，园林区则在人工山水和绿树间缀以亭榭等小型点景建筑，建筑多用游廊、墙体等连接成围合式的院落。总的来说，古典园林建筑整体上要做到有疏有密、疏密相间；局部上要做到疏处求密、密处求疏。

3.2.3　造型生动，形式多样

中国古典园林建筑通过自身的轮廓、线条、色彩等与自然环境取得协调和统一，符合人类情感和心理对“人化的自然”的要求。中国古典园林建筑并不是被动地去适应环境，去“躲”，去“藏”，去“化”，而是能动地、创造性地适应不同的环境。如苏州拙政园西部（旧补园）共有八座单体建筑（图3.19），由于它们的功能需要不同，所处环境条件不同，因此采取了不同的平面形状和立面造型，使得它们各具特色，既与所在环境相协调，又与园林的整体环境相统一。古典园林建筑的造型特点首先表现在舒展飘逸的屋顶上：不采用容易割裂自然景色的平屋顶形式，而采用优美曲线构成的起伏的轮廓，使线条得到“软化”，且与山峦、树木的轮廓取得一种形式上的联系——斜坡屋面倾斜向下，像是要与大地相连成山；而翼角向上，如展翅的大鸟，翩翩欲飞，给人以富有生命力的动感联想。屋顶造型形式多样，且因景而灵活运用，大大增加了建筑与环境的协调性。

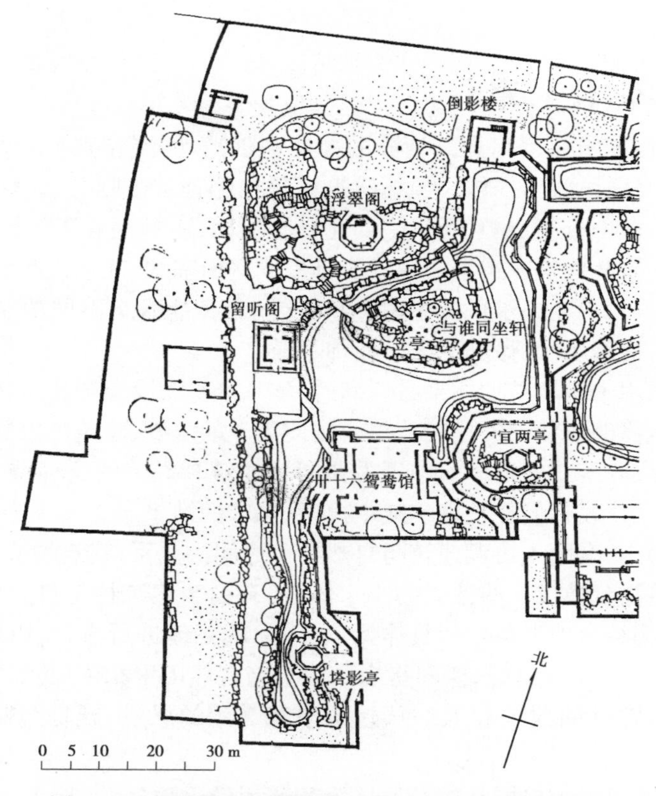

图 3.19　拙政园西部园林中八座形态各异的单体建筑

古典园林建筑中各种形式墙面的处理也是取得与环境协调统一的重要因素。墙的形式和处理手法灵活多样，适应各种环境及地形条件，在建筑之间穿插、引连、跌落，成为建筑与自然环境结合、过渡的重要手段，如天然毛石砌筑的墙面亲切、自然。江南园林中使用白色粉墙，常作为衬托园林自然景物的背景，在局部范围内使建筑与山石、花木相互映衬（图 3.20）。可以想象，素白的院墙延伸开去，为深沉的山石与苍郁的树木铺设下洁净的背景，既展现了纯净之美，又不致太过强烈而产生视觉疲劳，宛如山水画作。

图 3.20　白色粉墙衬托自然景物

古典园林建筑的造型与自然风貌的统一，还特别体现在以不同的建筑风格去适应不同地区的自然景观特点。例如，岭南地区气候炎热，园林多喜用水，园林建筑常采用水厅、船厅等形象，与水结合。西南地区地形复杂、气候潮湿，园林建筑普遍采用穿斗式、吊脚楼等木构形式。桂林山水秀丽，园林建筑也多轻盈纤巧，错落有致。江浙一带的私家园林，自然山水与人的生活紧密

结合，山、水、绿化都经过精心推敲、剪裁，与其结合的园林建筑秀丽、典雅，具有浓厚的文化气息。颐和园、北海等皇家园林，是大尺度的山水环境，建筑形象持重、宏丽，体现了北方宫室建筑的风格。避暑山庄虽也是皇家园林，但有群山环绕、湖泊相依，建筑物也就“随山依水”地布置于山林绿荫之中，建筑尺度较小，简素淡雅，突出了“山庄”的特色。

3.2.4　平面曲折，高低错落

中国古典园林追求婉转幽深，步移景异，而建筑形体与景观相比方正有序，因此只有把建筑随地形的转折起伏进行布置，才能取得与山水骨架相呼应的艺术效果。

古典园林建筑的边界曲折，以凹凸、穿插、悬挑等方式取得与周围环境的紧密交织、相互渗透，建筑平面上曲直有致。《园冶·装折》说“园屋异乎家宅，曲折有条，端方非额”，就是对洞房曲室的要求。在苏州沧浪亭明道堂西南角，要斜向接连经过一道曲廊和两进小曲室，才能到达翠玲珑曲室，人行其间，愈折而室内外的境界愈优美(图3.21)。苏州留园中部山池东面的“曲

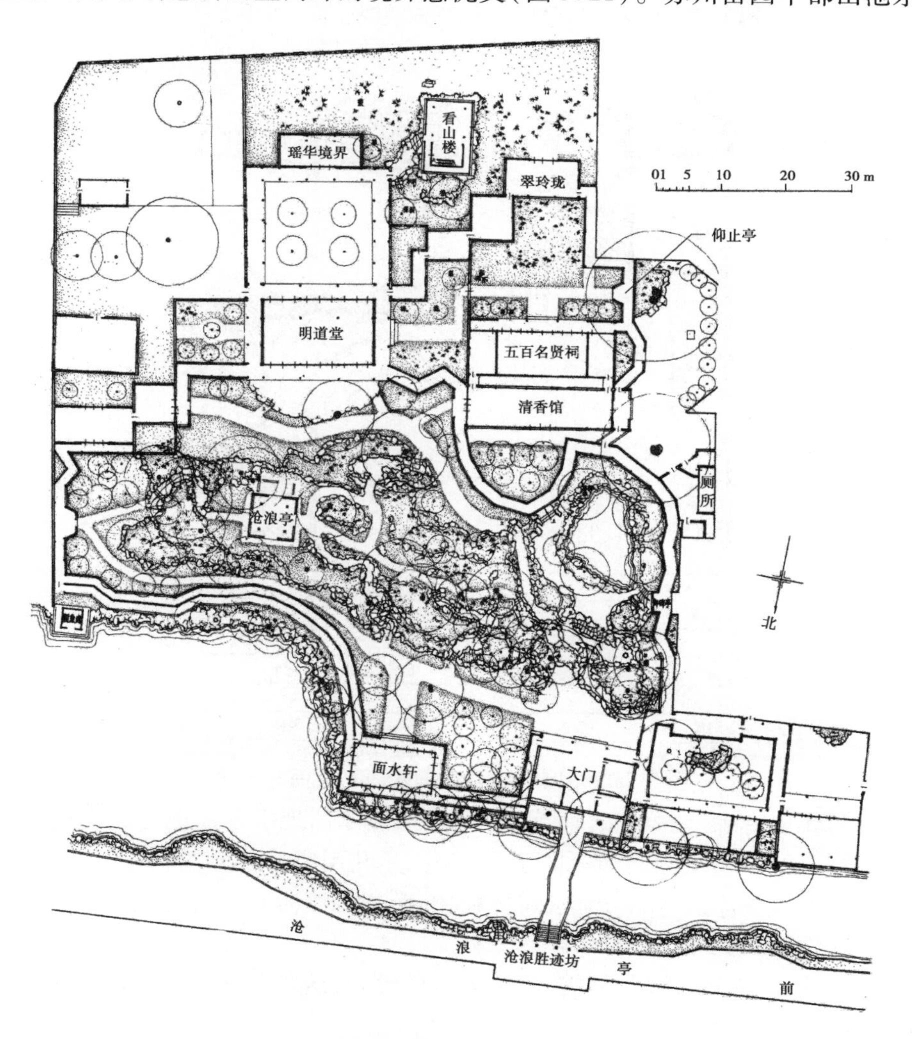

图3.21　沧浪亭总平面图

溪楼—汲古得绠处”一线，重楼迭出，建筑体量较大，南北向排列较长（图3.22）。因此，建筑平面上采取了曲尺状的凹凸变化形式，凸处观景，凹处点缀山石绿化；立面上采取高低错落、有虚有实的构图方式，形成造型上的生动变化；色彩上以白墙灰瓦配上栗色装修，色调温和，与自然环境十分协调（图3.23）。

图3.22　留园中部山池东面的“曲溪楼—汲古得绠处”一线

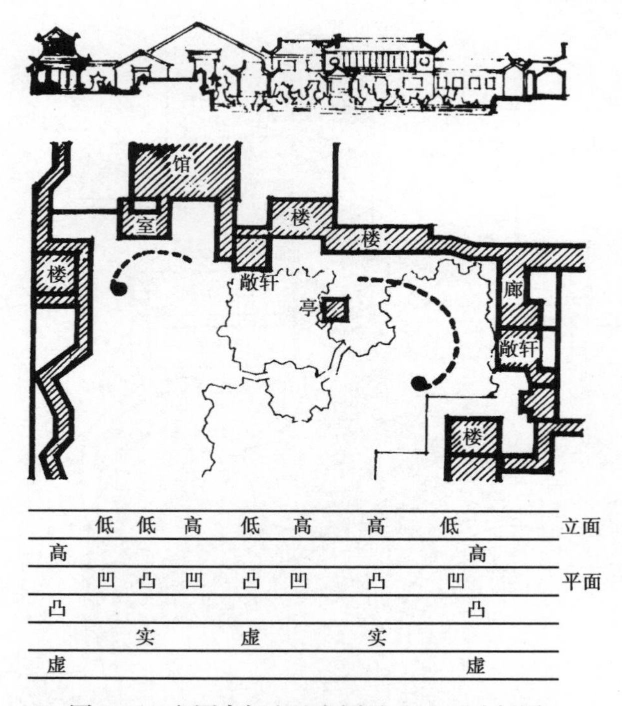

图3.23　留园中部山池东侧平面、立面分析图

古典园林建筑多有廊、墙等与之联系，使得建筑群体体现出平面曲折、高低错落的艺术特色。北京颐和园中的谐趣园、云松巢，北海濠濮涧都是利用廊的曲折，把平面上排列有序的园林建筑单体紧密地连成整体。与北方皇家园林相比，南方私家园林中廊的曲折程度更加强烈，表现出更大的灵活性和适应性。

园林中还有曲径、曲蹊、曲岸、曲堤、曲桥等多种形态，这种以曲为美的艺术趣味，是中国造园艺术的历史经验的重要结晶。

3.3　自然环境因素与古典园林建筑群体

中国古典园林以自然山水作为景观构图的主体，建筑是整体环境的有机组成部分。园林建筑从属于自然环境，并根据不同情况进行巧妙处理，以取得对立统一、和谐一致的效果。“自然天成地就势，不待人力假虚设”，这是避暑山庄修建前，康熙皇帝提出的建园原则。计成在《园冶》的“兴造论”中就建筑在不同环境下如何应变，提出了园林建筑必须根据环境的特点“随曲合方”“巧而得体”的观点。“得体”即能够根据自然环境的不同“随机”“应变”。以下分别阐述园林建筑群体在山地环境、滨水环境和植物环境等各种自然环境中的应变处理。

3.3.1　山地环境与古典园林建筑群体

在诸多自然要素中，地形是影响园林建筑景观效果的主要因素。山地环境丰富的地形起伏、肌理变化都赋予了山地园林建筑独特的魅力。

清乾隆皇帝在避暑山庄三十六景诗序中所题“盖一丘一壑，向背稍殊而半窗半轩，领略顿异，故有数楹之室命名辄占数景者”，道出了在山林造园的优点。避暑山庄内山区占总面积的五分之四，园林建筑与山峦、沟壑组成美丽的山区风景，它们或悬谷安景，或山怀抱轩，或绝顶坐堂，或深谷架舍，巧借自然之势，施以人工之美。如乾隆皇帝在《塔山西面记》中所述：“室之有高下，犹山之有曲折，水之有波澜。故水无波澜不致清，山无曲折不致灵，室无高下不致情。然室不能自为高下，故因山以构室，其趣恒佳。”中国的寺观园林建筑与自然山水的联系更为紧密，名山大川或是风景优美的地方一般都建有寺观，故有“天下名山僧占尽”之说。

1）山地不同地段与建筑布局

山地地形变化复杂，地势有曲有伸、有高有低、有隐有显、有峻有平，空间层次较多，只要因势铺排便可得变化丰富的建筑空间。傍山的建筑借地势起伏错落组景，并借山林为衬托，所成画面多天然风采。古典园林建筑与山体的关系处理讲究随形就势，巧妙地利用山地地形创造独具特色的园林建筑群体空间。从选址上看，建筑可位于山顶、山脊、山腰、山麓、峭壁、峡谷等不同地段和部位。

（1）山顶

山顶，即山巅，是山体的顶部，是整个山体的最高地段，空间与视野都十分开阔。在风景区中，山顶常成为游览景色的高潮点。在山顶设置建筑可以丰富山峰的立体轮廓，使山更有生气。山顶建筑以亭、塔这种集中向上的建筑形象居多，且与山势相协调，建筑物的大小尺度也应与山体的大小尺度相匹配。

山顶也是从山下或山腰等各个方向观景的视觉焦点，并且由于其自身形象比较独立，在一定范围内具有控制性，因此，山顶建筑还有控制风景线和规范园林空间的作用。如承德避暑山庄山区的四座亭子——北枕双峰、锤峰落照、四面云山和南山积雪，不仅控制了山区的景域范围，而且还实现了平原区和山区、山区和外八庙之间的联系，成为景观上互相借资的景点。

图 3.24　扬州个园的拂云亭

即使在范围较小的市井之地，私家园林也常在人工堆砌的山体上巧妙地选址建筑，如建亭于山石上，既丰富了园林空间构图的作用，又与周围的建筑物形成了交叉呼应的观赏线。但建筑的形象与尺度一定要与所在山势的大小、动态紧密结合，一般不宜过大。苏州沧浪亭园林中部山石上的沧浪亭、扬州个园黄石秋山之上的拂云亭（图 3.24）等皆是良好实例。

风景区的寺观园林，常在高山绝顶处建寺观以取高高在上之利，建筑丰富了自然景区的人文景观。如位于峨眉山主峰 3 000 米海拔的金顶大庙华藏寺，建筑基址选在距千丈崖仅两三米的边缘上，金色的屋顶在阳光下金光闪烁，方圆之内极为引人瞩目。其他实例还有九华山天台峰极顶的天台寺（图 3.25）、青城山顶的上清宫、泰山绝顶的碧霞祠、华山绝顶的真武宫、武夷山的天游观、梵净山金顶等。

图 3.25　九华山天台峰极顶的天台寺

（2）山脊

山脊是山腰部位向外凸起的部分，具有较强的开敞性。山脊作为各个空间交叉之处，在环境中通常起分隔景观的作用。山脊地形的存在使视线受到遮挡，景观不能一目了然，从而产生空间层次感。通过建于山脊上的建筑物，可观赏山脊两面的景色，有时甚至可欣赏到三面景色，具有良好的得景条件。因此，山脊也是园林建筑选址偏爱的地方。如北京颐和园万寿山山脊东端突出部位的景福阁与山脊西端突出部位的湖山真意亭，它们不仅是万寿山景观的重要点缀，而且一个向东与园外的圆明园相呼应，一个向西与玉泉山互相借资；安徽九华山的百岁宫，位于摩空岭山脊的最北端，以骑马鞍之势，依山而筑，上下五层，东壁以悬崖为基，西临九华峡谷，群山环抱、云雾缥缈、形势险峻，是因势构筑的佳例（图 3.26）。

（3）山腰

山腰是山顶和山麓的连接部分。在规模较大的自然风景区中，山腰地带常是园林建筑的选址地，因为它地域大，可选择性也大，正面的视野开阔，是“千峦环翠，万壑流青”之处，可以“入奥疏源，就低凿水，搜土开其穴麓，培山接以房廊”（《园冶》）。许多著名风景区中的寺观就常常在山腰处小气候条件好、自然景观好、又有水源的地方兴建，以一座寺观控制一个有特色的园林

图 3.26 九华山的百岁宫

范围。山腰地带均有一定坡度，建筑可随山势的陡、缓、高、低等分段跌落，参差布置，以取得极为生动的景观效果。如四川青城山古常道观建筑群，大大小小由二十多幢单体建筑组成，在纵剖面方向分布于七个不同的高度上，平面凹凸变化、立面构图自由灵活，有浓厚的山地园林建筑特征（图 3.27、图 3.28）。

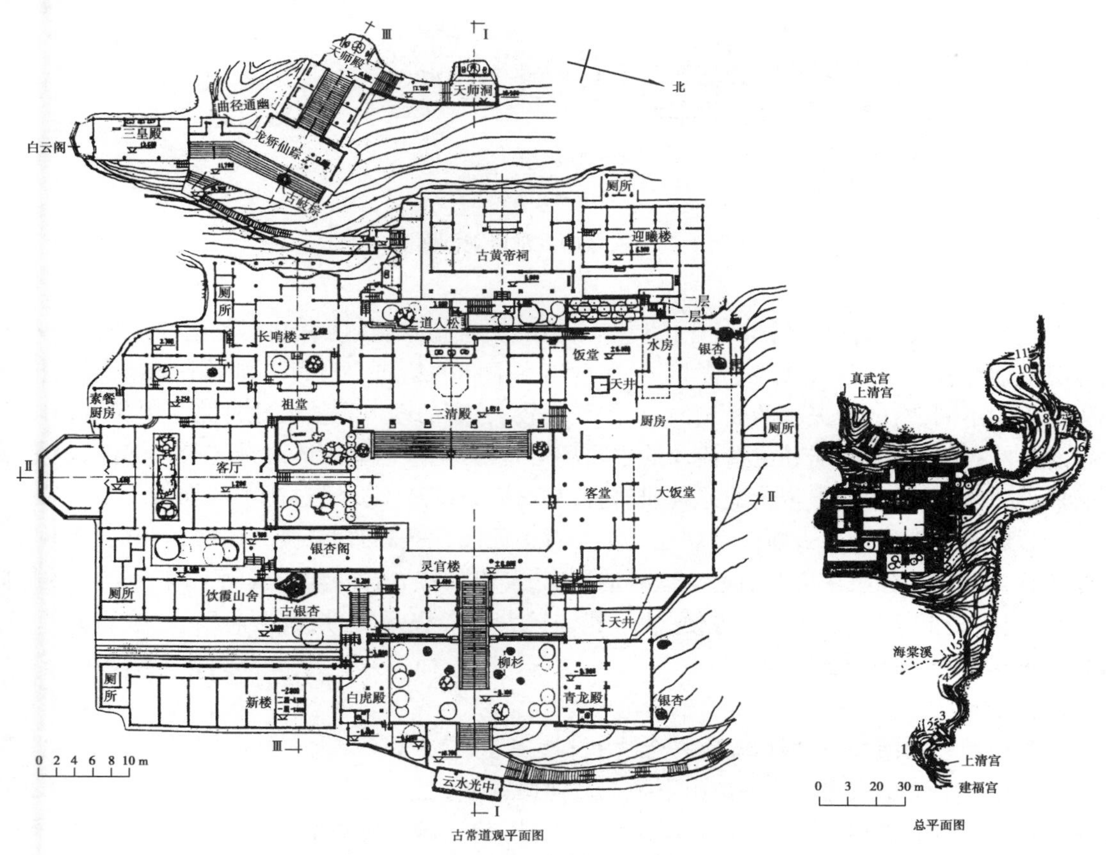

图 3.27 青城山古常道观建筑群

1—奥宜亭；2—迎仙桥；3—五洞天；4—翼然亭；5—集仙桥；6—慰鹤亭；7—降魔石；8—怡乐窝；9—上天梯；10—听寒亭；11—洗心池

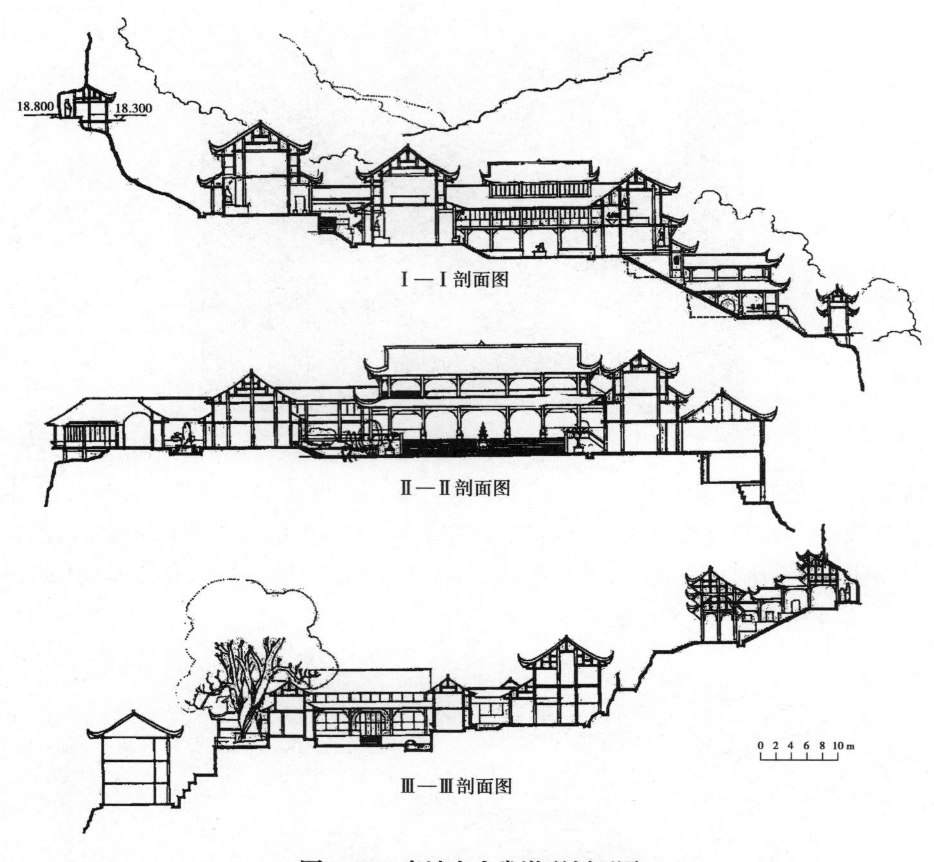

图3.28 青城山古常道观剖面图

(4)山麓

山麓即山脚,是山体的基部,处于山体和平原的交接地带,是两者共同的边缘之处,在大多数情况下地势较为和缓,且常与水面相接,呈现出水平向的趋势。当其与周围平地相交时,根据地势地貌的不同,有的形成小的断崖面,有的坡度较大,有的则以和缓坡地过渡。山麓地带以其优越的自然条件,成为栖居和建造活动的主要场所,常常是人们对山体改造的最大部位,也是视觉的焦点。因此,在山麓地带营建园林建筑时,园林建筑的造型要经过严密的推敲。

寺观建筑最常选址于山麓。寺观建筑群常背山面阳,中轴的背景多为山峰,有时三面环山,地处幽谷,有山溪、林泉在近旁通过。这样的地点,群山烘托、山深林静、藏而不露、水源便利、地块较大、起伏较小,游人香客来去方便,便于建造较大的寺观,如福州鼓山涌泉寺、杭州灵隐寺、峨眉山报国寺、九华山祇园寺等。

(5)峭壁

建筑与峭壁的结合,一般以"险""奇"为设计主题,给人以惊奇、玄妙的感受。如山西浑源县的悬空寺(图3.29),建于北岳恒山下金龙口西崖壁上,上载危岩,下临深谷,三十多处殿、堂、楼、阁错落有致地"镶嵌"在翠屏峰的万仞峭壁上;以插入洞穴中的悬梁为基,木梁、立柱、斜撑相互连接成整体,使整体结构具有良好的稳定性;楼阁间有栈道相通。登楼俯视,如临深渊;谷底仰视,悬崖若虹;隔谷遥望,如壁间雏凤。正是"飞阁丹崖上,白云几度封""蜃楼疑海上,鸟道没云中",惊险神奇之至。

图 3.29　浑源县悬空寺

中国传统临崖建筑，常采用层层跌落的竖向构图形式，以造成高耸挺拔的效果。如重庆忠县的石宝寨，紧贴陡立如削的岩壁建起高达九层的楼阁，层层密檐，向上逐渐收分，让人更觉高耸壮观（图 3.30）。

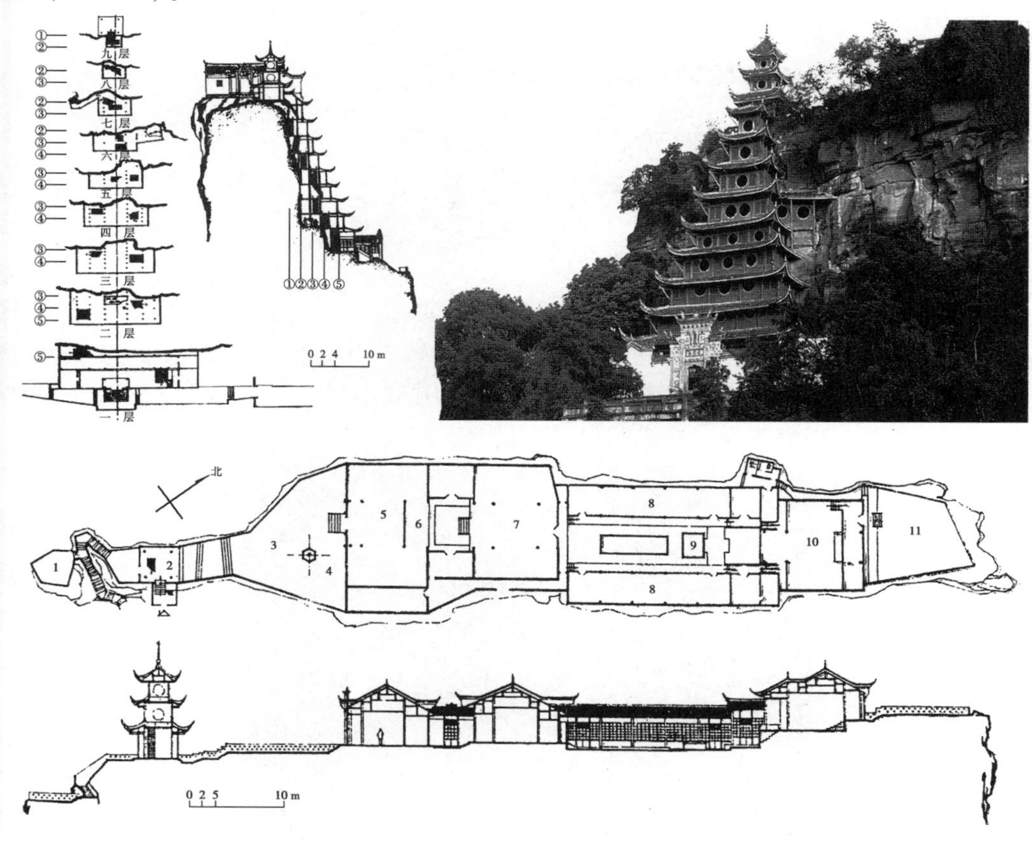

图 3.30　忠县石宝寨

1—望江台；2—魁星阁；3—前坝；4—鸭子洞；5—前殿；6—汉砖壁；
7—正殿；8—十二殿；9—爱河桥；10—后殿；11—后坝

(6)峡谷

峡谷是深度大于宽度、谷坡陡峻的谷地,具有围合感和内向性。峡谷地带,一般两侧有高山,中间或有山泉穿过,植物繁茂,深邃幽静,是休憩性园林建筑及寺观建筑经常选用的修建地址。如峨眉山清音阁(图 3.31)位于两侧山峦围合成的一个相对封闭的峡谷空间,黑、白二水夹持着一条狭长的坡地,寺庙、双飞亭、牛心亭等形式各不相同的建筑顺着山势分段布置,形成了逐步增强的纵向空间序列关系。横向有跨涧的飞桥,左右连接盘山小路,楼、阁、亭、台、桥等建筑的形象与体量都与大自然紧密结合,融于环境的整体之中。

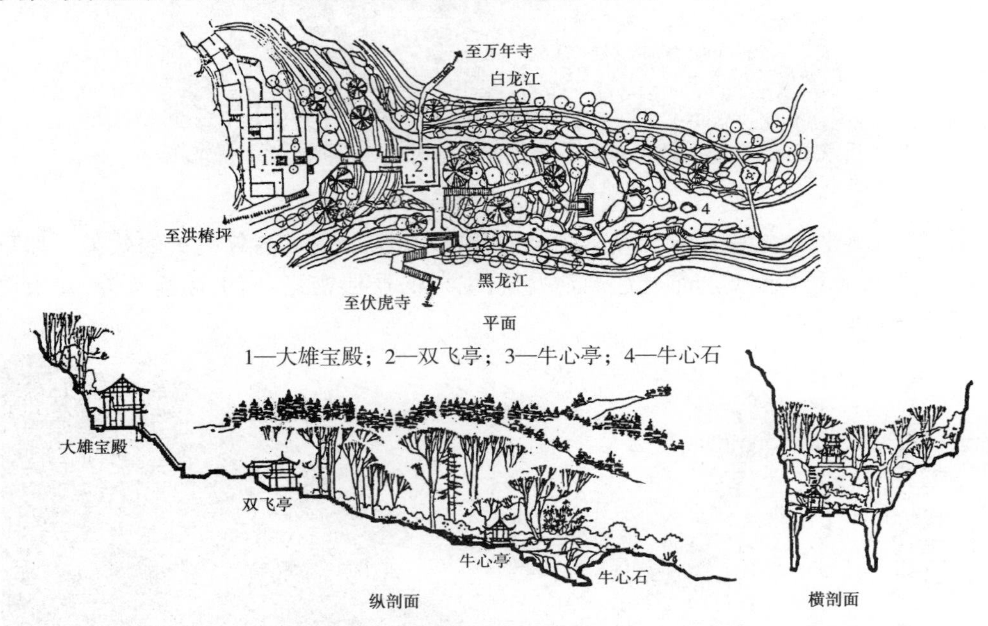

图 3.31　峨眉山清音阁建筑群

还有一些园林建筑,其与山地特殊环境结合十分巧妙。如位于重庆市九龙坡区的华岩寺,因寺南侧有一华岩洞而得名。华岩洞建筑群主要包括山门、中间庭园及大雄宝殿和一些附属建筑(图 3.32)。大雄宝殿巍峨立于华岩洞中,甚为壮观。

图 3.32　重庆华岩寺华岩洞建筑群

(重庆大学建筑城规学院华岩寺测绘小组提供)

2）山地园林建筑处理手法

山地园林建筑应尽可能地保护原有山体形态和地段自然特征，使山地高差和园林建筑院落空间相互穿插、交错、渗透。建筑的尺度也要与区域环境协调。建筑与山势的结合，经常采用一些很巧妙的设计手法，如“台”“跌”“吊”等。

（1）台

台是一种结合山势地形，对凹凸不平的地形通过适当的挖、填达到平整，以最小的土方工程取得较大平整地块的有效方法，平整的场地即称为“平台”。使建筑坐落于平台之上，以山为基，则可增强建筑的稳定性，这种做法适用于坡度较缓、地形本身变化不大的山地环境。如在山腰地带设建筑群组时，常采用跌落平台的形式，建筑与院子分列于平台之上，建筑顺山势起伏而变化，取得生动、自然的景观效果。平整地面除采用削切的手法外，还可以利用地形筑台，将建筑置于人工与自然共同作用的台基之上，使建筑体量更加突出于山体，并具有稳定的态势。另外，还可以在建筑内部利用台阶、错层、跃层的处理手法来实现对地面标高的适应，使建筑造型产生错落的层次，丰富园林建筑的内部空间。

（2）跌

跌是利用较小的台，以较密集的层层跌落的形式，多对纵向垂直于等高线的建筑进行布置的手法。建筑的地面层层下“跌”，建筑物的屋顶也跟着层层下“落”，这样在建筑前部形成观景平台等过渡空间，以达到视野开阔、凌空俯瞰的视觉感受，形成的建筑形态优美、富有层次感。跌在古典园林建筑中最常见的形式是分层跌落的廊子，有时山区寺庙位于正殿两侧的厢房也采取这种形式。这种建筑形式的屋顶具有强烈的节奏感，因而显得十分生动、醒目，如承德避暑山庄梨花伴月建筑群就是顺山势起伏采用跌进行处理的（图 3.33）。

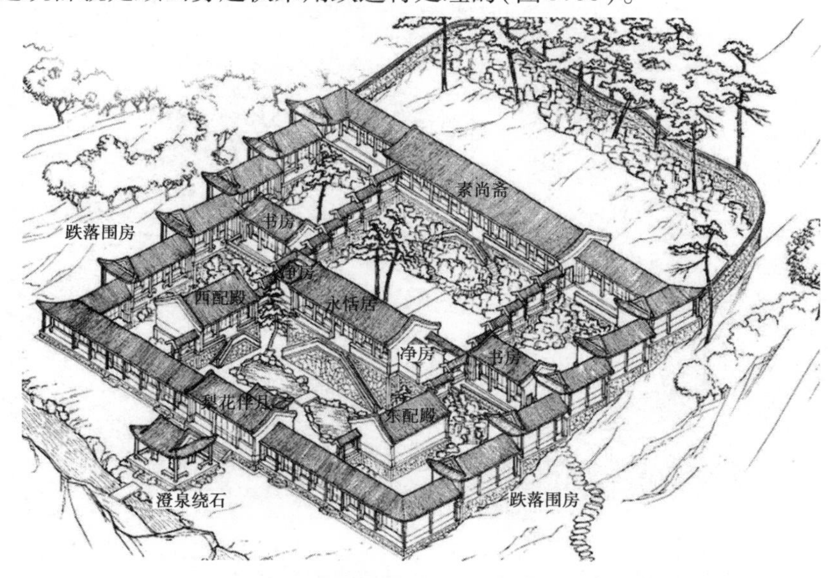

图 3.33 承德避暑山庄梨花伴月建筑群复原图

（3）吊

吊是利用点状分布的柱子将建筑的一部分支撑在高低起伏的山地上，建筑的另一部分则搁置于山坡或悬崖上的手法。典型的有吊脚楼形式，其对坡度的适应性很强，不仅使建筑的下部

保持了一定的视线通透性,减少了建筑实体对自然环境的阻隔,而且在较为局促的山地上争取到了更多的使用空间,充分利用了原有地形的高差。这种手法在南北方园林建筑中都有运用,以西南地区最为常见,如四川峨眉山、青城山等许多寺观建筑都是采用吊脚楼的形式来适应地形上的变化。

山地园林建筑处理方法常常灵活地综合运用,如贵州镇远青龙洞古建筑群。该建筑群位于贵州省中国历史文化名城——镇远城东的中和山上,这里山势挺拔,峭壁悬崖,巨岩、洞穴合为一体,寺庙群生就山腰。古建筑群背靠青山,面临绿水,依山因地,贴壁凌空,五步一楼,十步一阁,翘翼飞檐、雕梁画栋,气势雄伟、构思大胆、布局精巧(图3.34)。

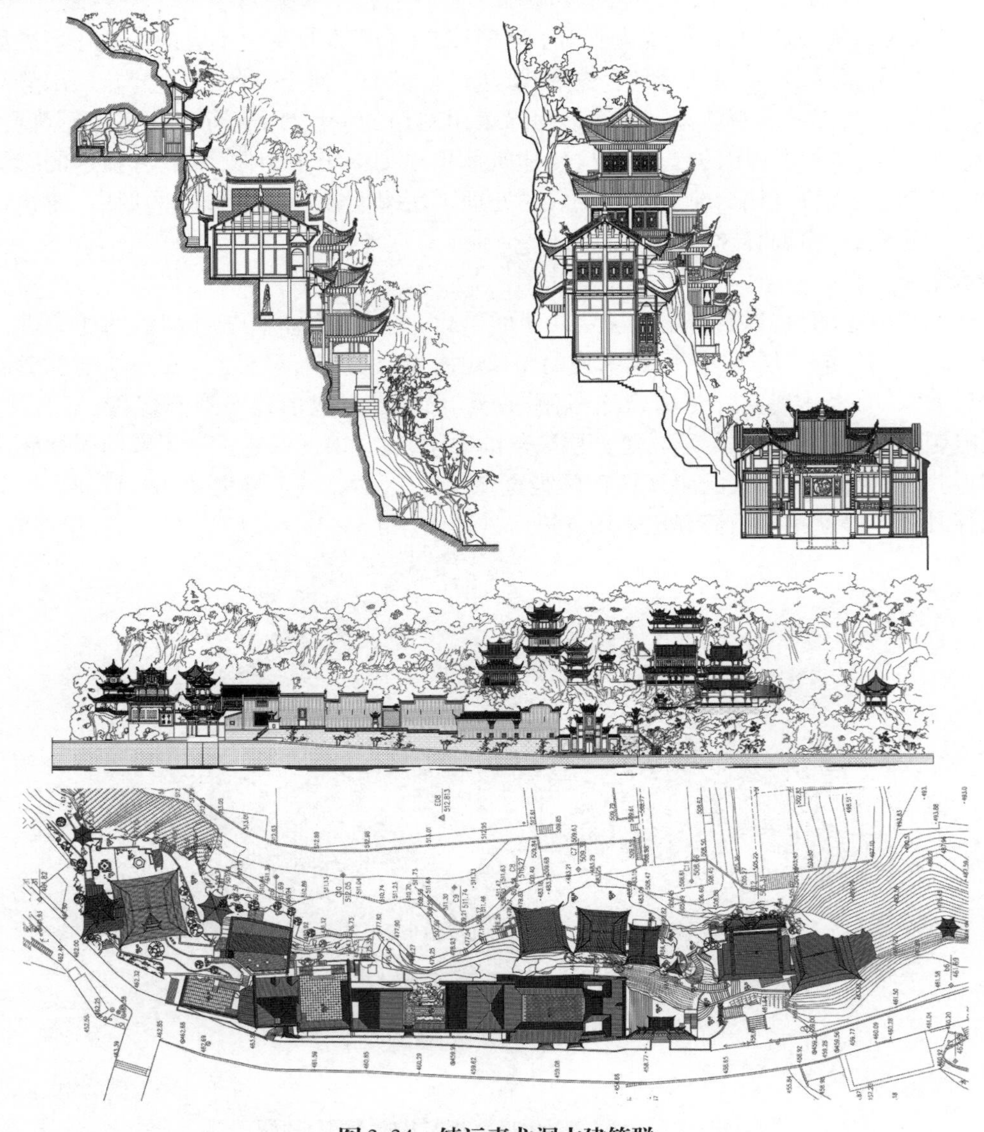

图3.34 镇远青龙洞古建筑群

(重庆大学建筑城规学院贵州青龙洞测绘成果)

上左—观音殿、玉皇殿组群剖视图;上右—万寿宫、圣人殿组群剖视图;

中—沿江立面图;下—总平面图

3.3.2 滨水环境与古典园林建筑群体

“智者乐水，仁者乐山”，人类对水有一种天然的亲近感。水体能起到净化空气、丰富环境色彩、增添环境气氛等作用。在空间景观效果上，水还起着拓展空间、引导空间和丰富空间层次的作用，在园林中具有重要的美学意义。中国古典园林注重水体，源于儒家朴素的生态思想和“藏风得水”的风水理论。如果说山石是园林之骨，那么水就是园林的血脉，古典园林因水而媚，甚至可以说是“无园不水”“无水不活”。从“一池三山”的神仙境界，到“清泉石上流”的清幽意境，水体都发挥了举足轻重的作用。

水的形态往往和地形要素结合在一起：有高差的地形能形成流动的水，如流淌的溪流、跌落的瀑布，以及喷、涌、射等动态水景；平坦处或凹地则形成平静的水面，常以湖、塘、池等形式出现。动态的水可使建筑环境更加生动，而静态的水则可营造静谧安详的氛围，还可通过水声衬托出或宏伟或幽静的气势或意境。

1）滨水园林的基址

按照滨水环境的不同，滨水园林的基址可以分为江河基址、湖海基址和人工水景基址。

（1）江河基址

江河是流动水面，在布置建筑时，总体上要考虑如何与流动的带形水面在构图及动向上取得调和。建筑布局应以能够收受江河水景为主：若在江岸、矶头高旷处筑起高阁，置身其间则可俯瞰江景，例如南昌的滕王阁、武汉的黄鹤楼、杭州钱塘江畔的六和塔、贵阳的甲秀楼等；低临江河水面构筑建筑，则可俯察波流。选址接临江边，也可为水上活动创造条件。借用江河之势筑亭桥、廊桥等水面建筑，既便利了园林中的交通，又提供了生动的景观。

（2）湖海基址

一般来说，湖、海是园林中面积最大的水体形态类型。借水景的建筑可成为园中建筑布局的主体，其位置的选择，无论是紧邻或远离水面，都应以能借广大水面的景色为前提。园林建筑选址，在小型的湖沼附近，以水滨和水上为佳，因为这样更能取得“近水楼台”的趣味。

有许多因湖而著名的园林，如济南的大明湖、扬州的瘦西湖、颐和园的昆明湖、杭州的西湖、避暑山庄的湖泊群组等。园林中的海，仅指面积较大的水体，且仅见于北京宫苑，如圆明园中的“福海”、北京的西苑（称为“三海”：中海、南海、北海）。

（3）人工水景基址

造园者在园林中选择合适的地址开挖水池兴建人工水景，水景可大可小，可静可动，或辽阔或蜿蜒，因园林条件和意趣而异。

中国皇家园林规模都很大，且多以真山真水为造园要素，因而更加注重选址；一般水面较大，且损低益高，开池、造山十分注意与原有地形地貌的密切配合，造园手法近于写实，园内往往有平原区、湖泊区和山峦区。如承德避暑山庄，“山庄以山为名，而趣实在水。瀑之溅，泉之淳，溪之流，咸汇于湖中”，风泉清听、水流云在、曲水荷香、澄波叠翠、长虹饮练、远近泉声、云容水态、涌翠岩、千尺雪等二十多个景点，都与水有着密切的关系，产生了光、影、声、形、色的美。

北京颐和园主体由山、湖两部分组成（图3.35），昆明湖约占全园面积的五分之四，有辽阔的大型水体（如福海）和若干中型水体，而为数众多的小型水体则遍布全园。它们之间以曲折萦回的河道连贯起来,结合堆山和岛堤的障隔,构成一个完整的河湖岗阜体系,营造出江南水乡的风致。一百余组建筑群分散布列其间,大部分与水联系并因水成景,其中一半左右是自成一体的小园林格局,从而形成"园中有园"的特点(图3.36)。

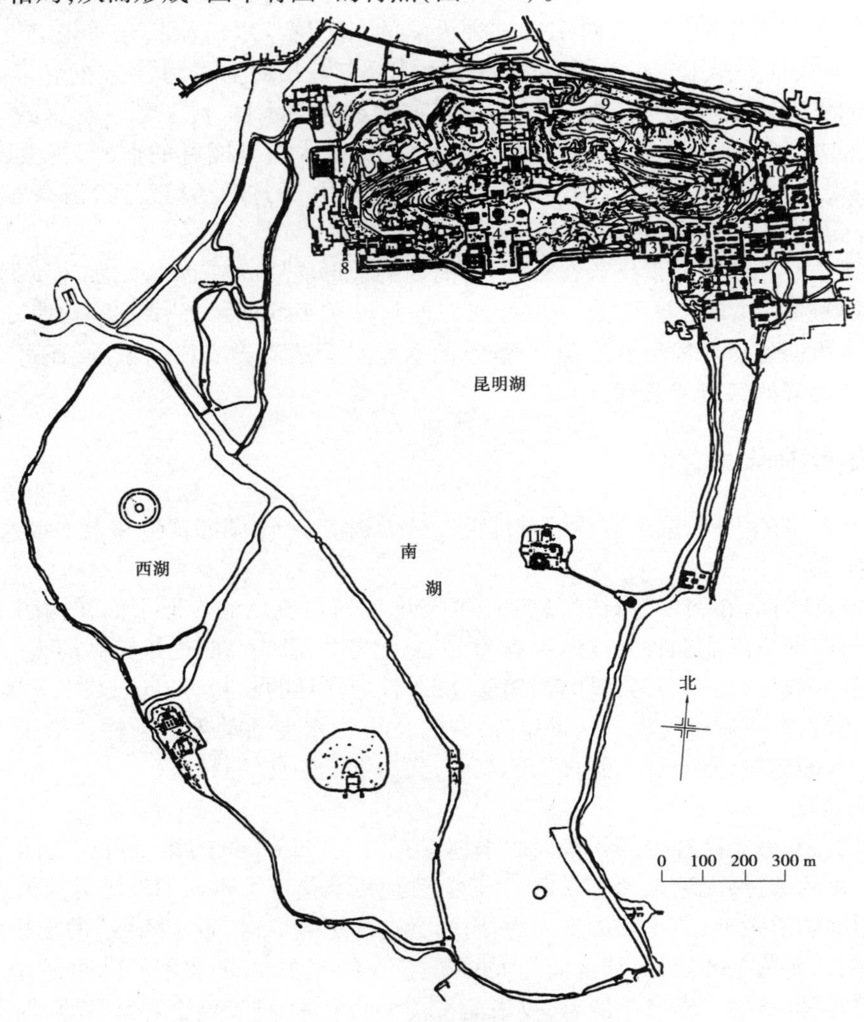

图3.35　颐和园总平面图

1—东宫门;2—德和园;3—乐寿堂;4—排云殿;5—佛香阁;6—须弥灵境;
7—画中游;8—清晏舫;9—后湖;10—谐趣园;11—龙王庙

在岭南园林群中,如东莞的可园,门外有大莲塘,园内有五池三桥;顺德的清晖园,西部以水池为中心。在江南园林群中,水的地位更为突出。江南私家园林多处于市井之地,一般只有数亩(1亩≈666.67平方米)至十几亩,大者也不过五六十亩,故有"一卷代山,一勺代水"之喻,虽然受用地限制不可能有很大的水面,但庭园中一般都挖山筑池,叠山理水,以水景见长。可以说古典私家园林大都离不开水,并以水面为中心,四周散布建筑,构成一个个景点,几个景点围合而成景区,景点、景区之间互相对比呼应,从而构成全园。以水著称的私家园林有苏州的拙政园、网师园,吴江的退思园,无锡的寄畅园等。

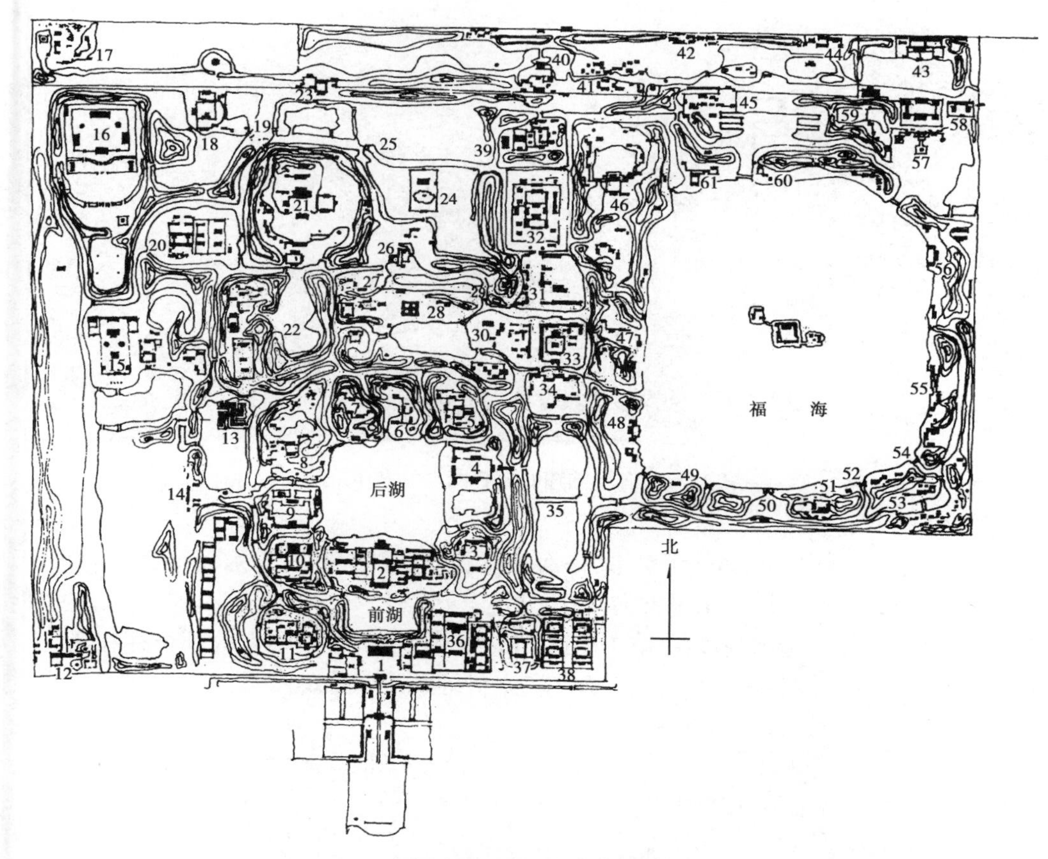

图 3.36 圆明园总平面图

1—正大光明;2—九洲清晏;3—镂月开云;4—天然图画;5—碧桐书院;6—慈云普护;7—上下天光;
8—杏花春馆;9—坦坦荡荡;10—茹古涵今;11—长春仙馆;12—藻园;13—万方安和;14—山高水长;
15—月地云居;16—鸿慈永祜;17—紫碧山房;18—汇芳书院;19—断桥残雪;20—日天琳宇;21—濂溪乐处;
22—武陵春色;23—多稼如云;24—文源阁;25—柳浪闻莺;26—水木明瑟;27—映水兰香;28—澹泊宁静;
29—兰亭;30—坐石临流;31—买卖街;32—舍卫城;33—同乐园;34—曲院风荷;35—九孔桥;36—勤政亲贤;
37—前垂天觇;38—洞天深处;39—西峰秀色;40—鱼跃鸢飞;41—北远山村;42—若帆之阁;43—天宇空明;
44—青旷斋;45—安澜园;46—廓然大公;47—延真院;48—澡身浴德;49—一碧万顷;50—夹镜鸣琴;
51—广育宫;52—南屏晚钟;53—别有洞天;54—观鱼跃;55—接秀山房;56—涵虚朗鉴;
57—方壶胜境;58—蕊珠宫;59—三潭印月;60—君子轩;61—平湖秋月

2)滨水园林的建筑处理手法

园林建筑与水体的结合方式多种多样,一般来说,可分为“点”“凸”“跨”“飘” “引”等几种。不同的结合方式产生的整体效果也会大相径庭,园林建筑与水体的结合方式在一定程度上决定了建筑形象。

(1)点

“点”是把建筑点缀于水中,或建于孤岛上。建筑成为水面上的“景”,要到建筑中去观景则要靠船摆渡或用桥接引。岛上的建筑大多贴近水边布置,与湖面交相辉映,形象突出,如扬州瘦西湖公园内的凫庄(图 3.37)。

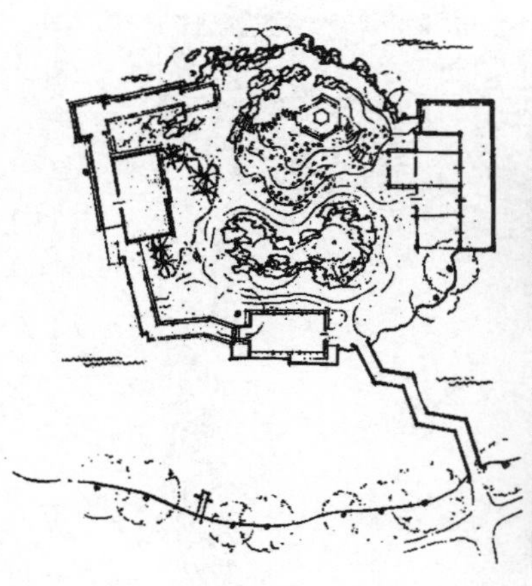

图3.37 扬州瘦西湖公园内的凫庄

(2)凸

“凸”指建筑临岸布置,三面凸于水中,一面与岸相连,视野开阔,与水面结合较为紧密。通常,这种园林建筑宜低平舒展呈水平方向延伸,建筑与水面之间一般设有平台过渡,通过平台使建筑内外空间连续贯通,增加凌波踏水的情趣和亲水感。建筑直接临水的部位往往透空,设置座板和向外倾斜的扶手围栏供人依靠,使建筑整体获得轻盈飘逸的气质。许多临水的亭、榭都取这种形式(图3.38)。

图3.38 凸入水面的榭

(3)跨

“跨”这种方式,对水面进行了分隔,增加了水景的空间层次。跨越河道、溪涧上的园林建筑,一般兼有交通和游览的功能,具有很好的观景条件。如承德避暑山庄水心榭跨于下湖与银湖之间,建筑与湖中倒影组成一幅秀丽的画卷(图3.39)。各种跨水的桥及水阁等普遍运用这种方式(图3.40)。

图3.39　避暑山庄跨于两湖之间的水心榭

图3.40　跨越水面的桥及水阁

(4)漂

为使园林建筑与水面紧密结合,伸入水中的建筑基址一般不用粗石砌成实的驳岸,而采取下部架空的办法,使水漫入建筑底部,这种方式即“漂”。“漂”使园林建筑与水体局部交织在一起,上部实体和下部的空透所形成的虚实对比使建筑获得了较强的漂浮感。“漂”的具体处理手法很多,如以湖石包住基柱,形式自然,或从邻近建筑中挑出飞梁,承托浮廊(图3.41)。

图3.41　漂浮于水面的园林建筑

(5)引

“引”是把水引到建筑中来,使水庭成为建筑内部空间的一部分。如杭州的玉泉观鱼,水池在中,三面轩庭环抱(图3.42)。这种形式在江南园林中运用较多。又如承德避暑山庄里,“碧溪清浅,随石盘折,流为小池,……贴贴如泛杯,兰亭觞咏,无此天趣”的曲水荷香亭,引溪水入亭,溪水在亭中央婉转曲折,汇成莲池,园林建筑与水交相辉映。由著名建筑设计师贝聿铭创作的苏州博物馆新馆,是一座基于古典园林元素精心打造的创意山水园,山水园隔北墙衔接拙政园之补园,水景始于北墙西北角,仿佛由拙政园西引水而出,北墙之下为独创的片石假山,这种“以壁为纸,以石为绘”的山水景观以其清晰的轮廓和剪影效果见长,别具一格,使得新旧园景笔断意连,融合巧妙。

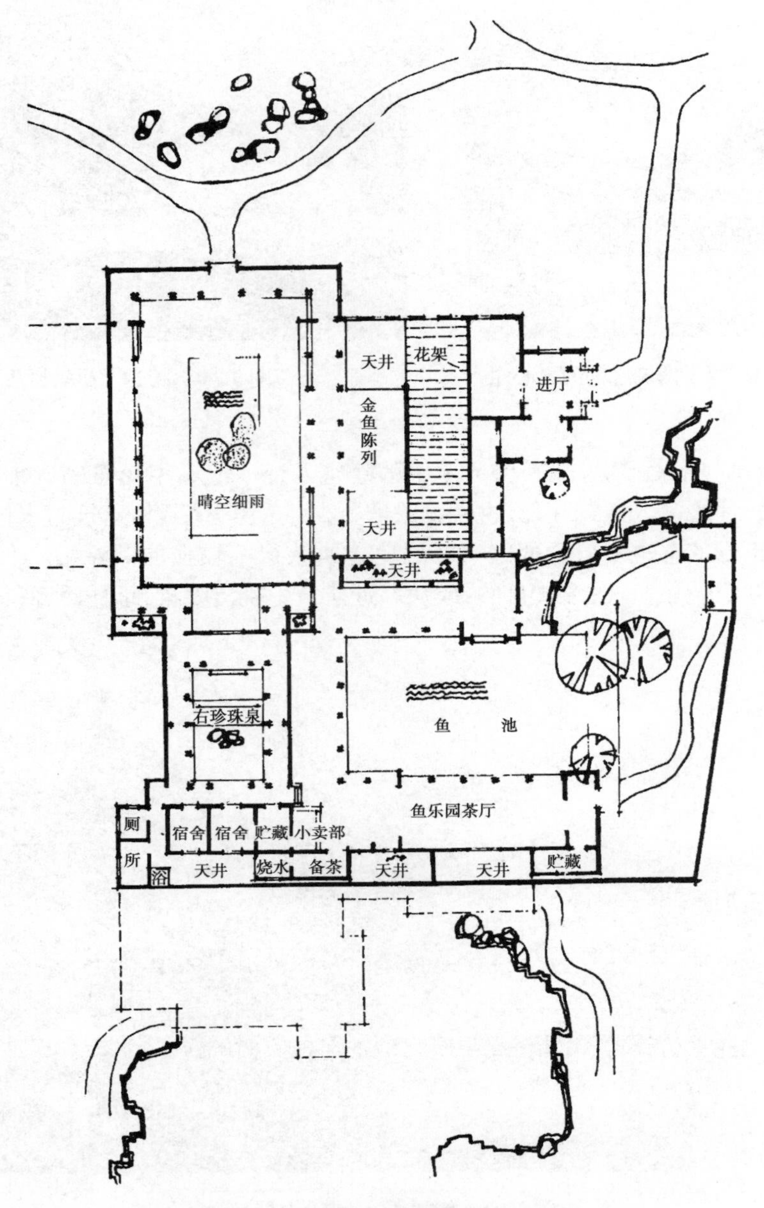

图3.42　杭州玉泉观鱼水庭平面图

在现代园林中，由于新技术、新材料的运用，水景处理更加多姿多彩，在庭院或室内仿自然做喷泉、叠泉、瀑布、溪流等，空间显得十分灵巧生动，具有很强的感染力。

3.3.3　植物与古典园林建筑群体

植物是造园的基本要素之一，可独自成景、提供荫蔽、体现季相，还可与建筑物、山石、水体等搭配，创造出协调的景观。只有恰如其分地处理植物与园林建筑之间的关系，才能充分体现建筑美与自然美的融合。古典园林建筑与庭院相间布置在用地之上，露天庭院栽花植树，生机盎然，自然景物引入建筑环境。

1)植物配置对园林建筑的作用

在处理古典园林建筑与植物的关系时,讲究造景与抒情结合,发挥园林植物文化意蕴;讲究季相变化特色,呈现时序景观与空间变化。关于植物配置对古典园林建筑所起的作用,可以概括为以下几个方面。

(1)协调园林建筑与周围环境

植物是融汇自然空间与建筑空间最为灵活、生动的手段。植物既能"软化"建筑突出的体量与生硬的轮廓,又可使之藏而不挡视线,露而益显风采。与屋宇、山石硬而直的造型线条相比,花木的造型线条是柔软的、活泼的。与建筑的静止和水体等的流动相比,花木是有风则动,无风则静,处于动静之间;花木也是有生命的,是不断生长变化的。《园冶》中有描述:"杂树参天,楼阁碍云霞而出没;繁花覆地,亭台突池沼而参差。"如:北海公园琼华岛上满山翠柏将山顶的白塔烘托得更加鲜明、更显魅力;苏州留园揖峰轩前探入六角洞窗里的竹枝;沧浪亭漏窗前种植红枫、门前种植芭蕉等。这都是自然空间在建筑空间中流动的生动表现。

(2)突出园林建筑的主题和意境

中国古典园林多利用植物在传统文化中的寓意来突出园林建筑环境的主题和意境,同时,园林建筑的空间布局、整体形象及构图手法都围绕这一主题或意境来展开,体现出较高的文化品位,富有诗情画意。如苏州拙政园的梧竹幽居亭,亭的周围共植梧、竹,借梧、竹至清至幽之意,凸显了"幽"的意境;坐于亭中,透过四面圆形洞门,植物游廊等不同景色依次呈现,可谓"清风明月,竹梧弄影"(图3.43)。拙政园海棠春坞的小庭园中,院内两株海棠,一丛翠竹、数块湖石,使角隅充满画意,修竹有节,传达了园主人"宁可食无肉,不可居无竹"的清高寓意(图3.44);雪香云蔚亭,以梅造景,体现园主人"玉琢青枝蕊缀金,仙肌不怕苦寒侵"的迎霜傲雪之品性。狮子林的暗香疏影楼,其植物配置就按照"疏影横斜水清浅,暗香浮动月黄昏"的意境进行裁取。

图3.43 拙政园的梧竹幽居亭

图3.44 拙政园的海棠春坞

园林中的某些景点也以植物为命题,而以建筑为标志。如杭州西湖十景之一的"柳浪闻莺":柳树以一定的数量配置于主要位置,构成"柳浪"景观,在闻莺馆的四周种有多层次的与假山结合的乔、灌木,使闻莺馆隐蔽于树丛之中,体现"闻莺"之主题意趣。拙政园荷风四面亭,在植物配置方面选用较高大的垂柳、榔榆等乔木,灌木以迎春为主,四周荷叶相拥,每当仲夏季节,柳荫路密、荷风拂面、清香四溢,体现"荷风四面"之意(图3.45)。

图 3.45　拙政园的荷风四面亭

(3)丰富园林建筑艺术构图

植物丰富的色彩与柔和的线条,可与建筑旁的景色取得动态均衡的效果。常见的做法有:在庭院门洞或墙洞口一侧或两侧配上一丛姿态优美的植物,树枝和叶片的线条打破洞口生硬的线条,起到丰富构图的效果。例如在园洞门旁种植一丛竹或一株梅,树枝微倾向洞门,树影婆娑映于白粉墙上,赋予建筑生动之美。

拙政园的远香堂,从对岸的雪香云蔚亭南望,五株广玉兰为远香堂的背景,西边的梧桐树、东边的糙叶树、北边的榔榆等都使这个大型的建筑物轮廓更为丰富。杭州西湖闻莺馆是以馆、亭、廊组成的一组建筑,成为草坪的主体:两旁有高大的垂柳、枫杨、枫香,中间以常绿的桂花为主,一株垂柳突出其中,构成起伏的轮廓线,弱化了闻莺馆的屋顶体积。此外,在馆前平台外种植了一片低矮的常绿海桐作为前景,使构图匀称、丰富,克服了建筑物比例的缺陷。

(4)赋予园林建筑以季候感

建筑物是形态固定不变的实体,植物则是最具变化的要素。植物具有季相变化,春华秋实、盛衰荣枯,使园景呈现出生机盎然、变化丰富的景象,使园林建筑环境产生生动、多样的季候感。古典园林中白粉墙、小青瓦、棕褐色木结构的建筑,适于反衬植物的苍、翠、青、碧诸般绿色以及其中点染的姹紫嫣红。如狮子林燕誉堂南庭,剑石挺拔、枝叶柔曼,衬以粉墙,在不同季节都有着丰富的景象。

(5)丰富园林建筑空间层次

植物具有创造空间的功能。由植物的干、枝、叶交织成的网络稠密到一定程度,便可形成一种界面,起到限定空间的作用。与由园林建筑墙垣所形成的界面相比,这种界面虽然不甚明确,但与建筑屏障相互配合,必然能形成有围又有透的庭院空间。

枝繁叶茂的林木可用来补偿园林建筑高度不足而造成的空间感不强的缺陷。园林建筑围合的空间,如果面积过大,高度又有限,则可能出现空间感不强的缺点。面对这种情况,广种密植的乔木可以在园林建筑之上再形成一段较稀疏的界面,从而加强空间围合感。例如颐和园中的谐趣园,其以游廊连接建筑而形成的界面尽管绕湖一周形成闭合的环形,但由于湖面大而建筑高度有限,空间感仍显不足,而建筑物外侧的乔木既高大又浓密,补偿了建筑高度的不足,有效地加强了庭院的空间感。

植物还可对空间进行分隔。造园时,常用植物对建筑进行适当的遮挡隐蔽,创造适宜休憩的园林建筑小空间环境。透过建筑的门、窗去看某一景物,感觉含蓄深远;透过园林植物所形成

的枝叶扶疏的网络去看某一景物，其效果也是相近的。

2）古典园林建筑的植物配置

园林建筑和植物配置的协调统一是表达景观效果的必要前提。园林植物造景应以地域文化、地域特色、地域历史作为造景的主旨，结合地形、环境条件和其他园林要素，充分发挥其观形、赏色、闻味、听声、品韵的特性。由于园林的功能和艺术追求不同，再加上地理位置不同所形成的地域、气候差异等，各类古典园林建筑在植物配置上又体现了不同的特征。

（1）皇家园林建筑的植物配置

中国皇家园林的特点是规模宏大，真山、真水较多，园中建筑布局规则严整、等级分明，建筑高大，色彩富丽、雕梁画栋、彩绘浓重、金碧辉煌。为反映帝王至高无上的权力以及突出宫殿建筑的特点，一般选择姿态苍劲、意境深远的中国传统树种，如圆柏、海棠、银杏、国槐、玉兰等作为基调树种。

（2）古典私家园林建筑的植物配置

古典私家园林多为文人雅士建造，其特点是规模较小，宅园相连，常用假山、假水，建筑小巧玲珑，色彩淡雅素净，以咫尺之地营造城市山林的意境。其植物配置十分重视主题和意境，多于墙基、角落处种植松、竹、梅等象征君子品性的植物。植物种植形式多样，配搭时，植物的株数、位置、大小、形状等都讲究一定的章法。用作景点的园林建筑，如亭、廊、榭等，其周围应选取形体优美、柔软、轻巧的树种，点缀其旁，或为其提供荫蔽。

（3）寺观园林建筑的植物配置

寺观园林和陵墓等纪念性园林通常庄重严肃，为体现肃穆的气氛，宜选用常绿针叶树，同时也多用银杏、油松、圆柏、白皮松、国槐、菩提树等树种，且多沿轴线对称地列植或对植于建筑前。

此外，设计中还应依据建筑所处的具体位置、色彩、朝向等配置植物。如水边建筑多选择水生植物如荷、睡莲，耐水湿植物如水杉、池杉、水松、旱柳、垂柳、白蜡、柽柳、丝棉木、花叶芦竹等。当以建筑墙面作背景配置植物时，植物的叶、花、果的颜色不宜与建筑物的颜色一致或近似，宜与之形成对比，以突出景观效果。建筑物四周的环境条件可能有很大差异，植物选择也应区别对待。总之应根据具体的环境条件、建筑功能和景观要求选择适当的植物和种植方式，以取得与建筑相协调的效果。

3.4　古典园林建筑群体的空间组织

3.4.1　空间形态类型

唐代文学家柳宗元在游记《永州龙兴寺东丘记》中将其对自然空间的感受概括为：“旷如也，奥如也，如斯而已。”他提纲挈领地抓住了要害，即我们所能感受到的空间无论如何千变万化，也离不开旷与奥这两种基本的类型。园林建筑空间也是这两种基本类型的派生和演变，并大体分为外向性空间、内向性空间、内外性空间以及画卷式连续空间等几种空间类型。

1)外向性空间

外向性空间(即为"旷"),常以单体建筑的形式布置于有显著特征的地段上,如建于山顶、山脊、岛屿、堤岸等处的园林建筑所形成的开敞空间类型。这种空间类型十分注重建筑美和自然美的和谐统一,将建筑融于山水之中。在不同的环境中,园林建筑采取不同的形式,如亭、榭、塔、阁等,但一般都依山面水,视线向外,便于远眺湖光山色、观赏四周美景,给人或幽静安宁、亲切宜人,或豪爽奔放、悠然遐想的感觉。

苏州拙政园远香堂、北京北海五龙亭、颐和园西堤上的桥亭、扬州瘦西湖的吹台、杭州西湖的平湖秋月等都是临水的开放外向性空间的建筑实例;而北京景山上的万春亭、镇江金山上的慈寿塔、山东蓬莱的蓬莱阁、福建武夷山的天游观等都是位于山顶、山脊处的开放外向性空间建筑实例。山坡与山麓地带,地势有较大起伏,常以跌落的平台、游廊等来联系位于不同标高的建筑,建筑群的布局通常十分灵活,建筑物参差错落的造型与环境紧密结合,常取得生动的构图效果,如承德避暑山庄的金山建筑群(图3.46)。

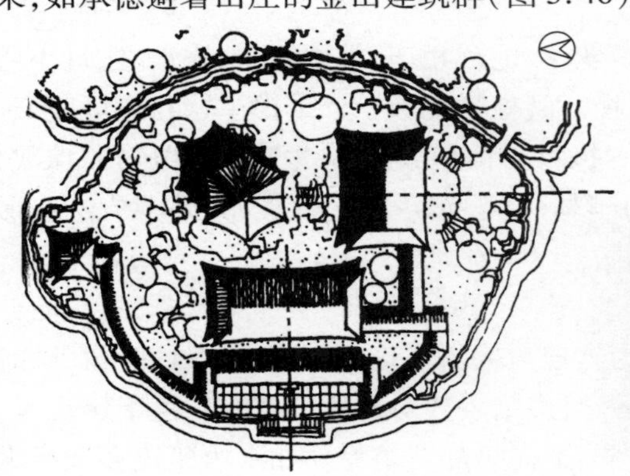

图3.46　承德避暑山庄金山建筑群的平面图与外景

2)内向性空间

内向性空间(即为"奥"),其做法犹如庭院式的布局,以建筑、走廊、围墙相环绕,中间为庭院,庭院内以山石、水体、植物等自然材料进行点缀,形成一种内向、静谧的空间环境。这种空间一般以近观、静赏为主,动观为辅,给人深邃静谧的感觉。内向性空间在视觉上体现出内聚的倾向,主要突出建筑物和山水、花木配合的整个庭院的艺术意境。这种内向性的空间将多个单体功能建筑联系在一起,是室内功能的延伸,也起组织交通的作用。

由于气候等自然条件不同,总体而言,南方庭院布局较灵活,北方较规整。典型的庭院布局中,厅堂楼阁、亭廊榭舫多围绕山池布置,因山水而势,朝向多变化,相互成对景。这种空间类型在平面上进退错置、有疏有密,立面上高低起伏、虚实相间,更强调建筑组群作为空间界面的参差错落的轮廓变化,配合山石、植物,构成如画的景观立面,从各个角度都可获得较好的观赏效果。如颐和园谐趣园、北海画舫斋和苏州留园、网师园、畅园等都属于这种布局(图3.47)。

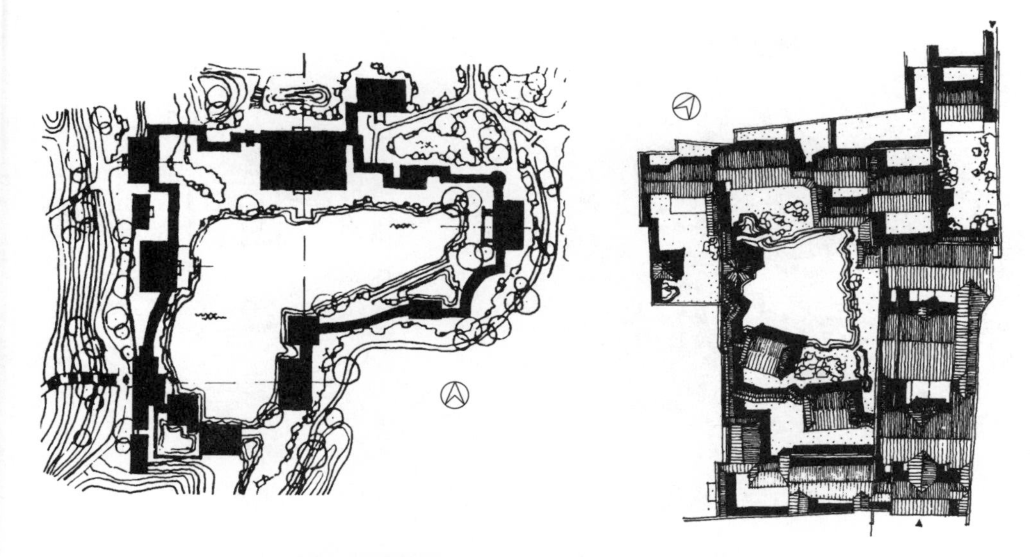

图 3.47 颐和园谐趣园(左)与苏州网师园(右)均为内向性空间

3) 内外性空间

内外性空间是园林建筑中常见的空间形态,兼有内向性空间和外向性空间两方面的特点。空间造型上因为有闭有敞而虚实相间,近可以观赏小空间景观,远可以通过建筑观赏到外界景色。这类建筑空间多顺应地形特征自由布置,轻巧灵活,具有浓厚的园林建筑气氛。

例如,颐和园的画中游建筑群(图 3.48)布置于万寿山阳坡,利用爬山廊将东西两侧的借秋楼、爱山楼及后面的澄辉阁联系起来,廊内设柱,廊外设墙,形成便于近处观赏的小环境景观,而楼阁建筑对外通透,便于观赏湖光山色,成为主要的赏景点。浙江嘉兴南湖的烟雨楼(图 3.49),建于湖心岛的高台之上,作为主体建筑而居中布置,周围设回廊,四面开敞。楼的后部以折廊围合成内向性的庭院,院内假山耸峙、绿树成荫、小路弯曲,颇有宁静清幽的气氛。庭院外侧设置各式亭轩,形成四面临湖的外向性空间。整个布局,向内面对清静的庭院,向外面对浩渺的湖景,从内部到外部形象都与环境融为一体。

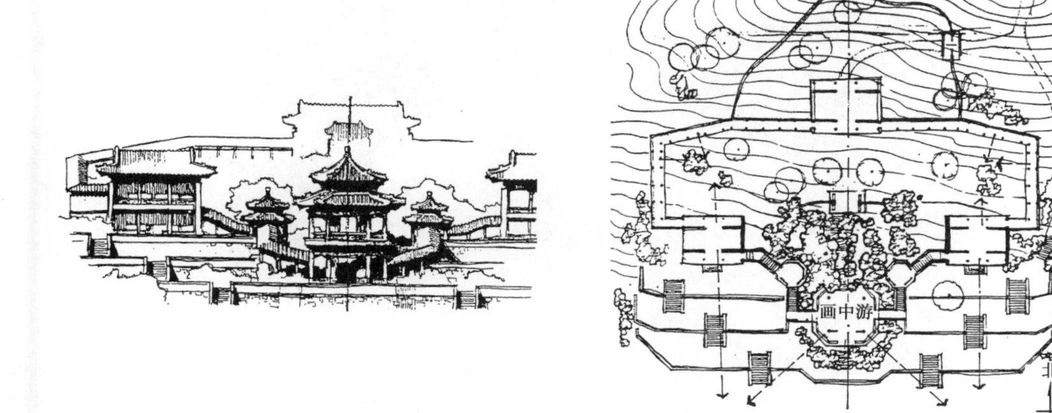

图 3.48 颐和园画中游建筑群属于内外性空间类型

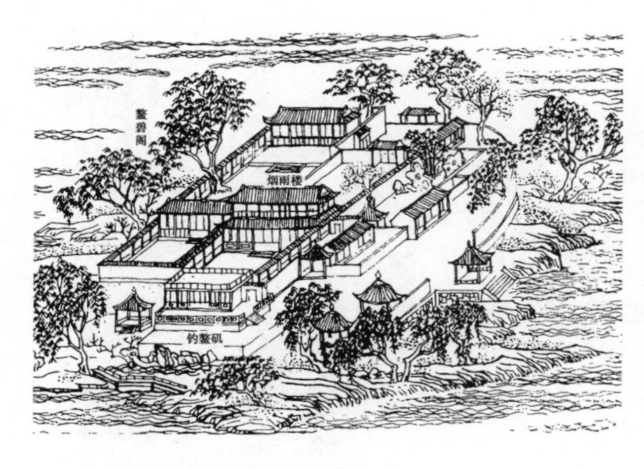

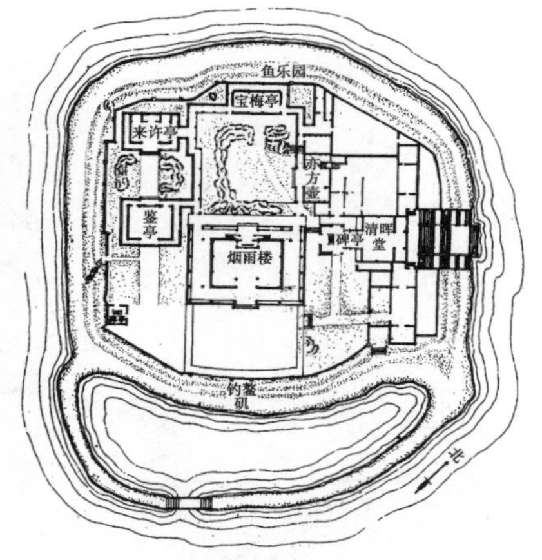

烟雨楼总平面图

图 3.49　嘉兴南湖的烟雨楼建筑群属于内外性空间类型

4）画卷式连续空间

在中国古典园林建筑的空间组合方式中，有一种类似中国画长卷式的连续空间，即把建筑物按照一定的观赏路线有秩序地排列起来而形成，沿着一定的观赏路线前进，随着时间的推移、空间的变换，在动态的观赏中获得连续不断的景观印象。

这种方式受传统市镇建筑组合方式的启发，特别是在江南水乡（如苏州、绍兴等地），那里河道密布，建筑多临河而筑，高低错落，自由活泼，河中小船穿梭，拱桥跨越河面，形成生活气息浓厚的河街（图 3.50）。宋代张择端的《清明上河图》，展现了北宋东京汴梁繁盛的风貌，从郊外到城里，从往来的船只到茶坊酒肆、行人车马，把当时整个城市生活的面貌集中表现在一幅长画卷上。

图 3.50　江南水乡河街

中国的造园家把这种画卷式的连续空间运用到园林中来。知名的有：清乾隆年间沿扬州瘦西湖两岸兴建的园林，这些园林布局各具特色，一个接着一个，依次展开；乾隆年间修建的清漪园，也曾在后湖仿造江南水乡建起了“买卖街”，长达二百多米，采取的是“一河两街”的形式；颐

和园万寿山的西麓还建起了“小苏州街”，以仿苏州水街市肆，长不及百米，沿一条陆路布置，是一种“一路一街”的形式(图3.51)。

图3.51 颐和园的小苏州街

3.4.2 空间组合形式

园林建筑的空间组合，主要依据园林的总体规划，按照具体环境的特点及使用功能而采取不同的形式。常见的园林建筑空间组合形式有以下几种：

1)由独立的建筑物和环境结合形成的开放性空间

这种空间组合形式多使用于某些点景的园林建筑(如亭、榭等)，或用于单体式平面布局的建筑。其特点是以自然景物来衬托建筑，建筑是空间的主体，因此对建筑本身的造型要求较高，其位置也要宜于观赏和点景。建筑可以对称布局，也可以非对称布局，视环境条件而定。

古代西方的园林建筑空间组合，最常用的是对称开放式的空间布局，即以房屋(宫殿、府邸)为主体，用树丛、花坛、喷泉、雕像、规则的广场和道路等来陪衬烘托建筑物(图3.52)。由于大多采用砖石结构，建筑空间比较封闭，其室内空间和室外花园空间很少穿插和渗透。

图3.52 法国宫廷园林建筑

2）由建筑组群自由组合形成的开放性空间

这种空间组合形式与前一种组合形式相比，视觉上空间的开放性是基本相同的，但一般规模较大，建筑组群与园林空间之间可形成多种分隔和穿插。至于总体上是否按对称或非对称布局，则须视功能和环境条件而定。

此种空间组合形式，在中国古代多见于规模较大、分区组景的帝王苑囿和名胜风景区中。如对称布局的有北京北海的五龙亭，分三种式样，中轴线上为上圆下方重檐顶，两侧为方形重檐顶，最外侧为单檐方形顶，整体主次分明，既富于变化又协调统一。杭州西湖景区西泠印社（图3.53）、三潭印月（图3.54）都是由建筑组群自由组合构成的不对称群体，多采用分散式布局，并用桥、廊、道路、铺地等使建筑物相互连接，但不围成封闭性的院落，空间围合可就地形高下、随势转折，建筑物之间有一定的轴线或对景关系，能彼此顾盼，互为衬托，有主有从。

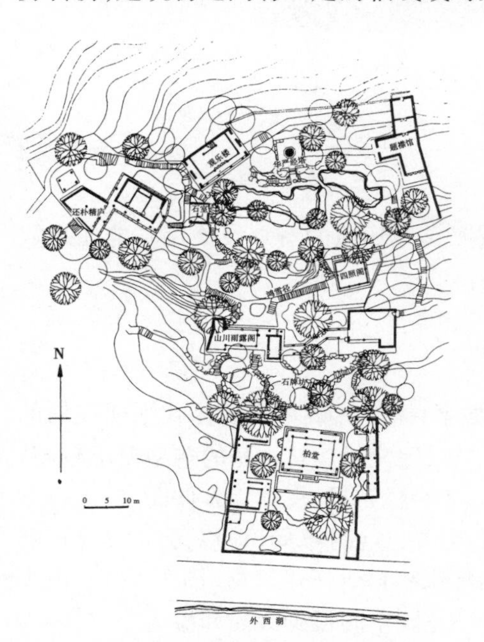

图3.53　杭州西泠印社总平面图

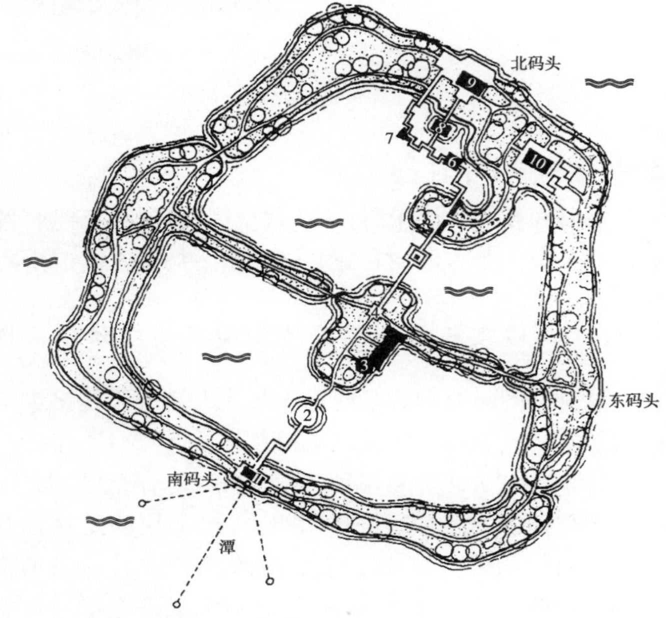

图3.54　杭州西湖三潭印月

1—我心相印亭；2—“三潭印月”御碑亭；
3—永明禅寺（茶室、小卖部）；4—亭；5—漏花墙；
6—桥亭；7—三角亭；8—先贤祠；9—先贤祠正厅；10—闲放台

3）由建筑物与廊墙等围合而成的庭院空间

在布局设计和环境意识上，中国古建筑表现出了较强的阴阳合德的观念。庭院一般是指前后建筑与两边廊庑或墙围成的一块空间，这里建筑为实主阳，庭院为虚主阴，一虚一实组合而成的“前庭”和“后院”，按中轴线有序地连续推进，大大增强了传统建筑的艺术魅力。北京的故宫、山东曲阜的孔庙（图3.55）等建筑集群就是典型的代表。

图3.55 山东曲阜孔庙建筑群布局

庭院是中国古典园林建筑普遍使用的一种空间组合形式。这种空间组合形式是将使用空间沿庭院四周布置，以庭院作为衔接、联系的空间组合方式。庭院可大可小，围合庭院的建筑物数量、面积、层数均可增减；在布局上可以是单一庭院，也可以是由几个大小不等的庭院互相衬托、穿插、渗透形成统一的空间。这种空间组合，有众多的房间可用来满足多种功能的需要，在传统设计中大多由厅、堂、轩、馆、亭、榭、楼阁等单体建筑用廊子、院墙连接围合而成。根据庭院所处位置不同，可分为前庭、中庭、后庭、侧庭。如北海公园中建筑别致、风格独特的园中之园静心斋，原名镜清斋，占地面积4 700平方米，以叠石为主景，周围配以各种建筑，亭榭楼阁，布局巧妙，小桥流水，幽雅宁静，其中含有多个不同位置的庭院。如意洲位于承德避暑山庄芝径云堤北端，是一个湖中之岛，因形似如意而得名，既有殿堂，又有寺庙，既有北方四合院，又有南方小巧园林，布局精巧灵活（图3.56）。

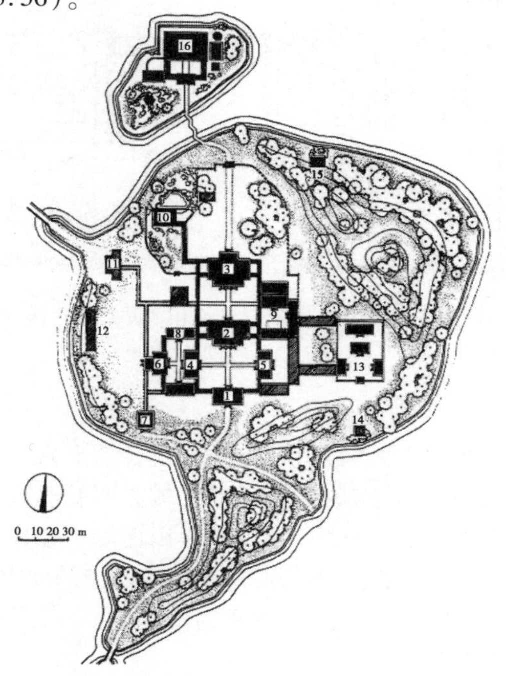

图3.56 承德避暑山庄如意洲多个位置不同的庭院

1—无暑清凉；2—延薰山馆；3—乐寿堂；4—西配殿；5—东配殿；6—金莲映日；7—观莲所；8—川岩明秀；9——片云；10—沧浪屿；11—西岭晨霞；12—云帆月舫；13—般若相；14—清晖亭；15—澄波叠翠；16—烟雨楼

从景观方面说，庭院空间在视觉上具有内聚的倾向，一般不是为了突出某个建筑物，而是借助建筑物和山水花木的配合来突出整个庭院空间的艺术意境。庭院内景观或为池沼，或为假山，或为草坪、花卉、树丛，或数者兼而有之配合成景，有时自然景物反而成为空间的主体和兴趣中心，如通过观鱼、赏花、玩石等来激发兴致。

由建筑物围合的庭院空间，一方面要使单体建筑配置得体，主从分明，重点突出，在体形、体量、方向上要有区别和变化；在位置上要彼此能呼应顾盼，避免距离均等。另一方面，要善于运用空间的联系手段，如廊、桥、汀步、院墙、道路、铺面等。从抽象构图上来说，厅、堂、亭、榭等建筑空间可视作点，而廊、桥、汀步、院墙、道路等联系空间可视作线，点线结合成面为体，处理好点线关系，使构图既富于变化而又和谐统一至关紧要。此外，还应注意推敲庭院空间在整体上的尺度。

4）天井式的空间组合

天井也是一种庭院空间，但它与前述用建筑物围合的庭院空间不同。天井深度较小，一般仅供采光、通风，而人不进入。因此，天井一般只宜采取小品性的绿化景栽，其在建筑整体空间布局中多作点缀或装饰局部环境用，从而达到改善环境的目的。

明亮的小天井与四周相对晦暗的空间所形成的光影对比，往往能使建筑空间获得意想不到的奇妙效果。在苏州传统庭园中有许多这类精彩实例，如拙政园中的海棠春坞，留园中的华步小筑、古木交柯等（图3.57）。新中国成立后，一些新建的公共建筑中，也多采用小天井的处理手法，如广州中山纪念堂贵宾休息室、西苑茶社、友谊剧院贵宾休息室、白云宾馆楼庭小天井等。

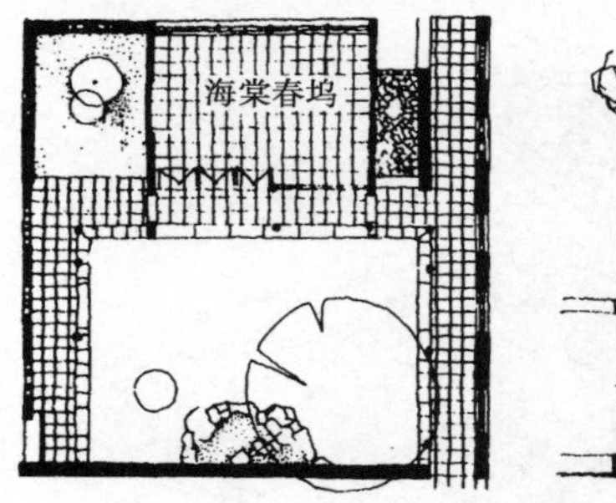

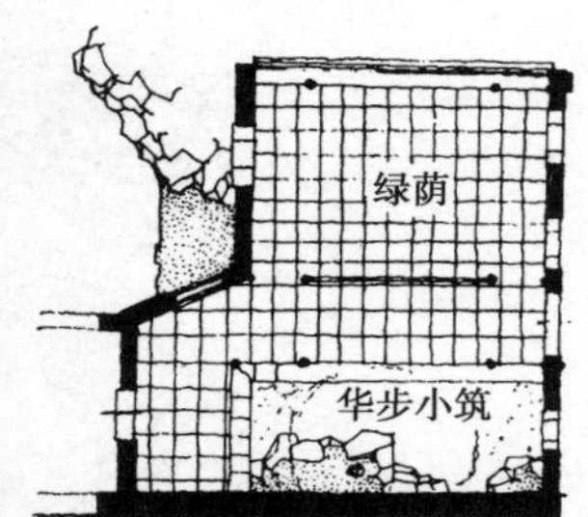

图3.57　拙政园海棠春坞和留园华步小筑

5）混合式的空间组合

由于功能或组景需要，有时可以把以上几种空间组合的形式结合使用，称作混合式的空间组合。如颐和园云松巢依山势高低起伏而建，建筑主体为西侧庭院，庭院东侧用廊把亭和另一单体建筑连接成统一的建筑群（图3.58）。承德避暑山庄烟雨楼建筑群建在青莲岛上，主轴线上设一长方形庭院，东翼配置八角亭、四角亭和三开间东西向的硬山式小室，三个单体建筑物彼此靠近形成一体；西翼紧接主庭院设一小院，并于岛南端叠山，山顶建六角形翼亭一座使建筑群整体构图更为平衡完美（图3.59）。

图 3.58　颐和园云松巢平、立面图

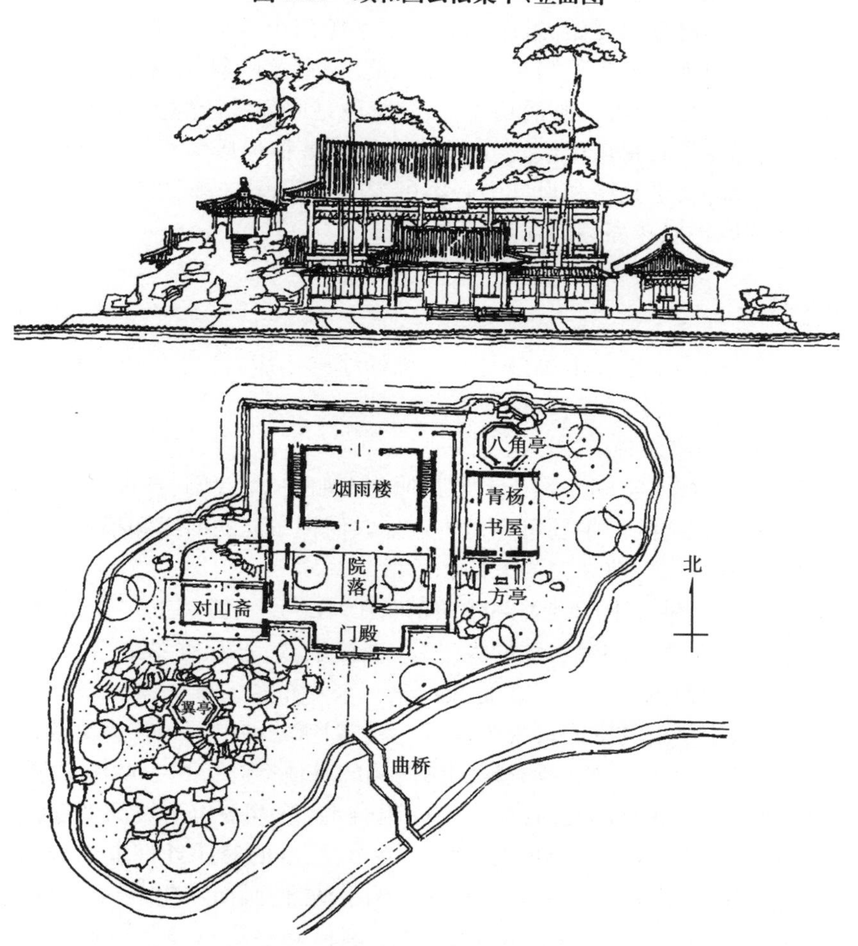

图 3.59　承德避暑山庄烟雨楼建筑群

以上五种空间组合形式，一般适用于园林建筑规模较小的布局，对于规模较大的园林，则需从总体上根据功能、地形条件，把统一的空间划分成若干各具特色的景区或景点来处理，在构图布局上又使它们能互相因借,巧妙联系,有主从和重点,有节奏和韵律感,以取得和谐统一。古典皇家园林如圆明园、避暑山庄、北海和颐和园,私家园林如拙政园、留园等,都是统一构图、分区组景布局的优秀例子。

3.4.3 空间序列

建筑单体的各个空间、建筑单体与单体之间所限定的空间组织必须要有一定的章法,讲究一定的规则,以形成一定的秩序。空间的秩序与空间的变化是空间组织对立统一的两个方面。有秩序而无变化,空间关系是单调和令人厌倦的;有变化而无秩序,其结果则是杂乱无章的。

空间序列是指空间的先后顺序,是按建筑功能和艺术要求给予合理组织的空间组合。将一系列不同形状与不同性质的空间按一定的观赏路线有秩序地贯通、穿插、组合起来,就形成了空间上的序列。序列中的一连串空间之间有着顺序、流线和方向的联系,并在大小、纵横、起伏、深浅、明暗、开合等方面不断变化。

一般而言,空间序列可分为开始、过渡、高潮、结束等四个阶段。开始阶段是序列设计的开端,如何创造出具有吸引力的空间氛围是其设计的重点;过渡阶段是培养感情并引向高潮的重要环节,具有引导、启示以及引人入胜的功能;高潮阶段是序列设计的主体,是序列的精华所在,在这一阶段,让人在环境中获得情绪激发、产生审美满足等种种最佳感受是其设计目的;结束阶段是序列设计的收尾部分,也是序列设计中必不可少的一环,其主要功能是由高潮回复到平静,精彩的结束设计能够取得回味高潮的效果。

1)空间序列的特点

古典园林建筑创作,需从总体上推敲空间环境的序列组织,使之在功能和艺术上均能获得良好的效果。

(1)空间序列应体现出园林的主题思想

作为艺术创作要求,建筑空间序列组织与其他艺术如文学、戏剧、音乐等构思中的主题思想和各种情节的安排有相似之处。主题思想是决定采取何种布局的前提和根据,各种情节的安排是保证和促使主题思想得以完美体现的方法和手段。

颐和园万寿山南坡中轴线上的佛香阁建筑群(图3.60),从云辉玉宇开始,穿过排云门、排云殿、德辉殿,几经转折登高达到佛香阁的大平台,继续攀登,过众香界最后才抵智慧海。为了烘托出佛香阁,还在山腰西侧布置了五方阁、撷秀亭,东侧布置了敷华亭、转轮藏等建筑物。从空间序列分析,云辉玉宇所处的空间可视为序幕,佛香阁所处的空间可视为高潮,智慧海所处的空间可视为尾声,而排云门、排云殿、德辉殿和山两侧的其他空间可视为烘托主题的各种情节安排。这一组气势雄伟、规模壮观的建筑群,在空间组合上,沿万寿山南坡高低起伏,采用了强烈的中轴线对称布局形式;在空间体量、形状、虚实、色彩、尺度的对比处理上十分明显,重点极为突出;在空间层次上,则采用纵横、高低、收放、交错的手法,使画面变化多端,空间具有强烈的节奏和韵律感。继而登高纵目四望,西借玉泉山宝塔,南借湖心岛、长堤,视野广阔,秀色尽入眼帘。通过这样的处理,建筑群得以成为全园主题思想的高潮,并将主题思想表达得淋漓尽致。

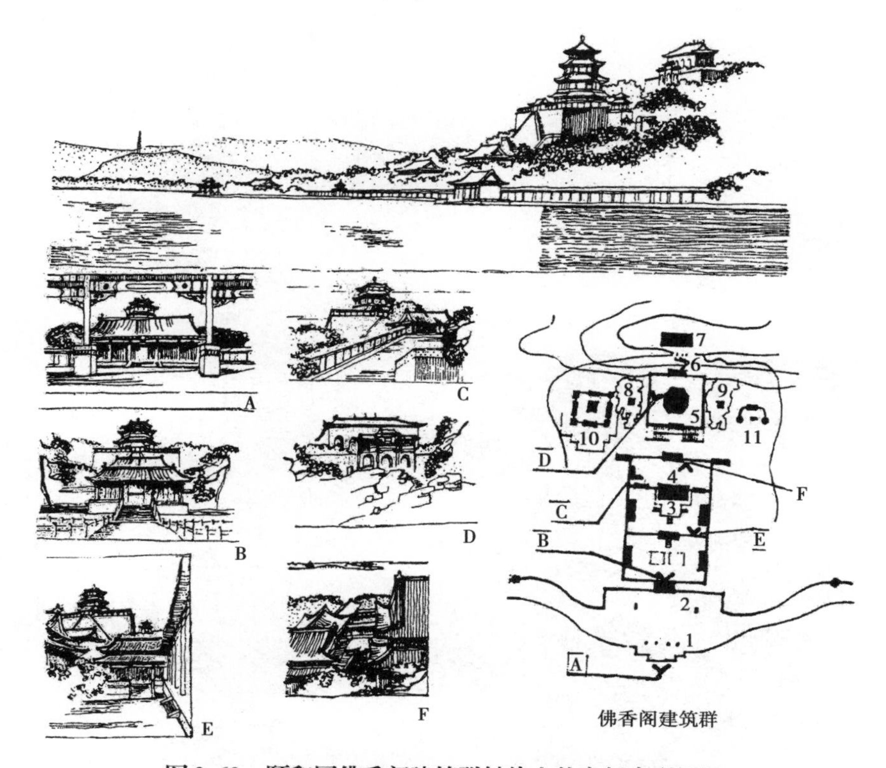

图3.60　颐和园佛香阁建筑群轴线上的空间序列组织

1—云辉玉宇牌楼；2—排云门；3—排云殿；4—德辉殿；5—佛香阁；6—众香界牌楼；
7—智慧海；8—敷华亭；9—撷秀亭；10—五方阁；11—转轮藏

北京北海公园白塔山东侧的琼岛春阴建筑群（图3.61），空间序列的组织先由山脚攀登至琼岛春阴，次抵圆形见春亭，穿洞穴上楼为敞厅、六角小亭与院墙围合的院落空间，再穿敞厅旁曲折洞穴至画廊，可眺望北海五龙亭、小西天、天王庙和远处钟鼓楼的秀丽景色，沿弧形陡峭的爬山廊再往上攀登，达交翠庭，空间序列至此结束。这也是一组沿山地高低布置的建筑群体空间，在艺术处理手法上，同样随地势采用了形状、方向、隐显、明暗、收放等多种对比处理手法来获得丰富的空间和画面。其主题思想是赏景寻幽，但因其功能是登山的步道，因而无须有特别集中的艺术高潮，主要是靠别具匠心的各种空间安排和它们之间有机和谐的联系而获得美的感受。

（2）空间序列是时间与空间相结合的产物

建筑空间是供人们自由活动的场所，人们对建筑空间艺术意境的认识，往往需要通过一段时间从室内到室外或从室外到室内全面体验才能获得。

受中国传统文化及古典哲学的影响，造园师对空间的认识并不局限于三维的静态空间，而是在园林中加入了四维的时间和五维的心理时空，在空间的延伸和时间的延续中与人的感情意趣发生交流，从而获得整体的空间艺术形象。中国古典园林建筑不只满足于静态、均衡的空间效果，还重视在进行中有动有静，有分有合，有实有虚，给人以多变化、多透视、充满生机的感受。古典园林建筑的木结构体系使得建筑内部空间和外部空间能够最大程度相互渗透、补充、流通、连续，无论从内部到外部还是从外部到内部，都是一种时空连续的发展过程，是一种时空结合的整体感受。

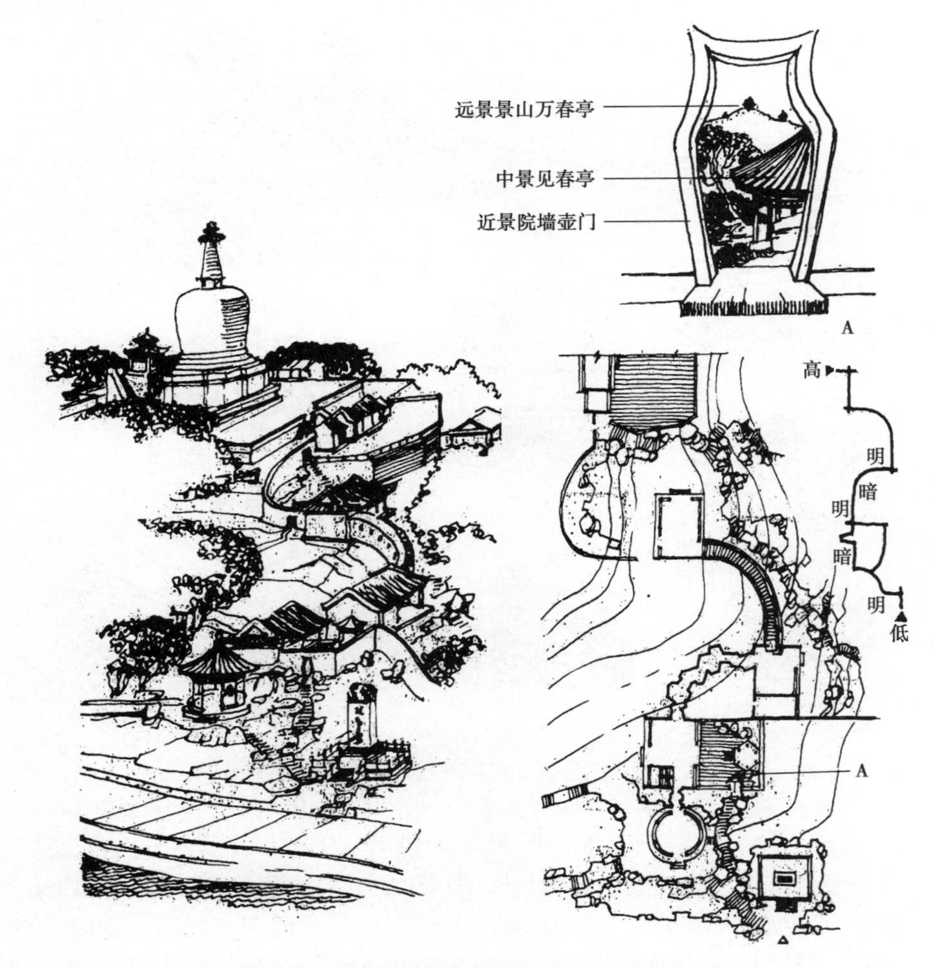

图 3.61　北海公园白塔山东侧琼岛春阴建筑群

园林建筑空间中每个风景点的布设，既要考虑驻足欣赏的静态效果，也要考虑运用风景透视来联络各个景点，使游人在行进中感到景色时隐时现、时远时近、时俯视时仰望，收到步移景异、不断变化、层层展开的动观效果。在园林建筑的四维空间结构中，建筑、山水、植物等要素的构造、空间、阴影、布局、造型等手法，更能体现出韵律性的对称、协调、比例、重复、变换、交替、延展等一系列特征。

在园林建筑空间中，人们可以从各个不同的位置、角度自由观景，如何使设计中的空间序列意图与实际效果一致是设计应当考虑的问题。尽管我们不能强制人们必须按照设计者的布局程序进行观赏，但却可以在设计时仔细分析人流活动的规律，以此来决定空间围合的方式和观赏路线，并在一定的人流路线上，预先安排好获取最佳画面的理想位置和角度，以贯彻布局的意图。

(3)空间序列应使内外空间虚实相生、融为一体

中国传统艺术讲究虚实结合、关系融洽。如清初画家笪重光在《画筌》中提出："空本难图，实景清而空景现；神无可绘，真境逼而神境生。位置相戾，有画处多属赘疣；虚实相生，无画处皆成妙境。"中国传统建筑的布局方法也注重建筑与庭院空间的虚实关系，既考虑建筑实体部分的美感，同时也顾及由建筑而衍生的空间。

在古典园林建筑中，室内外空间相互交替、相互渗透、相互依存，园中有室、室中有园，外中

有内、内中有外、大中有小、小中存大，变化多端，情趣横生。注重空间的处理，由虚实、明暗、色调共同组成的室内外空间节奏，形成了中国古典园林建筑的空间艺术气氛。古典园林建筑中，作为虚景的“空缺”“隐蔽”“缥缈”“中断”“轻柔”“幽邃”等，作为意境的“情趣”“气氛”“联想”“神韵”等都有引人入胜、引发想象、促生情感共鸣的魅力。

2）空间序列的形式

（1）规则对称式

规则对称式平面布局的特点是有一条明显的中轴线，在中轴线上布置主要的建筑物，在中轴线的两旁布置陪衬的建筑物。这种布局主次分明，左右对称，各要素在轴线的控制下布置得规则、严谨，空间层次和序列沿轴线展开，所表达的环境空间严肃、有条理，烘托出庄严、宏大的气氛。规则对称式往往用于重要的空间或具有特别意义的建筑群。

轴线对称布局是我国传统等级观念及中庸思想物化的集中体现。中国古代宫殿建筑一般采取南北中轴线对称布局，总体上显得均衡、方正、严肃、有序。所有的主要建筑都坐北朝南，严格对称地布置在中轴线上，高大华丽、气宇轩昂。中国佛寺不论规模、地点，其建筑布局也都有一定规律，一般以山门殿—天王殿—大雄宝殿—本寺主供菩萨殿—法堂—藏经楼这条南北纵深轴线来组织空间，对称稳重且整饬严谨。沿着这条中轴线，前后建筑起承转合，宛若一曲前呼后应、气韵生动的乐章。其建筑之美就显现在群山、松柏、流水、殿落与亭廊的呼应之间，含蓄温蕴，展示出组合所赋予的和谐、宁静及韵味。以常见的寺庙为例，在中轴线上，最前面有影壁或牌楼，然后是山门，山门以内有前殿，其后依次为大殿（或称大雄宝殿）、后殿及藏经楼等。在中轴线的两旁布置陪衬的建筑，整齐划一，相互对称，如山门的两边有旁门，大殿的两旁有配殿，其余殿楼的两旁有廊庑等，以此衬托出主要建筑的庄严雄伟。这类建筑，不论建筑物的多少、建筑群的大小，一般都采用此种布局手法。从一门一殿到两进、三进以至九重宫阙，都是这样的规律。这种庄严雄伟、整齐对称的方式一直沿袭至今，并且逐步得以完善。

群体组合中还可以采用多条轴线，建筑各要素分成几个部分，不同部分各自围绕自己的轴线进行布置，然后组成一个大的群体。这种做法在中国皇家园林中较常见，因为皇家园林面积非常大，在建筑群体组织的时候，常采用“园中园”的方式，园中各园沿各自的轴线布局，然后再组成一个完整的大园林。这样，整个群体既保持着严整的秩序感，又有自由变化的意趣。例如，颐和园谐趣园（图3.62）包括霁清轩一组庭园在内，大大小小共20多幢建筑，而把它们有秩序地组织在一起的轴线只有两条：一条是纵贯南北，自霁清轩过涵远堂至饮绿亭的主轴线；另一条是由宫门入口与洗秋轩对景的次轴线。有了这两条轴线，其他建筑都因地制宜地随意安排，再由廊、墙等把它们高高低低、曲曲折折地联系起来，在规整中增添了灵活变化的意趣。

（2）自由不对称式

自由不对称式布局多用于功能和艺术意境要求轻松愉快的建筑组群空间，不求整齐划一、左右对称，而是按照山川形势、地理环境和自然条件等因地制宜布置。这种布局形式以曲折迂回见长，其轴线的构成具有周而复始、循环不断的特点。

自由不对称的空间序列形式在中国古典园林建筑空间中大量存在，是一种最常见的空间组合形式，但它们的表现又是千变万化的，其中以江南古典园林建筑为代表。如苏州留园入口部分的空间序列，其轴线的曲折、围透的交织、空间的开合、明暗的变化都运用得极为巧妙。

然而，规则与自由、对称与不对称的应用在设计中并不是绝对的。由于建筑功能和艺术意境的多样性,在实际造园中,以上两种建筑组群空间布局形式往往混合使用,或在整体上采取规则对称的形式,而在局部细节改用自由不对称的形式,或与之相反。

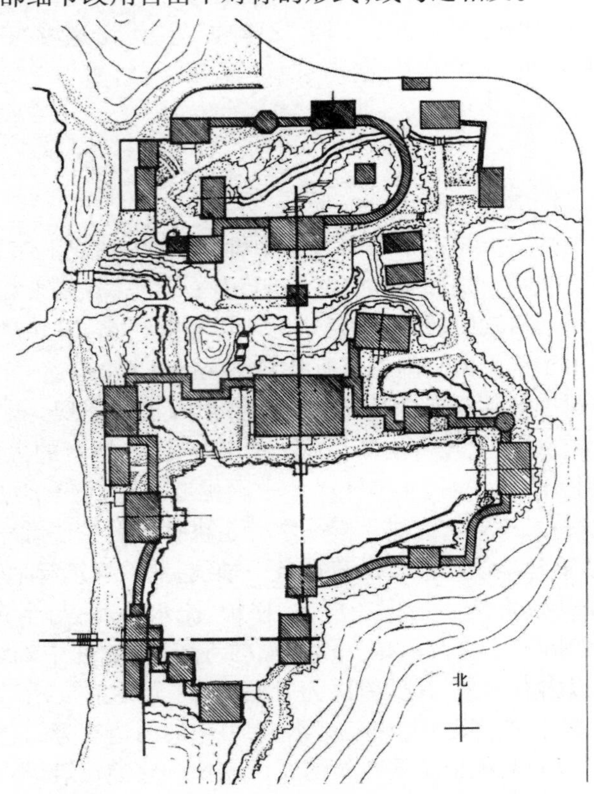

图3.62　颐和园谐趣园的建筑布局

3)空间序列的设计手法

图3.63　颐和园长廊

园林建筑空间序列的设计不是一成不变的,必须根据设计空间的功能和艺术要求,有针对性地灵活创作。但是任何一个空间的序列设计都要注意以下几点。

(1)导向性

导向性是指以空间处理手法引导人们行动的方向性。导向性的手法是空间序列设计的基本方法。设计师常常运用美学中各种韵律构图和具有方向性的形象类构图作为空间导向性的手法。在这方面可以利用的要素很多,如利用道路、连廊、墙面、绿化、铺装等强化导向将游人引至景点。线性的空间形式通常具有极强的导向性,它总是向人们暗示沿着它所延伸的方向走下去必然会有所发现,因而处于其中的人们总不免怀有某种期待,巧妙利用这种情绪,便可以把人们引至某个确定的目标。例如颐和园长廊(图3.63)起到了很好的引导暗示作用,它还将园内各个景点有机地联系起来。

(2)视线的聚焦

在空间序列设计中,利用视线聚焦的规律,可有意识地将人的视线引向主题。主题是空间的视觉中心,一般设置在视觉焦点。空间的导向性有时只能在有限的条件内设置,因而在整个组织空间序列的过程中,有时还必须通过在关键部位设置引起人们强烈注意的物件来吸引人们的视线。处于视觉中心的物件既有欣赏价值,又具有视觉吸引力,一般多设置在交通的交点处、入口处和转折处。

(3)空间构图的多样与统一

空间序列通过若干相互联系的空间,构成彼此有机联系、前后连续的空间环境,它的构成形式因功能要求不同而不同,因此既具有统一性又具有多样性。空间序列的组织过程,就是一系列相互联系的空间相互过渡的过程。中国古典园林中"山穷水尽""柳暗花明""别有洞天""先抑后扬""迂回曲折""豁然开朗"等空间处理手法,都是采用过渡空间将若干相对独立的空间有机地联系起来,并将视线引向高潮。一般说来,在高潮阶段出现以前,空间过渡的形式可能有所区别,但在本质上应基本一致,强调共性,以统一的手法为主;但作为紧接高潮的空间过渡,往往采用对比的手法,先收后放、先抑后扬等,以强调和突出高潮的到来。

(4)空间序列的对比

园林空间是具有时空特性的四维空间,空间序列的具体处理要考虑空间对比和层次问题。运用空间对比手法,如空间的大小之比、明暗之比、开合之比、闹静之比、虚实之比等,可摆脱单调、沉闷、呆板的氛围,创造出意趣盎然、回味无穷的园林意境。在实际运用中,往往把几种空间对比手法综合运用,以获取最佳的艺术效果。

例如苏州留园(图 3.64),从大门到古木交柯的通道,造园匠师尽变化之能事,利用曲廊来改变空间大小、方向、敞闭,利用天井大小、数量、位置的不同来实现光影的变幻。从入口至主庭园绿荫水榭为一段狭窄的厅廊,这条夹在两道高墙之下长 50 余米的通道,开间是大、小、小、大,道路是直、折、折、直,光影是暗、明、暗、明,空间是敞、闭、敞、闭。如此丰富而有韵律感的处理,激起了游人的游园兴致,也增强了主庭园的空间感。

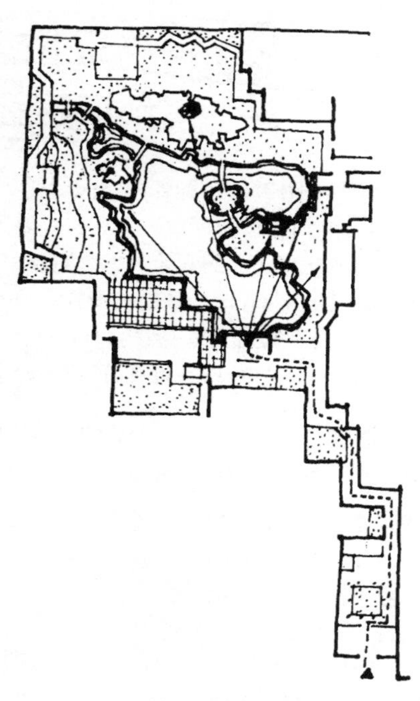

图 3.64　留园空间对比

网师园占地八亩余,水池面积约半亩。绕池建有亭、廊、阁、石桥,池不大但显得十分开阔,且有源头不尽的感觉。因池岸低矮,由黄石堆叠的假山洞穴,高低藏露配合得宜。网师园东侧厅堂部分院落采用小空间形式,建筑较密,由厅堂转入主庭园后,空间在明暗、大小、收放、严整与自由各个方面,采用较强的对比方法,增加了趣味性。进入全园的中心景点之前,游人会经历一条狭长的背弄空间,在封闭的小巷中步行半分钟左右,转过断头路,开敞明亮的院落空间突然出现。网师园整个中心景点围绕彩霞池展开,水体对光线的反射大大强化了此空间的明亮程度,这与此前的昏暗空间形成了巨大的反差。该区域又具备网师园内丰富、精致的景观,这也与此前空间及整条游线的相对单调产生了很大的对比(图 3.65、图 3.66)。所以,当经历了一段昏暗的狭长空间后,进入中心景区空间,突然发现有湖面横呈、古木参差,便有了"山重水复疑无路,柳暗花明又一村"的戏剧性体验。

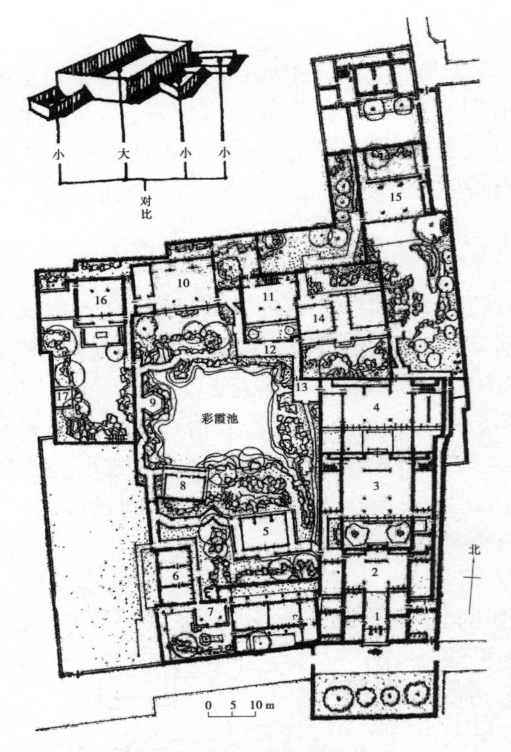

图 3.65　网师园空间对比

1—宅门;2—轿厅;3—大厅;4—撷秀楼;
5—小山丛桂轩;6—蹈和馆;7—琴室;8—濯缨水阁;
9—月到风来亭;10—看松读画轩;11—集虚斋;
12—竹外一枝轩;13—射鸭廊;14—五峰书屋;
15—梯云室;16—殿春簃;17—冷泉亭

图 3.66　网师园中部景区鸟瞰

总之,园林建筑空间序列如何铺排要认真考虑其功能的合理性和艺术意境的创造性。对空间环境的处理要从整体着眼,从室内到室外、从室外到室内、从这一部分到另一部分、从局部到整体,都要反复推敲,使观赏流程目的明确、有条不紊,空间组合有机完整,既富变化又高度统一。

4)空间序列的组织

园林整体布局要遵循某些原则,把孤立的点(景)连接成线段(观赏路线),进而把若干条线组织成完整的序列。空间序列的组织归根结底是游览路线的组织。随着园林的规模由小到大,其观赏路线也必然由简单到复杂。观赏线路一般可分为直线式、曲线式、循环式、迂回式、盘旋式、立交式等。中国传统宫廷、寺庙、陵园以规则式和直线式居多,而自然山水园、私家宅园以自由式和迂回曲折式居多,这与园林的性质密切相关。根据游览路线组织形式的不同,中国古典园林建筑空间序列组织形式可分为以下几种。

(1)闭合环绕式

最简单的线路组织形式是这种闭合的环形观赏路线。小园多根据这种形式的观赏路线来组织空间序列,私家园林和皇家园林的园中园也广泛运用这种形式。例如苏州的半园、鹤园以及颐和园中的谐趣园、画中游等就属于这种类型(图 3.67)。

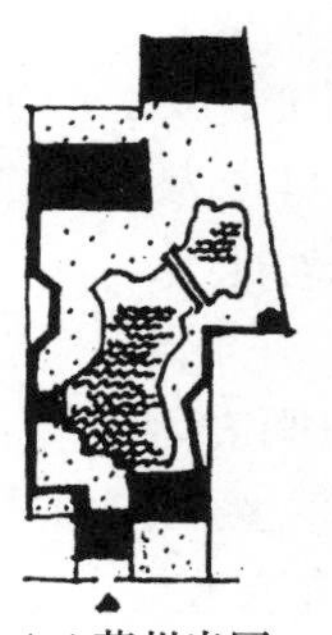

(a)苏州半园

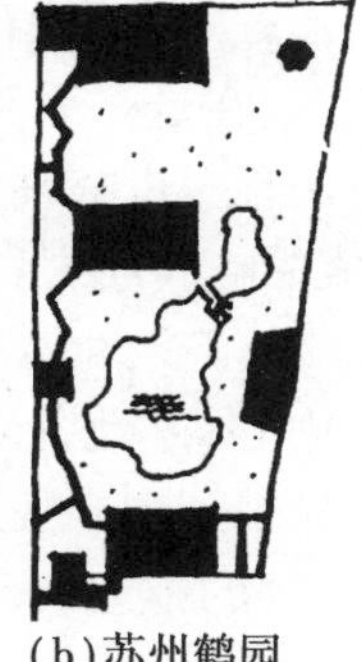

(b)苏州鹤园

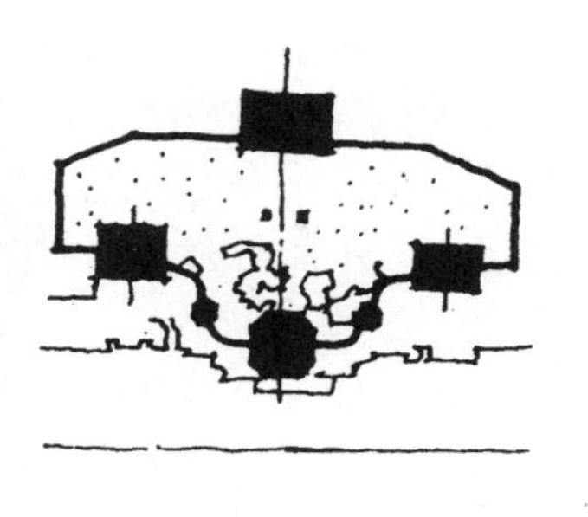

(c)颐和园画中游

图3.67　闭合的环绕观赏路线

这种类型的空间序列组织形式的主要特点是：建筑物沿园的周边布置，从而形成一个较大、较集中的单一空间；在多数情况下园的中央设有水池，建筑物均面向水池以期形成一种向心、内聚的感觉；主要入口多偏于园的一角，为避免一览无余或借山石遮挡视线，或特意设置较小、较封闭的空间以压缩视野，与后面的开敞空间形成对比；进入园内，经由曲廊引导沿园的一侧走向纵深处，为避免单调可视廊之长短点缀亭一二，既可加强吸引力，又可为停歇、赏景提供处所；而后至园内主要厅堂，空间开阔、轩楹高爽，可一览园的全貌，从而形成高潮；经过主要厅堂沿园的另一侧返回入口，建筑较稀疏，气氛较松弛，待接近入口处再小有起伏，进而回到起点。以上特点可用空间序列常用的术语归纳为：开始阶段、引导阶段、高潮阶段、尾声阶段。

对于较大的园林空间，往往不止一条单一闭合环绕的观赏路线。中国古典园林庭院之间的交通联系往往是多向的，一般庭园都有两个或更多的出入口和通路，这些出入口与园内建筑、景点多以自由迂回的线路连接，整个园林的游览路线大环接小环、环中有环、环环相套，从而形成一种复杂多变的游览路径。这种多环路的园区游览组织方式及迂回曲折的路径设计，不但延长了人们在庭园中的游历时间，而且由于视线的不断变化和目标点的闪现或消失，步移景异，弱化了人们对庭园空间真实尺度的认知，进而丰富并扩大了游人在心理上对于庭园空间的体验。

古典园林游览路线的种种设计，使得庭园中即便是同一地、同一景，从不同的来路去观赏，也能获得不同的感受，产生意犹未尽的念想。

(2)串联规则式

这种空间序列常沿着一条轴线一个接一个地依次布置空间院落。这与传统的宫殿、寺院及四合院民居建筑颇为相似，所不同的是宫殿、寺院、民居的布局多严格对称，而园林建筑则常突破机械的对称而力求富有自然情趣和变化。典型的如宁寿宫花园（乾隆花园，图3.68），尽管五进院落大体上沿着一条轴线串联为一体，但除

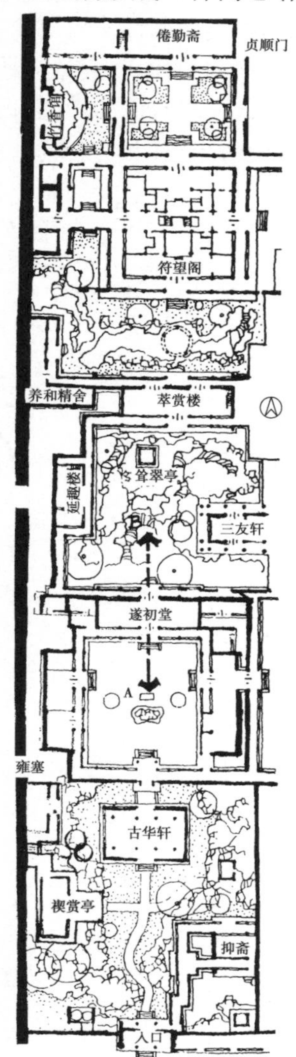

图3.68　宁寿宫花园

第二进外其他四个院落都采用了不对称的布局形式。另外,各院落之间还借大与小、自由与严整、开敞与封闭等对比获得了抑扬顿挫的节奏感。在这一系列变化中,第四进空间院落借符望阁的高大体量成为整个序列的高潮。过此之后还有一进院落,可视为序列的尾声。又如北京颐和园南坡万寿山—佛香阁一组园林建筑群,构成的空间序列也属此类。

(3)中心辐射式

这种空间序列的特点是以某个空间院落为中心,其他各空间院落环绕着它布置,构成众星捧月之势。人们自园的入口经过适当的引导首先来到中心院落,然后再由此处分别到达其他景区。中心院落由于位置比较适中,又是连接各景区的枢纽,因而在整个空间序列中占有特殊地位,稍加强调便可成为全园的重点。

例如北京北海公园画舫斋(图3.69),其中心是以四幢建筑及连廊形成的水庭,位置适中,方方正正,通过它又可分别进入各从属小院,它便理所当然地成为整个序列的高潮。其他小院,或曲折、或狭小、或富有自然情趣,不仅与中心庭园构成强烈的对比,而且也可视作中心部分空间的扩展或延伸。后部的一进院落,则可当作序列的尾声。承德避暑山庄的梨花伴月也是这种空间序列的代表,它结合地形,因势而构,主体建筑加两侧爬山廊围合成中心院落,永恬居居中,前半部分以水面为中心,后半部分以假山为中心,由此辐射出其他四个小型空间,虽顺坡对称布局,但每个空间景致不同,各具特色。

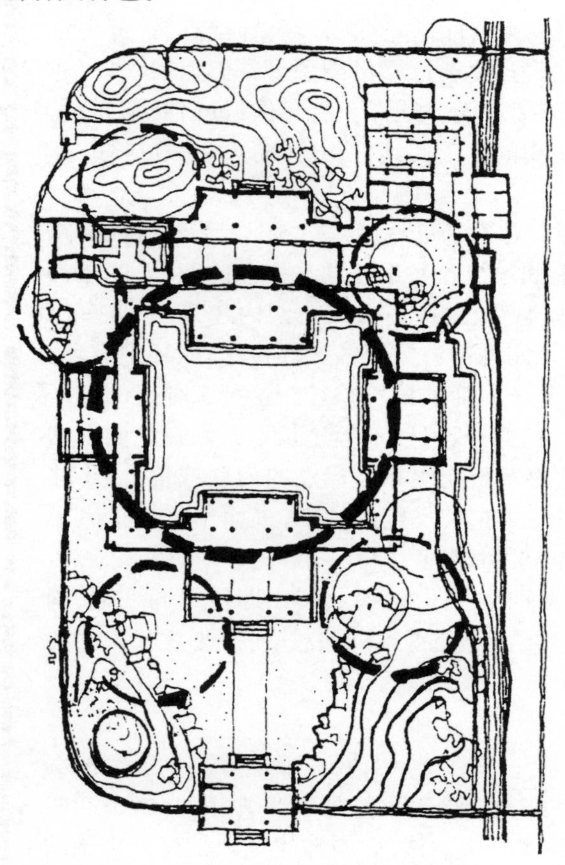

图3.69　北京北海公园画舫斋的院落空间组织

3.5　古典园林建筑群体的设计手法

3.5.1　空间的对比

对比是一切艺术门类普遍遵循的基本法则之一，也是古典园林建筑艺术处理的重要手法。把两个及以上具有显著差别的空间放在毗邻的位置上，其构成的相互关系就是空间对比。空间对比是达到多样统一、生动协调效果的重要手段。缺乏对比的空间组合，即使有所变化，也容易流于平淡。

园林建筑中空间的对比通过空间的互相衬托突出各自的特点，同时，强调主从关系和重点。"万绿丛中一点红，动人春色不须多"的诗句恰好说明了对比的意义。从总体布局看，空间对比可分为不同景区之间的空间对比，景区内不同建筑群之间的空间对比，建筑群内单体建筑之间的空间对比，庭院之间的空间对比，以及建筑空间与自然空间之间的对比等。从空间形式看，园林建筑空间对比主要包括体量对比，形状对比，明暗、虚实对比，以及建筑与自然景物对比等几个方面。

1）体量对比

园林建筑空间体量对比，包括各个单体建筑之间的体量对比和由建筑物围合而成的庭院空间之间的体量对比，通常是用小的体量来衬托、突出大的体量，使空间富于变化、有主有从、重点突出。如北海白塔，通过其巨大体量与周围建筑物的小体量的强烈对比，突出了全园的构图重心（图3.70）。在总体规划上，许多传统名园如苏州的留园、沧浪亭、网师园等，都有一个相对大得多的院落空间与园中其他小院落空间形成强烈对比，从而突出主体空间。

图3.70　北海白塔与广寒殿的对比

巧妙地利用空间体量的对比还可以取得小中见大的艺术效果。其中"大"是相对的大，先通过小空间再转入较大空间，由于瞬间强烈对比，会对后者的空间感有放大效果。对比手段在古典私家园林中十分常见，典型的有留园、网师园等。

2）形状对比

园林建筑空间的形状对比，一是单体建筑之间的形状对比，二是建筑围合的庭院空间的形状对比。形状对比主要表现在平、立面的形式上。利用方与圆、曲与直、高直与低平、规整与自由等空间形状上相互对立的因素可取得构图上的变化和突出重点。从视觉心理上来说，方正的单体建筑和庭院空间易于形成庄严的气氛；而比较自由的形式，如三角形、六边形、圆形和自由弧线组合的平、立面形式，则易于形成活泼的气氛。同样，对称布局的空间容易产生庄严的印象；而非对称布局的空间则多有活泼的感受。设计时采用何种形状达成何种气氛则主要取决于功能和艺术意境的需要。古典私家园林中，园主人日常生活的庭院多采取方正的形式，憩息玩赏的庭院则多采取自由的形式。如图3.71所示，北海静心斋入门后为长方形水院，斋后的水石景院呈天然形态，前后庭院在空间形状、体量上采用对比手法，艺术气氛突显且情趣倍增。

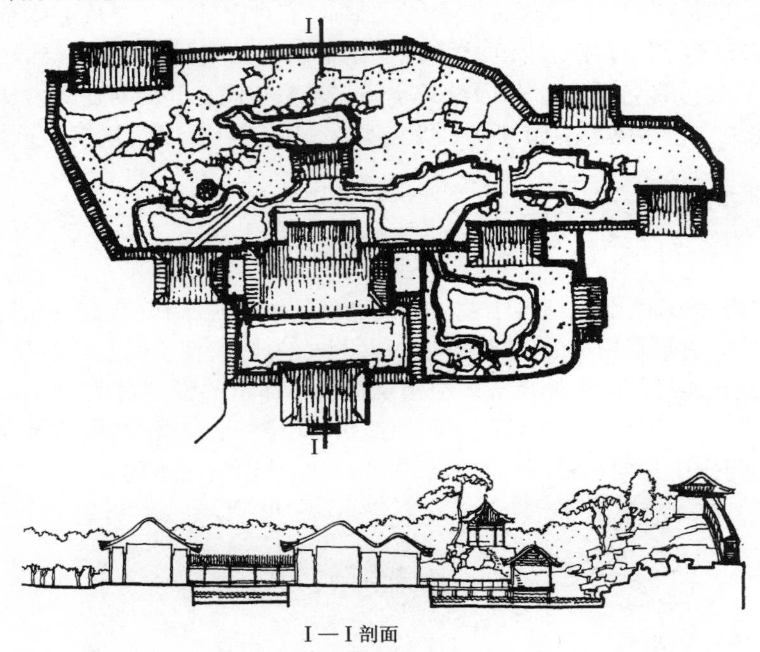

图3.71　北海静心斋空间形状的对比

3）明暗、虚实对比

可利用明暗对比关系获得空间的变化和突出重点。如在日光的作用下，室外空间与室内空间（包括洞穴空间）存在着明暗对比：室内空间越封闭，明暗对比越强烈；在室内空间中，由于光的照度不匀，也可以形成一部分空间和另一部分空间之间的明暗对比。

在明暗对比的利用上，园林建筑多以暗托明，明的空间往往为艺术表现的重点和兴趣中心。古典园林常常利用天然或人工洞穴所造成的暗空间作为联系建筑物的通道，并以之衬托洞外的明亮空间，通过这一明一暗的强烈对比，在视觉上可以产生一种奇妙的艺术情趣。

古典园林建筑空间的明暗关系，有时候又同时表现为虚与实的关系。沈复在《浮生六记》

中说:“虚中有实者,或山穷水尽处,一折而豁然开朗,或轩阁设厨处,一开而通别院;实中有虚者,开门于不通之院,映以竹石,如有实无也。设矮栏于墙头,如上有月台,而实虚也。”

如墙面和洞口、门窗的虚实关系:在光线作用下,从室内往外看,墙面是暗,洞口、门窗是明;从室外往里看,则墙面是明,洞口、门窗是暗。古典园林建筑非常重视门窗、洞口的处理,着重借用明暗、虚实的对比来突出艺术意境(图3.72)。例如网师园的彩霞池与月到风来亭的西立面,由于墙面所占面积大,“实”的要素处于主导地位,但在实的墙面开辟一些漏窗,中间辟有“潭西渔隐”洞门,洞门为虚,漏窗半虚半实,起到调和与过渡的作用;竹外一枝轩粉墙上开辟的月门和洞窗面积比较大,使得内外的景致互相渗透、交织和穿插,墙的面积虽小,也起到支撑的作用,因而虚中有实。透过竹外一枝轩西侧的一八角形洞窗,正对着看松读画轩前庭院内的松柏、牡丹,窗外还设有海棠树一株,由轩中望去,窗为虚、景为实,印证了李笠翁所云“无心画”。

图3.72 门窗洞口形成空间的明暗对比

园林建筑中池水与山石、建筑物之间也存在着明与暗、虚与实的对比。在光线作用下,水面有时与山石、建筑物比较,前者为明,后者为暗,但有时又恰好相反。在设计中可以利用它们之间的明暗、虚实关系和形成的倒影、动态效果创造各种艺术意境(图3.73)。

图3.73 建筑与水面形成的明暗、虚实关系

室内空间,如果大部分墙面、地面、顶棚均为实面处理,而在小部分地方采用虚面处理,通过虚实的对比,视觉重点将集中在虚面处理部位,反之亦然。但若虚实各半则会因视觉注意力分散而失去重点,从而削弱对比的效果。

空间的虚实关系,也可以扩大理解为空间的围放关系,围即实、放即虚,围放取决于功能和

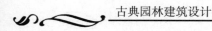

艺术意境的需要。若想获得空间构图上的重点,形成某种兴趣中心,处理空间围放对比时要尽量做到“围得紧凑,放得透畅”,并要在被强调突出的空间中精心布置景点,使景物能扣人心弦。在自然风景区,可利用天然条件(山石、树丛等)围阻空间,形成“山重水复疑无路”的局面,然后通过出其不意的瞬间变化,使空间豁然开朗而进入“柳暗花明又一村”的新天地。

4)建筑与自然景物对比

在园林建筑设计中,严整规则的建筑物与形态万千的自然景物之间包含着形状、色彩、质感种种对比。建筑与自然物的对比,也要有主有从,或以自然景物烘托突出建筑物,或以建筑物烘托突出自然景物,使两者结合成谐调的整体。

在各种对比手法的运用中要注意比例关系,要主从分明、配置得当;还要防止滥用对比,以免破坏园林空间的完整性和统一性。此外,对比的节奏感也很重要,突然发生的强烈对比有助于增加艺术效果的深刻程度。

3.5.2 空间的渗透与层次

组织空间的渗透与层次是为了避免单调并获得空间变化的艺术效果。园林建筑空间的渗透和层次,主要是通过空间的分隔与联系形成的。有限的空间如果不加以分隔,就不会有层次的变化,但是完全隔断也不会有渗透的现象发生。只有在分隔之后又使之有适当的连通,才能使视线从一个空间穿透至另一个空间,从而使两个或多个空间互相渗透,显现出空间的层次变化。

处理好空间的渗透与层次,可以突破有限空间的局限性,获得小中见大的艺术效果。如中国古代许多名园,占地面积和总的空间体量并不大,但因能巧妙使用渗透与层次的处理手法,造成比实有空间大得多的错觉,给人以深刻的印象。处理空间的渗透与层次的具体方法,概括起来有以下两种。

1)相邻空间的渗透与层次

透过若干层次看景,可增加其深远感。因此可通过分隔空间、增加景的层次,造成园中的曲折多变,使观者产生空间扩大感。古典园林建筑主要利用门、窗、洞口、空廊等作为相邻空间的联系媒介,使被分隔的空间相互渗透,隔而不断,“实”中有“虚”,增添空间层次。

(1)对景

对景是指在特定的视点,通过门、窗、洞口,从一个空间眺望另一空间的特定景色。被分隔的空间本来是静止的,但是经过设置洞门、花窗后,形成了空间的流通、渗透,产生了流动感。对景能否起到引人入胜的作用与对景景物的选择和处理有密切关系。视点、门窗、洞口和景物之间为一固定的直线关系,形成的画面基本上也是固定的,因而景色画面必须完整优美。

古典园林中,常于景区入口或景区转换分隔处设置院墙洞门,并于洞门一侧的适当位置精心布置山石花卉以构成特定的画面,在布局上可以起到预示空间转换的作用。设计时,应注意视点位置与洞门轮廓式样、尺度和对景之间的关系,使之在主要视点位置上获得最理想的画面(图3.74)。

图3.74 对景

图3.75 留园鹤所从窗洞口看庭院

苏州留园的鹤所呈敞厅的形式,东临五峰仙馆前院,墙壁上开设了许多横、竖的长方形窗洞,使得内外的空间有了一定的连通关系,可穿过一个个窗洞观看庭院的景色(图3.75)。东面墙上辟有两个景窗,四周为水磨砖框,花格周边为纤细虚灵的线条、花结,中间运用镂空的方式刻绘出冰裂纹样,透过景窗的花格,可见芭蕉院内的湖石古藤。鹤所的东部景区,借洞门把空间分隔成若干个互相渗透的空间,视线可以穿过重重门洞、墙窗,从一个空间看到一连串的空间,空间层次感丰富,给人以无限深邃的艺术美感。

(2)流动框景

流动框景指人们在移动中通过连续变化的景框观景,从中可获得多种变化着的画面。李笠翁曾道及坐在船舱内透过一固定花窗观赏流动的景色以获取多种画面。与此异曲同工的是,园林建筑常在人流活动的路线上,通过设置一系列不同形状的门、窗、洞口去摄取景框外的不同画面。

景框可以是相同的节奏:如狮子林有一排比例相同的圆形洞窗和六边形洞窗,从每一个圆形洞窗中可以看到立雪堂的不同景色,从六边形洞窗可以依次看到游廊漏窗、小赤壁、修竹阁以及池中景观,所有的景物随着视点的移动时隐时现、时隔时透,各窗景之间既保持一定的连续性,又有所变化。景框也可以是不同的节奏:进入沧浪亭的门厅,向西御碑亭游廊分布了外形和窗形都不同的一排漏窗和洞门,且各个洞门花窗在间距、大小和通透程度上都不尽相同,在通过洞门、花窗去欣赏不同角度的园景的同时,又欣赏到了洞门花窗不断变换的图形式样。留园曲溪楼到清风池馆这一路也开辟有变化不一的洞门、花窗,景框节奏富有变化。颐和园乐寿堂庭院,在临湖廊墙上设置有一组形状各异的漏窗,可远借昆明湖上龙王庙、十七孔桥、知春亭等许多秀丽的景色(图3.76)。

(3)利用空廊互相渗透

廊不仅在功能上起交通联系的作用,也可作为分隔建筑空间的重要手段。利用空廊分隔空间可以使两个相邻空间通过互相渗透,吸纳对方空间的景色以丰富画面,取得交错变化的效果。如广州白云宾馆底层庭院面积不大,但在水池中部增添了一段紧贴水面的桥廊,把它分隔成两个不同组景特色的水庭,通过空廊的相互借景,取得了似分似合、若即若离的艺术情趣。利用空廊分隔空间形成渗透效果,要注意推敲视点的位置、透视的角度,以及廊子的尺度及其造型的处理。

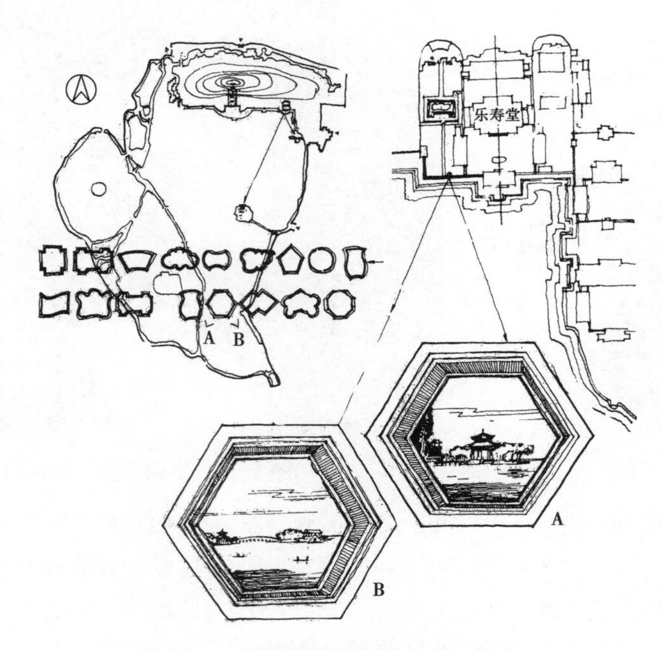

图3.76　颐和园乐寿堂的流动框景

(4)利用曲折、错落变化增添空间层次

在园林建筑空间组合中常常通过高低起伏的曲廊、折墙、曲桥、弯曲的池岸等来化大为小分隔空间;在整体空间布局上也常把各种建筑物和园林景观进行曲折错落布置。特别是在一些由各种厅、堂、亭、榭、楼、馆单体建筑围合的庭院空间的处理上,如果缺少空间层次变化,就容易使景单调、乏味。错落处理可分为远近、高低、前后、左右四类,但又可以互相结合,视组景的需要而定。设计时需要仔细推敲曲折的方位、角度和错落的距离、高度尺寸。在园林建筑中巧妙利用曲折错落的变化以增添空间层次取得良好艺术效果的例子很多,如苏州网师园的主庭院、拙政园中的小沧浪和倒影楼水院,杭州三潭印月、小瀛洲;北方皇家园林中的避暑山庄万壑松风、天宇咸畅,北海白塔南山建筑群、静心斋、濠濮涧,颐和园佛香阁建筑群、画中游、谐趣园等。

2)室内外空间的渗透与层次

建筑空间室内外的划分是由传统的房屋概念形成的。室内空间一般是指由顶、墙、地面围护的房屋内部空间,在它之外的称作室外空间。通常的建筑,空间的利用重在室内,但对于园林建筑,室内外空间都很重要。以一般概念,在以建筑物围合的庭院空间布局中,中心的露天庭院一般视作室外空间,四周的厅、廊、亭、榭等视作室内空间;但从更大的范围看,也可以把这些厅、廊、亭、榭视同围合单一空间的门窗、墙面,看作一个更大规模的半封闭(没有顶)的室内空间,而室外空间则相应是庭院以外的空间了。同理,还可以把由建筑组群围合的整个园内空间视为室内空间,而把园外空间视为室外空间。辨析室内外空间的含义,目的在于说明无论建筑的室内、室外,空间的概念都是相对而言的,处理空间渗透的时候,可以把室外空间引入室内,也可以把室内空间扩大到室外。

室内和室外空间也是相邻空间,之前所述及的对景、框景等手法同样适用,但这里强调的是

更大范围内的空间组合，侧重整体空间效果的处理。采用门、窗、洞口等景框手段，是把邻近空间的景色引入室内，所借的景是间接的；在处理整体空间时，还可把室外景物直接引入室内，或把室内景物延伸到室外，如苏州留园中，绿荫轩在其临水面的外檐安装挂落与靠背栏杆，使得室内呈一种半开敞的状态，从与之相对的一侧的漏窗望去，会感觉外部空间与建筑内部空间呈一种交融的态势。清代园林北海濠濮涧的空间处理也是一个很好的范例，其北为水庭、南为山庭，建筑本身的平面布局并不奇特，但通过房、廊、桥、树的曲折错落变化，以及在室外空间精心安排的叠石堆山、引水筑池、绿化植栽等，建筑和园林相互延伸、渗透，构成有机整体，进而形成空间变化、层次丰富、和谐完整的一组建筑空间(图3.77)。

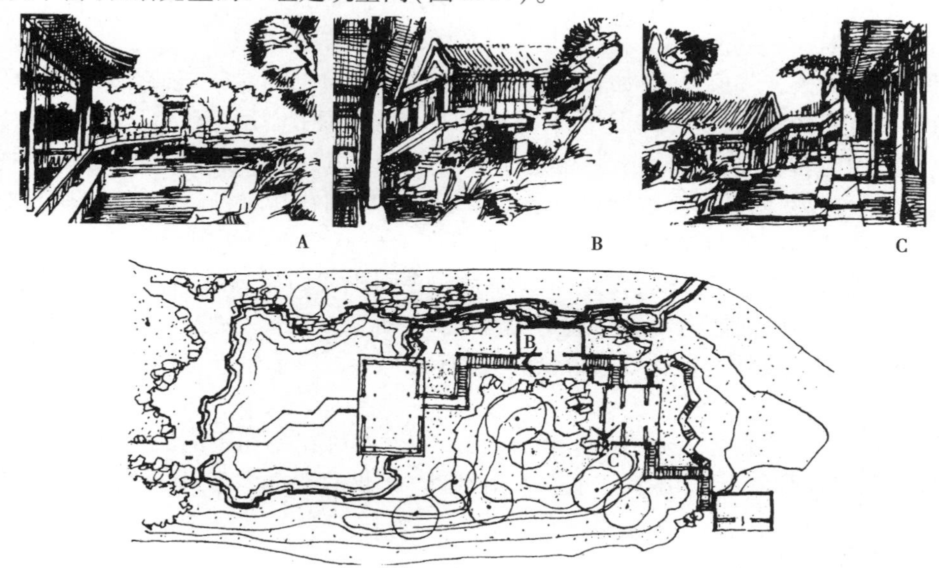

图3.77 北海濠濮涧

上述案例表明，园内、园外也可视作室内、室外。园外景物可以是山峦、河流、湖泊、大的建筑组群，乃至村落市镇。把园外景物引入园内，不可能像处理小范围的室内外空间那样，把围合建筑空间的院墙、廊等手段加以延伸和穿插，唯一的办法是借景，即把园内围合空间的建筑物、山石树丛等要素，作为画面中的近景处理，而把园外景物作为远景处理，以组成统一的画面。

3.5.3 空间的因借

我国传统造园的因借思想体现在对待自然的态度上："因"表现出对自然的尊重，对自然的理性思考，包含着自然对人的限制以及人对自然的顺从；而"借"从人对自然的体验出发，以主动控制自然、调动自然的手法，强调人对自然要素的有序组织。

借景是中国古典园林中最重要的手法之一。"借景"作为一种理论概念被提出来，始见于明末著名造园家计成所著的《园冶》一书。计成在"兴造论"里提出了"园林巧于因借，精在体宜""泉流石注，互相借资""俗则屏之，嘉则收之""'借'者，园虽别内外，得景则无拘远近"等。

所谓借景，是把各种在形、声、色、嗅等方面能增添园林艺术情趣、丰富画面构图的外界因素，引入本景的空间，使景色更具特色和变化。借景能使原本尺度较小的园林突破园林空间的界域，起到扩大空间、丰富园景、创构园林意境的作用。遵循计成关于借景构境的思维指向，联系千百年来的历史经验,可按所借景观的内容和借景的距离、方位等不同将借景概括为不同的类型。

1)按照借景内容分类

(1)借形组景

借形组景是把有一定景效价值的远近建筑物、山、水、动物、植物等纳入画面。如远岫屏列、平湖翻银、水村山郭、晴岚塔影、飞阁流丹、楼出霄汉、长桥卧波、田畴纵横、竹树参差、鸡犬桑麻、雁阵鹭行、丹枫如醉、繁花烂漫、绿草如茵等。

(2)借色组景

借色组景是借天文气象景物,如日出、日落、朝晖、晚霞、圆月、星斗、云雾、彩虹、雨雪、春风、朝露等组景。杭州西湖的“三潭印月”“平湖秋月”,避暑山庄的“月色江声”“梨花伴月”等,都以借月色组景而闻名。除月色外,云霞也是极富色彩和意境的自然景色,只是云霞出现变化的偶然性很大,但可以在园景构图中预先为之留出位置。特别在高阜、山巅,无论是否建有亭台,设计者都应该估计到在各种气候条件下云霞出现的可能性,把它组织到画面中来。在武夷山风景区游览的最佳时刻莫过于“翠云飞送雨”的时候,在雨中或雨后远眺“仙游”,满山云雾萦绕,飞瀑天降,亭阁隐显,画面尤为动人。避暑山庄之“四面云山”“一片云”“云山胜地”“水流云在”四景,虽不能说在设计之初就以云组景,但云霞变幻为这四个景点增色不少,建筑景点的命名也以云为主题。

各种树木花卉的色彩也会随不同季节而变化,如嫩柳桃花是春天的象征,迎雪的红梅给寒冬带来春意,秋来枫林红叶满山等。北京香山红叶、广州八景之一萝岗香雪都是借色组景的佳例。

(3)借声组景

在中国古典园林中,远借寺庙的晨钟暮鼓,近借溪谷泉声、林中鸟语,秋夜借雨打芭蕉,春日借柳岸莺啼,凡此种种皆可为园林建筑空间增添诗情画意。园林建筑设计中,常常利用自然界的各种声音,创造出别具匠心的艺术空间。如峨眉山清音阁,于溪涧间结合地形建有听泉赏瀑的亭台,所有建筑如清音阁、清音亭、洗心亭、洗心台等,多以声得景而命名,密林深谷终年不息的瀑泉声,为整个空间环境增添了浓厚的宗教艺术氛围,佛门“超尘出世,四大皆空”的思想得到了充分体现。

园林向寺院借声,最典型的是钟声。北京香山静宜园外垣八景有“隔云钟”,玉泉山静明园十六景有“云外钟声”,每当夜幕降临,钟声悠扬,远近呼应。在江南古典园林中,江声、橹声、樵歌、渔唱等,常常作为一种特殊的“音画”被借到园中。如杭州西湖的“柳浪闻莺”,在初春和煦的阳光下,水波荡漾、柳絮纷飞、黄莺鸣唱,景色自然动人;苏州耦园有听橹楼,特地让园外河上的声声摇橹声传进园中;苏州拙政园的听雨轩、留听阁,借芭蕉、残荷在风吹雨打的条件下所产生的声响效果给人以艺术感受;承德避暑山庄的“万壑松风”,借风掠松林所发出的瑟瑟涛声而感染人。

(4)借香组景

古典园林在造园中常常利用植物散发出来的芳香气味增添游园的兴致。如广州兰圃以兰著称,每当微风轻拂,兰香馥郁,为园景增添了几分雅韵;拙政园中荷风四面亭,留园的闻木樨香轩,避暑山庄的香远益清、冷香亭等景观,都利用了桂花、荷花的香气;杭州的杜鹃园以杜鹃花为

主题，每当花开时节，漫山遍野飘着浓郁的芳香，给人以别样的感受；广州起义烈士陵园花卉馆玫瑰园，借玫瑰优雅的姿态、宜人的芳香，丰富了建筑和园林空间。

以上所列举的内容并不足以概括可资因借的对象，大自然中可资因借的对象还有待设计者进一步寻觅发掘。需注意的是要尽量防止将杂乱无章、索然无味之象引入景中，即所谓“俗则屏之，嘉则收之”。

2）按照借景方式分类

以借景的空间距离、视角等为分类标准，借景方式通常可分为以下几种。

（1）远借

“远借一座山，补为一方景”，计成要求园林能“极目所至”，“远峰偏宜借景，秀色堪餐”（《园冶·园说》）。远借属外借，是把远处奇观佳景借入园内，以增加景物内容，丰富空间构图。远借能最大限度地拓宽视野，使境界深、味不尽。

例如承德避暑山庄，远借磬锤峰形成著名的“锤峰落照”景观。在榛子峪北侧山冈上，有面阔三间的卷棚歇山敞轩，远借磬锤峰的佳景，柱上有“岚气湿青屏，天际遥看烟树色；水光浮素练，风中时听石泉声”的联语。每当夕阳西下，群山呈深暗色，磬锤峰却挺立天际，身染霞光，灿然夺目，蔚为壮观。北京颐和园把十公里外的西山、玉泉山借进昆明湖及万寿山的景观中。登上昆明湖南湖岛的望蟾阁，可以环眺四面八方之景，借到北面的万寿山全景及西面的玉泉山西山之佳景。在江南园林中，如城市山林型的拙政园，因借条件极差，然而造园者却巧妙地在园西面的树冠丛中，特意“实中留虚”，留出一条虚灵的借景空间，把远方的北寺塔借进园内（图3.78）。云南昆明的大观楼，把广阔的滇池、昆明东部的金马山、滇池西面的碧鸡山、北面的蛇山、滇池南端的白鹤山等，都远远地借入园中，可谓洋洋大观了。孙髯翁所撰的长联为大观楼一胜，笔如巨椽，文奇千古，上下联共九十字之多，其出句一开头，就以磅礴的气势、辽远的意境引人入胜：“五百里滇池，奔来眼底。披襟岸帻，喜茫茫空阔无边！看东骧神骏，西翥灵仪，北走蜿蜒，南翔缟素。高人韵士，何妨选胜登临……”

图3.78　拙政园远借北寺塔

（2）近借

近借是把园外邻近的景物组织到园内构图中来，也可以是园内景色之间的互相资借。若远借的景物有若隐若现的朦胧感,近借的景物则明晰而亲切。正如黑格尔所说,“光与阴影的对比在近的地方显得最强烈,而轮廓也显得最明确”,近借中因被借对象可望可即,所以有亲近感。

无锡的寄畅园,地处惠山山麓,借景条件十分优越。它既可西借附近较大而富有野趣的惠山为景,又可东南借稍远而山顶点缀龙光塔的锡山为景,而后者的景观效果更佳。《寄畅园杂咏》中写道:“今日锡山姑且置,闲闲塔影见高标。”在园内,若以锦汇漪西北池岸作为观景点,那么,近处是对岸以知鱼槛为主体所组成的廊榭秀美、倒影如画的景面,而园外的锡山又作为一个景面在其后补充、映衬,使景观层次更为丰富。由于距离较近,山顶上寺院建筑的歇山顶、龙光塔的每一层都可以看得比较清楚。

(3)邻借

比起近借,邻借的对象和园的距离更近,它所提供的景面更为清晰。

苏州的沧浪亭,园内以丘岗为主景,缺乏水面,无沧浪境界,然园外北面有曲溪清池,造园匠师为充分争取水景,在临水处不设界墙,而用复廊、亭、榭等将园外水面美景组织到园内,融内外景色为一体(图3.79)。苏州拙政园,其西部原为补园,二者分属两家。补园在靠近两园分界墙的石山上建宜两亭,取唐代诗人白居易“绿杨宜作两家春”的诗句寓相邻友好之意。宜两亭使两园景观相互渗透、交流,二者结成一个共享空间,邻借的意境更加深化。

图3.79 苏州沧浪亭邻借园外水景

(4)仰借、俯借

《园冶·借景》中有“眺远高台,搔首青天那可问;凭虚敞阁,举杯明月自相邀”,“俯流玩月,坐石品泉”。远借、近借、邻借都是针对观赏点与所借景物的距离而言的;仰借和俯借,则是从借景的高低方位而言的。仰借是在园中仰视园外的景物,如高山飞瀑、悬崖溪水、高峰宝塔、白云蓝天等。仰借使整个园林景观显示出层次感和立体感。如颐和园仰望佛香阁,寄畅园仰借锡山之巅的龙光塔等。俯借与仰借相反,是在园中的高视点俯瞰低处景物的借景方式。苏州狮子林的问梅阁,建于西端土山之上,居高凭栏俯视,山下曲桥浮跨水面,亭舫倒映水中,彩云飘荡,荷花盛开,景致明朗开畅。苏州虎丘的拥翠山庄,是一个山麓台地园,视野开阔,多方借景,不但可远借狮子山,且在近处可仰借虎丘塔,俯借虎丘山麓一带景致。

(5)应时而借

园林中的树木、花草随季节的变化而呈现出有规律的景象,造园时常利用这一属性来形成季相明显的景观。白居易在《庐山草堂记》中记:“春有锦绣谷花,夏有石门涧云,秋有虎溪月,冬有炉峰雪。阴晴显晦,昏旦含吐,千变万状,不可殚纪。”

应时而借可收四时之烂漫,为园林增添变化无穷的景观。春有“片片飞花,丝丝眠柳”;夏可“看竹溪湾,观鱼濠上”;秋有“湖平无际之浮光,山媚可餐之秀色”;冬则“风鸦几树夕阳,寒雁数声残月”。晨可借露水、朝霞;夜可借月色、星光。如苏州拙政园与谁同坐轩引入月光和清风,听雨轩则借入雨水,使明月、清风、降雨构成了园林景观要素,这些都起到了丰富园景、拓展联系、加深意境的效果。

(6)镜借

以上各种借景方式属直接借景,而镜借属于间接借景。镜借是一种借助水面、镜面等反射物体形象的构景方式。静止的水面能够反射物体的形象而产生倒影,镜面或光亮的反射性材料能映射出相对空间的景物。镜借能使景物的视感格外深远,有助于丰富景物自身表象以及四周景色,构成绚丽动人的景观。

山塘街的塔影园,镜借虎丘塔,在池中可以清楚地看到虎丘塔的倒影。顾禄在《桐桥倚棹录》中称该园“碧梧修竹,清泉白石,极园林之胜。因凿池及泉,池成而塔影见,故又名塔影园”。这是指通过水面的反射,巧妙地俯借了高处的虎丘塔。

各种借景都要求园林内部的山石、水域、道路、花木以及建筑各景点之间相互巧借得体,通过一定的技法将园外景致借入,构成和谐的园景整体。其中最主要的借景方法有两种:①开辟赏景透视线。在实际造园中,为了借景可能需要对赏景的障碍物进行整理或去除,如修剪掉遮挡视线的树木枝叶,以便留出视点与所借景物之间的视觉廊道。在园林中建轩、榭、亭、台,作为视景点,仰视或平视景物,令观赏点和景物之间通过透视线相互沟通联系。当然,赏景透视线可实可虚亦可虚实结合。实的赏景透视线全无遮挡,一目了然;虚的赏景透视线中会有树木枝叶等局部断续遮挡掩映,但总体有一定的通透度。②提升视点的高度。可以使视线突破园林的界限,取俯视或平视远景的效果,因此常在园林中堆山筑台,建造楼、阁、亭等,让观者可于高处放眼远望。

3)借景意匠

(1)意在笔先

“意在笔先”是中国画论的常用语。晋代王羲之《题卫夫人笔阵图后》云:“夫欲书者,先乾研墨,凝神静思,预想字形大小、偃仰、平直、振动,令筋脉相连,意在笔前,然后作字。”中国古典园林创作同样重视“意在笔先”“胸有丘壑”。要解决借景问题,应首先在立意上下功夫,应到园址进行实地考察,用心观察,琢磨营构。立意的关键是把“意”充分反映到布局之中,有意识、有目的地引导游人如何去看以及看什么,步步入胜。

(2)相地因借

要处理好借景对象与本景建筑之间的关系,就必须重视设计前的相地、人流路线的组织,以及确定适当的得景时机和视角。设计前的相地,需顾及借景的可能性和效果,除认真考虑朝向对组景效果的影响外,在空间收放上,还要注意结合人流路线的处理,或设门、窗、洞口以收景,或设山石、花木以补景。相地因借的原则应贯穿造园的全过程。建筑立基、山池定位、游路选线、花木栽植，全凭相地得宜，因借之巧。“高方欲就亭台，低凹可开池沼”“绝涧安其梁，飞岩假其栈”，是就建筑、池沼、桥梁而论的；“新筑易乎开基，只可栽杨移竹；旧园妙于翻造，自然古木繁花”“院广堪梧，堤湾宜柳”“芍药宜栏，蔷薇未架”，是叙莳花种树之要诀。

(3)因地制宜

造园宜“因地制宜”，即依所在的地理、地形、地貌、地势、气候等因素设计园林，不违逆自然条件而强作构建。

如北京颐和园中的谐趣园在苏州河的源头，处于三面山坡中间的低洼谷地，因此随洼地顺凿为池，形成以水面为中心的水景园；各种形式的楼、阁、亭、榭临水随地势高低环绕布列，相互间用游廊、小桥相连，隔水相望，互为资借；在泉流出口处，利用水位高差，理石、散流，构成瀑布，野趣横生。又如无锡寄畅园引水自惠山泉，得水池锦汇漪，聚土石为假山，假山中部隆起，首尾两端渐低，首迎锡山、尾向惠山，似与锡、惠二山一脉相连。这是地理不同所致。

北方相对寒冷、风沙大、少雨，建筑需封闭些、厚重些；江南温和多雨、景观秀丽，建筑需出檐深远、门窗开敞、屋顶起翘偏陡。因而北方园林建筑较庄重浑厚，江南园林较轻巧淡雅。而在花木配置上，北方多植松柏、牡丹、海棠等遒劲华贵的植物，江南则多种柳、竹、兰、菊等袅娜多姿的花木，这是气候不同所致。

思考与练习

1. 阐述园林建筑群体和园林建筑单体之间的关系。在园林建筑空间中，怎样理解整体大于局部之和？
2. 园林建筑群体是如何应对各种自然环境因素的？
3. 园林建筑的空间类型和空间组合形式有哪几种？
4. 园林建筑的空间序列形式分类和设计方法重点是什么？
5. 园林建筑空间对比主要包括哪几个方面？其艺术效果是什么？
6. 园林建筑空间渗透与层次的具体手法有哪些？
7. 园林建筑空间的分类方式和具体手法有哪些？

4 古典园林建筑单体设计

本章导读　通过本章的学习，学生应了解传统单体建筑设计的通识性问题及不同类型园林单体建筑选址、环境配置、平面和立面设计要点；同时，本章还汇集了不同地区、不同类型的园林建筑单体实例，向学生展示总平面图、平面图、立面图及相关尺寸，帮助学生理解单体建筑形态、尺度与环境的关系，并为设计提供直接有效的数据参考。

4.1　单体建筑设计概述

4.1.1　单体建筑类型

古典园林建筑因用途、样式、位置的不同而有很多不同的称谓，常见的有殿、厅、堂、房、斋、馆、室、楼、阁、亭、榭、轩、廊等，但这些称谓所对应的建筑选址、空间及形态特征常有交集，因此无法用这些命名来直接进行建筑分类，传统园林建筑的分类也没有形成统一标准。本书综合考虑建筑的主要功能属性、体量大小、空间形态、围合程度等，将传统园林建筑主要分为厅堂类、楼阁类、舫类、亭类、廊、其他园林建筑小品六大类。

厅堂类建筑是指园林中承担主体活动的单层房屋。虽然这类建筑也兼有游览观景和点景的作用，但更重要的是它们还担负了更为明确具体的功能，如祭祀、居住、办公、读书、会客、品鉴、储藏等，有很强的实用性。这类建筑在园林中往往体量较大，建筑四周皆有墙体、门窗围合，空间可封闭。其命名方式很多，根据建筑等级、功能、环境特征等命名为殿、厅、堂、房、斋、馆、室、榭、轩等。

楼阁类建筑是园林中的多层建筑，可承担观景、休憩、藏书、供佛等功能。它在园林中不仅承担特定的使用功能，还常因体量大、形象突出成为园内重要的景观建筑，有效地丰富了建筑群的天际轮廓线。这类建筑多以楼或阁命名。

舫类建筑是园林中参照舟船建造的一类特殊建筑，常供游人休息、宴饮、赏景。这类建筑常以舫、舸、舟等命名。

亭类建筑则主要供游人停留休憩和赏景，相较于厅堂类建筑，其体积小巧、界面通透、姿态

万千，又常与园林中的山水花木相结合，成为园区的重要景点。在园林中，这类建筑除以亭命名外，也有以榭、轩、舫等命名者。

廊是园林中以交通联系为主要功能的建筑，其空间形态以线性为主要特征。廊在园林中不仅将各厅堂、楼阁、亭有机地联系成整体，也往往是游览路线的有效组织者；与此同时，廊在园林中也起分隔空间、增加园景层次的作用。

其他园林建筑小品主要包括园门、园墙、桥等。

4.1.2 单体建筑设计通识

古典园林中的单体建筑，在设计上遵循与其他类型的中国古代建筑一样的构屋法则。

1）单体建筑的间架概念及开间划分

（1）间架概念

中国传统木构架建筑的基本组成元素是“间”。“间”是指相邻两缝（榀）梁柱构架之间的空间，是一个整体空间概念，它代表了一定平面及高度范围内所容纳的体积（图4.1）。传统建筑以“间”为基本单元，通过“间”的扩展成为“栋”，由“栋”的围合成为“院”，再由“院”的组合成为“群”。

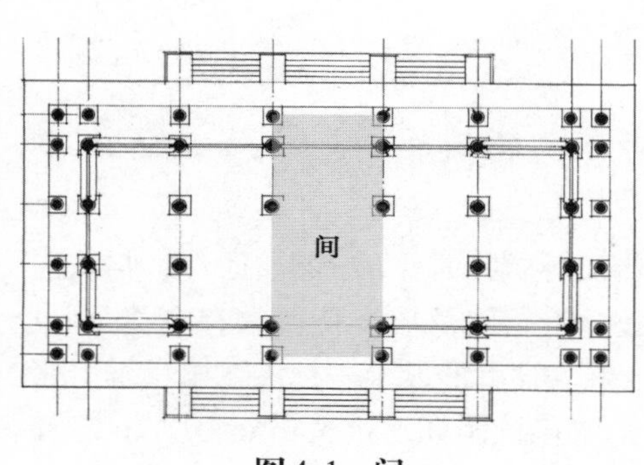

图4.1　间

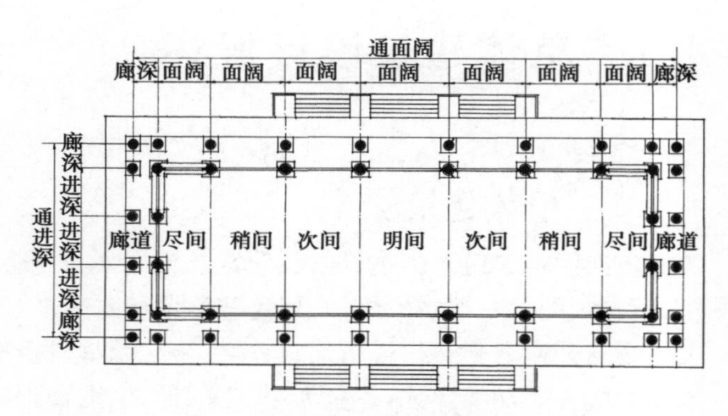

图4.2　建筑平面的划分与称谓

在单体建筑中，常以“间”“架”来描述建筑的规模及柱网构架关系。对房屋面阔方向的划分常用“间”来表示，常见的有三、五、七、九间等。而进深方向的划分则用“架”来表示，宋代时，“架”以椽数计算，而清代时，则用檩数计算，如进深方向为四步椽架的房屋在宋代称“四架椽屋”，而清代则称“五檩大木”或“五架”，可见其计数标准不同。根据“间”“架”的描述可以对建筑的规模有基本的了解，通常间数越多、架（檩）数越多，建筑的规模就越大。开间数与进深架数常常存在一定的制约关系，如民间常有三间五架、五间七架、五间九架等说法。

（2）开间划分

建筑的开间依据其位置的不同有特定的称谓，主要分为明间、次间、稍间和尽间（图4.2）。开间的尺度多有差别，通常明间最大，次间、稍间次之，尽间最小。

位于建筑立面中央，两榀屋架之间所辖的空间称为明间，也称正间。按照建筑习俗，明间一般比其他各间略大，是建筑空间中最重要的部分，位置显要，往往承担着最重要的功能。例如，

在皇家园林建筑中，主要殿堂的明间是国君会晤群臣、行使无上权力的地方，是整个园林中地位最为尊贵的场所；而在江南私家园林建筑中，正屋的明间是家之中最重要的场所，是家庭议事空间，也是会见重要客人、举行隆重仪式的地方。

次间位于明间两侧，是建筑中央第一与第二立柱间所辖的空间，是单体建筑空间中仅次于明间的重要功能空间。在开间数较多的大型单体建筑中，次间常与明间共同作为承担主体功能活动的空间。规模较大的建筑常有若干次间。例如，在一个九开间的建筑中，有一个明间，四个次间，而对于一个十一开间的殿堂而言，次间则多达六个。

稍间，也称梢间，位于次间外侧，是传统建筑中次于明间与次间的空间。

尽间，也称边间，是位于建筑最尽端的开间，因此得名。

除室内空间外，园林建筑还多设廊道，位于建筑正、背面的称为前、后廊，位于建筑两侧的称作侧廊，四周均环有的称为回廊。廊道的设置提供了室内外的过渡空间，不仅让游人能够伫立停留欣赏周边景致，亦增加了建筑空间的层次，使建筑显得通透灵动，能更好地融入周边环境。

建筑开间多为奇数间，数量的多少显示了建筑的等级与规格。通常开间数量越多，建筑的等级越高。七间及以上的园林建筑一般出现在大型的皇家园林、寺观园林之中。私家园林中，主要厅堂面阔多为五间，次要的房屋多为三间，而类似亭榭之类的点景建筑则多为一间；但私家园林建筑中的平面开间也不都为奇数，有时会随着建筑组合灵活变化，出现偶数间的情况，如沧浪亭翠玲珑中的两个小厅堂均为两开间。

2）单体建筑的立面构成及常用屋顶形式

（1）立面构成

中国传统建筑的立面通常分为台基、屋身、屋顶三部分。

台基是建筑的基础，也是中国传统建筑外形的一个重要特征。从样式上看主要分为素面台基和须弥座两大类。一般民间建筑多采用素面台基，石材砌筑；较重要的殿堂建筑台基常做成须弥座，造型精致华美。台基高度常由地形条件、建筑等级、规模共同确定。

屋身立于台基之上，其以柱梁结构为主体，四周施以围护墙体、门窗，墙体主要有木装板墙、夹竹泥墙、砖墙、土墙几大类。在气候严寒区域，山墙、窗下墙常以砖墙、土墙为主，以保证墙体的保暖性能；湿热地区则多用木装板墙和夹竹泥墙，使墙体具有良好的透气性能。南方地区建筑多在建筑正面、背面仅施通长隔扇门，通风与景观效果更佳。

（2）屋顶形式

中国传统建筑的屋顶样式多样，颇为丰富，按照其形态特征进行分类，常见的有庑殿、歇山、攒尖、硬山、悬山、卷棚等（图4.3）。

庑殿顶是中国古代建筑屋顶等级最高的形式。其屋面可分为前后左右四坡，并有由前后坡相交形成的一条正脊，以及由前、后坡与左、右坡相交形成的四条垂脊。庑殿顶因其四坡屋面及五条屋脊又被称为四阿顶或五脊殿。这种形式多用于皇宫、王府、庙宇等级别较高的建筑中，在屋顶的层数上，庑殿顶又分为单檐和重檐。

歇山顶从外观造型上看可分为上下两部分，上部类似于两坡形式的悬山，下部类似于四坡形式的庑殿。因其屋脊由一条正脊、四条垂脊、四条戗脊共九条脊组成，因此歇山顶也称为九脊殿。歇山顶造型精美，是园林单体建筑中最常用的屋顶形式之一。

硬山顶与悬山顶都为双坡屋面。两者最大的区别在于山面墙体与屋面的关系。硬山顶建

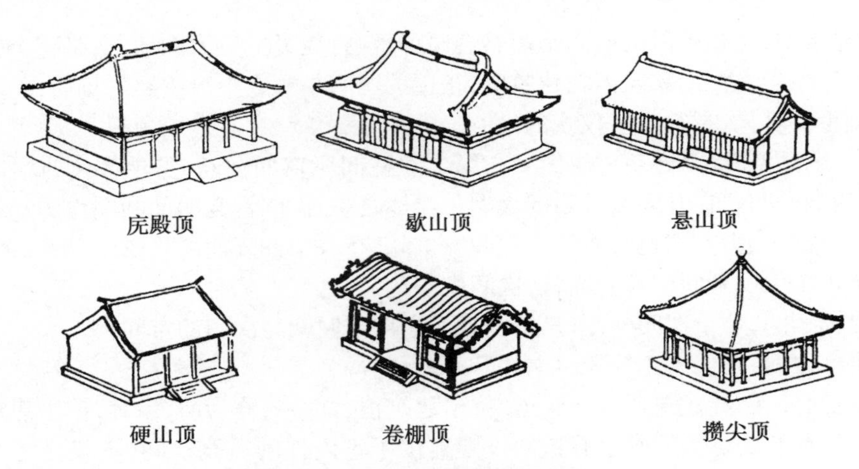

图4.3　屋顶的常见基本类型

筑屋面两端与山墙相交，并将檩木梁全部封砌在山墙之内；而悬山顶屋面两侧的檩木则不是包砌在山墙之内，而是悬挑于山墙或山面屋架之外，故悬山顶又称为挑山屋顶。硬山顶与悬山顶都是古建筑屋顶中最普遍的形式，在园林之中，硬山顶不仅广泛应用于楼、斋、房、室等中小型建筑，有时主体厅堂也有使用；悬山顶屋面在南方地区的使用更为广泛，特别是西蜀及周边地区的园林中，中小型建筑及次要房屋多采用悬山顶，这与地区气候有很大关系——南方地区多雨，出挑的屋面能够在一定程度上保护山面构架与墙面免遭雨水侵蚀，使建筑更为耐久。

卷棚顶的形态与硬山顶、悬山顶差别不大，屋面也由前后双坡构成，山面或按硬山顶方式，将前后屋顶两端包砌在山墙内侧；或按悬山顶方式，将前后屋顶两端挑出山墙。卷棚顶与硬山顶或悬山顶的区别在于：卷棚顶没有正脊，瓦垄直接卷过屋面。

攒尖顶的平面投影多为圆形或正多边形，屋面转角处的屋脊向上交会于一点，屋顶呈锥形。依据平面的形态亦有圆形攒尖、方形攒尖、六角攒尖、八角攒尖之分。攒尖顶的建筑规模一般不大，平面规整，园林中的亭、阁等建筑常用此种屋顶。

中国古代建筑的屋顶样式有一定的等级之分，一般而言，庑殿顶等级最高，歇山顶次之，悬山顶与硬山顶再次，攒尖顶一般使用在小品建筑中。对多重屋顶的建筑而言，重檐等级通常高于单檐等级。

在传统建筑中，以上几种屋顶形式除单独使用外，还常通过组合、变换而形成新的屋顶形态。如将卷棚顶与硬山顶相结合，形成卷棚硬山顶；卷棚顶与歇山顶相结合，形成歇山卷棚顶；多组双坡前后连接形成勾连搭的形式等。但单体建筑的造型及细部特征会因年代及地域不同而呈现出显著差异。

3）单体建筑的构架类型

中国传统建筑大木构架主要分为有斗栱的大式和无斗栱的小式两大类。

小式木构不用斗栱，构架仅由柱、梁、檩、椽等主要构件组成，梁柱交接简单明确、结构清晰。大式构架做法则经过了一定的演变。清代以前，根据柱、斗栱、构架的关系大致可分为殿堂式与厅堂式两种做法。殿堂式构架是一种层叠式结构关系，其构造层次明确地分为柱框、铺作、屋盖三层，层层相叠而成，由于三层完全独立，因此结构的整体性较弱（图4.4）。厅堂式构架吸收了

小式木构整体性强的特点，将室内金柱随屋面逐渐升高，取消了斗栱层，而只将斗栱作为柱、梁、檩交接的节点进行使用（图 4.5）。到了清代，厅堂式构架做法逐渐取代了殿堂式构架做法，成为大式做法的主流。在结构简化的趋势下，后期室内梁、柱、檩交接多不再使用斗栱，斗栱仅在檐部使用。

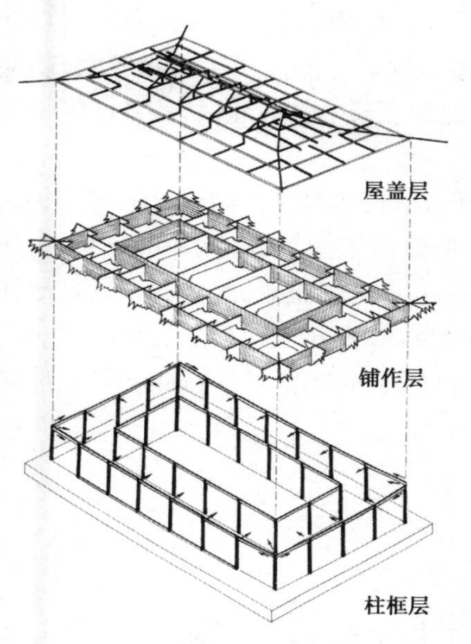

图 4.4　殿堂式构架构造层次

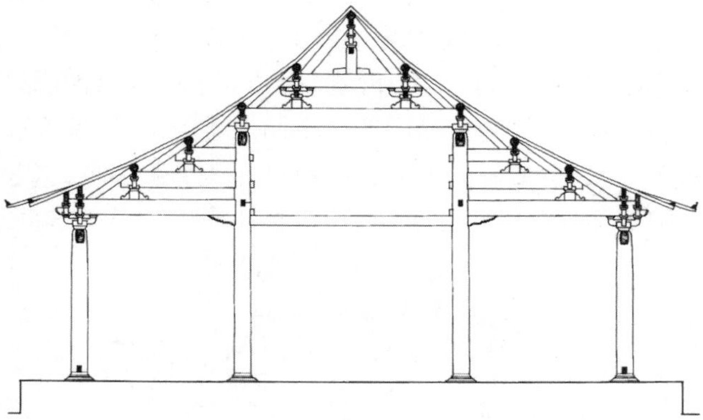

图 4.5　厅堂式构架剖面

建筑的等级与构造方式紧密相关。宋代李诫在《营造法式》中就将官式建筑分为殿阁、厅堂及余屋三类。余屋是建筑群中除殿阁、厅堂以外的各类次要房屋的总称，在建筑群中等级最低，一般不用斗栱，而采用柱梁式构架做法（即清代小式做法）；殿宇、楼阁、殿门、亭榭等宫廷、官府、庙宇中最隆重的房屋主要采用大式中的殿堂式构架做法；而堂、厅、门楼等等级低于殿阁的重要建筑则采用大式中的厅堂式构架做法；民房不能使用斗栱，其构造采用小式构架做法。到清代，除殿堂式构架做法逐渐取消外，其他情况与前朝基本相同。

单体建筑不论殿堂式、厅堂式还是柱梁式，根据梁、柱、檩交接关系的不同，屋盖部分的梁架可分为抬梁式、穿斗式两种基本类型，其构架特征和构造做法详见第 5 章。

4.2　厅堂类建筑

厅堂类建筑是指园林中承担园中主要活动的各类房间，这些主要建筑常以殿、堂、厅、房、馆、轩、斋、室、榭等命名。建筑的命名常与建筑的等级、规模有关，如殿通常只能在皇家宫廷、寺观庙宇等的主体建筑中使用；而民间建筑中的正房则多以厅、堂等命名，用以举行议事、会客、祭祀等较为重要的活动。此外，建筑的命名还常与环境有较为密切的关联性。比如，以“榭”命名的厅堂多为临水建筑，以“斋”“室”命名的建筑常处于隐秘、幽静的地方，以“轩”命名的建筑常位于园中高敞之处等。

4.2.1 单体与环境

园林根据功能的不同常有多个分区,一般而言,包括主体功能区、附属功能区,规模较大者还设有专门的游赏区。寺观祠庙园林中,祭祀区为主体功能区,僧侣居住、用膳区为附属功能区;私家园林中,居住部分则为主体功能区,常附设专门的游览区。皇家园林因规模较大,功能分区则更复杂,如颐和园虽为休憩游赏而建,但其中仍有宫廷区、居住区、寺庙区、游览区等不同的划分。不同区域的建筑在布局上有明显的区别。

主体功能区中的建筑,通常是园内等级最高、体量最大的建筑,建筑在布局选址上常受礼法制度及具体使用功能的限制,因此建筑布置多规整对称,有明确的轴线控制,且主次分明;主体殿堂设在主轴线上,次要殿堂、用房立于中轴两侧或位于次轴线上。如皇家园林的宫廷区、居住区、寺庙区建筑的布局就严格遵循上述原则(图 4.6),不仅如此,江南私家园林中居住区建筑的布局亦如此;即便山地园林中地形环境复杂多变,其主体院落仍争取规整对称,轴线明确,前导空间则随地形转折而上,如四川都江堰二王庙(图 4.7)。

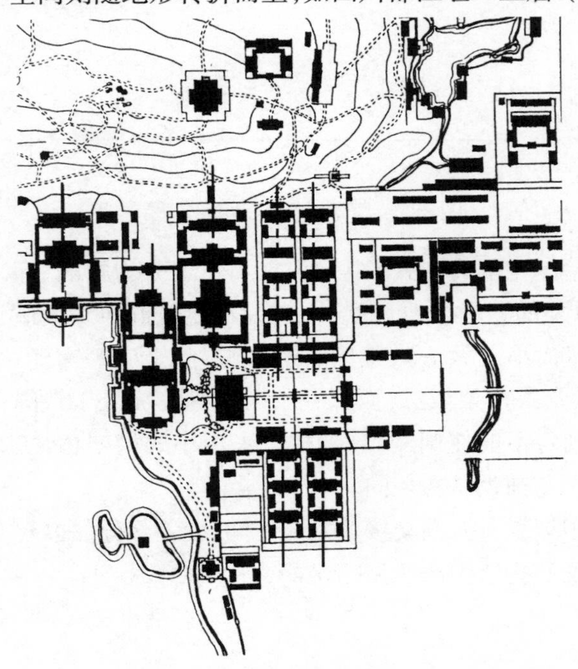

图 4.6 颐和园宫廷区

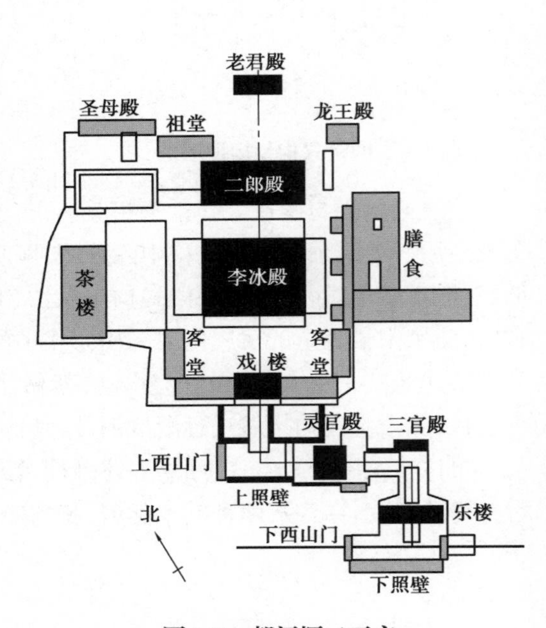

图 4.7 都江堰二王庙

游赏区常独立设置或附设于主体功能区的周边,游览区中的厅堂布局通常无严格的轴线控制,因地制宜,自由灵活。在设计上往往最先确定主厅堂的位置,主厅堂多是该区中体量最大的建筑,《园冶》中说,“凡园圃立基,定厅堂为主。先乎取景,妙在朝南”;清代沈元禄在《古漪园记》中也提到,“奠一园之体势者,莫如堂”,两者都说明了主厅堂在造园中的重要性和布局原则。江南私家园林中,游赏区的主厅堂多为南北向,建筑用地平坦,视野开阔,厅前常与主要水域相对,或紧邻水面,或在面向水面一侧设置宽敞室外平台,以获得良好的景观(表 4.1);同时,主厅堂还常位于居住区与游赏区交界的部位,便于与两者形成紧密的联系。除主厅堂外,园林

中还会随观赏路线及观赏视角的变化附设次要的中小型厅堂，这些建筑体量较主厅堂小，布局、朝向设置都更为灵活，常随形就势，量体裁衣，或水边，或山上，或岛中，或园边幽僻处。

表4.1　园林主景区中重要厅堂的位置及周边景观特征

厅堂名称	朝　向	景观特征	总　图
颐和园谐趣园涵远堂	坐北朝南	前水池，与饮绿亭形成对景	参见单体实例
拙政园远香堂	坐南朝北	北对水池假山，与雪香云蔚亭形成对景	
拙政园卅六鸳鸯馆+十八曼陀罗花馆	坐南朝北	北对水池假山，与浮翠阁形成对景	
留园涵碧山房	坐南朝北	前有临水平台，与水池、可亭形成对景	
艺圃博雅堂	坐北朝南	与前水榭围成院落，水榭前水池面对叠石假山	
怡园藕香榭	坐南朝北	北对叠石假山，上建小沧浪亭	图4.8
寄畅园嘉树堂	东南向	园北端，前开阔，面池	
瞻园静妙堂	坐南朝北	北面有开阔地，面对水池假山	
北海静心斋（镜清斋）	坐南朝北	南对宫门，北面水池与沁泉廊形成对景	

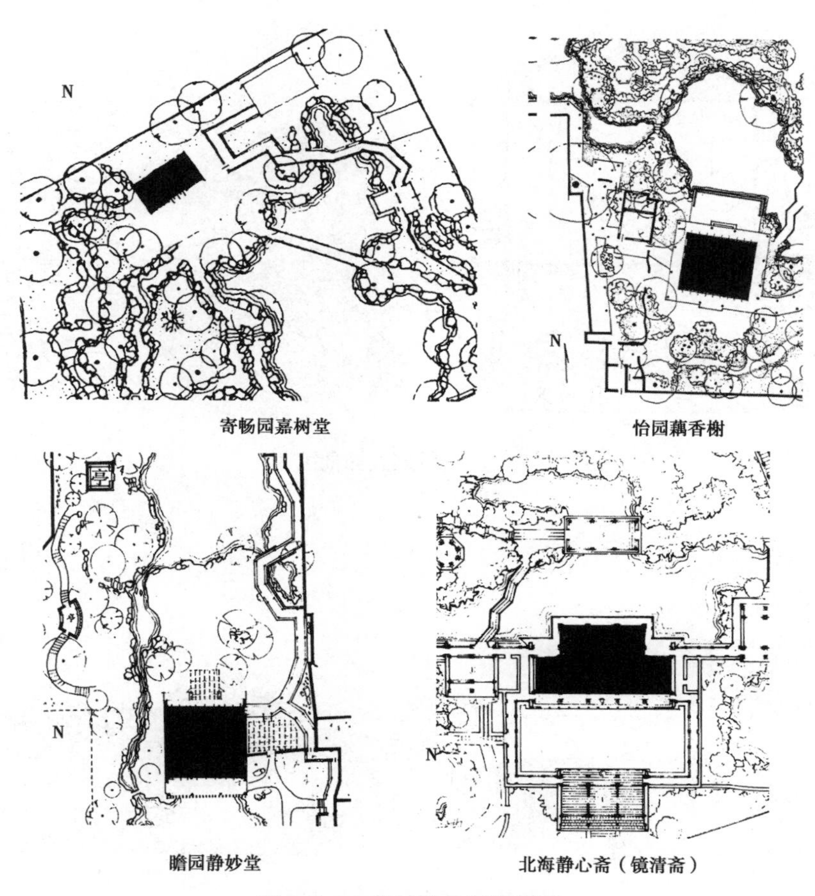

寄畅园嘉树堂　　怡园藕香榭

瞻园静妙堂　　北海静心斋（镜清斋）

图4.8　主体厅堂位置及景观

配合不同的环境,厅堂设置常有特殊的设计。临水而建的厅堂,更注重与水面和池岸的协调、配合;有紧邻水边而建者,也有凸入水中者;凸入水中者通常在水边架设平台,平台一半伸入水中,一半架立于岸边,平台多较低矮,贴近水面,使观景者与水体形成亲密的关系,个别水榭还全部架设于水上。拙政园芙蓉榭采用局部突出水中的方式,水榭平面方形,仅前部用石柱架于水上。山地环境中的建筑则多随形就势,建筑的布局朝向也更灵活,北海濠濮间的四个建筑就沿山分别位于四个不同标高的台地上,再由爬山廊将其串联起来。

另有部分厅堂房舍设置在主景区周边的庭院中,这些庭院多位于主景区一侧或一角,有的还邻近住宅,作为住宅区与主景区的过渡。庭院中通过山石花木的配置形成安静、幽雅的环境,供园主生活起居兼会客之用。根据庭院规模不同,厅堂的设置方式与尺度也有差异。留园五峰仙馆位于主景区东侧庭院中,是旧园主的主要活动场所,建筑五开间,高敞华丽,厅南院主景为湖石假山,上掇五峰,北院东北两面曲廊环绕,院中以湖石筑花台,配以松竹山茶等花木,景物丰富(图4.9);狮子林古五松园位于指柏轩之西,沿园之北墙而建,建筑三开间,体量小巧,前院东、南两面设曲廊,廊端筑半亭,院中叠湖石峰一座,作为厅堂对景(图4.10);也有几个小型单体灵活串连围合院落者,通过花木山石的搭配,营造出别样风景。拙政园中部东南角的院落与建筑就由玲珑馆、海棠春坞和听雨轩三座小型厅堂用走廊连接而成,建筑尺度小巧宜人,空间灵活丰富,再配以北面假山、院墙、树木、亭台,共同围合成了既有分隔又互相贯通的院落(图4.11)。

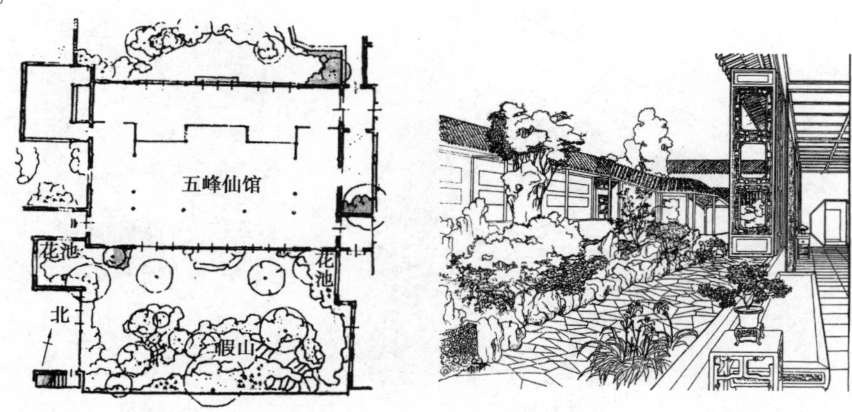

图4.9　留园五峰仙馆

图4.10　狮子林古五松园

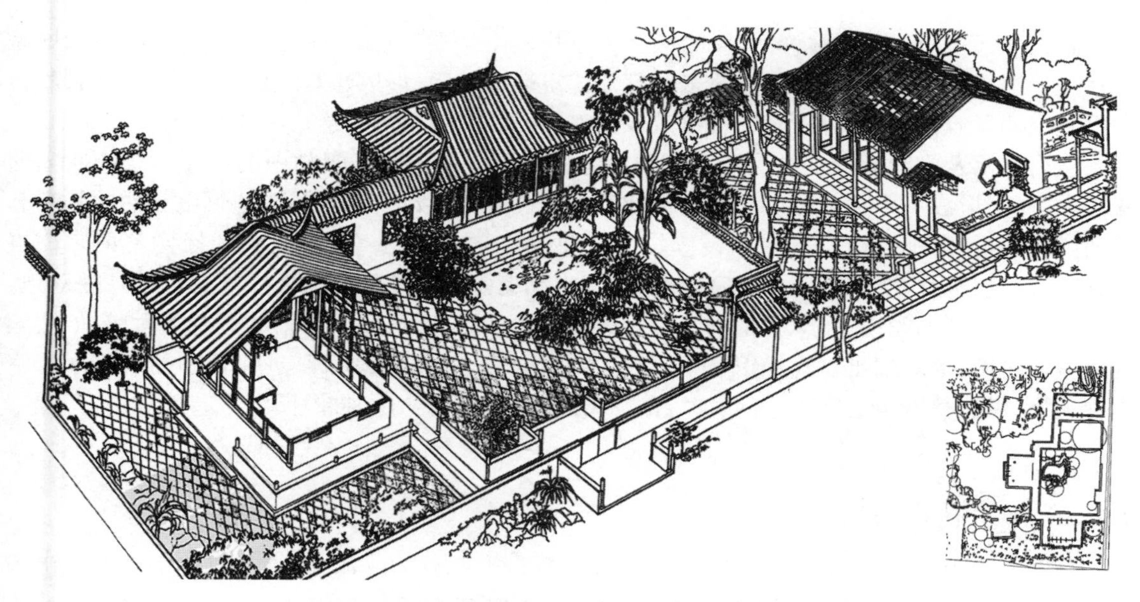

图4.11 拙政园中听雨轩、玲珑馆、海棠春坞院落

4.2.2 平面形态

独立设置的殿堂和厅堂建筑平面多规整有序，常见为长方形或正方形，奇数间，开间尺度常由明间向两侧递减或各间相等，左右对称。根据建筑的等级，开间数也有一定的变化。皇家园林中宫廷区、寺观区主体殿堂多为五、七开间，游赏区的厅堂则三、五开间不等；私家园林中独立的大型厅堂多为五开间或三开间，中小型厅堂以三开间为主。根据景观与流线组织的需要，厅堂常设廊，常见有回廊、前廊、后廊、前后廊四种形式（图4.12）。

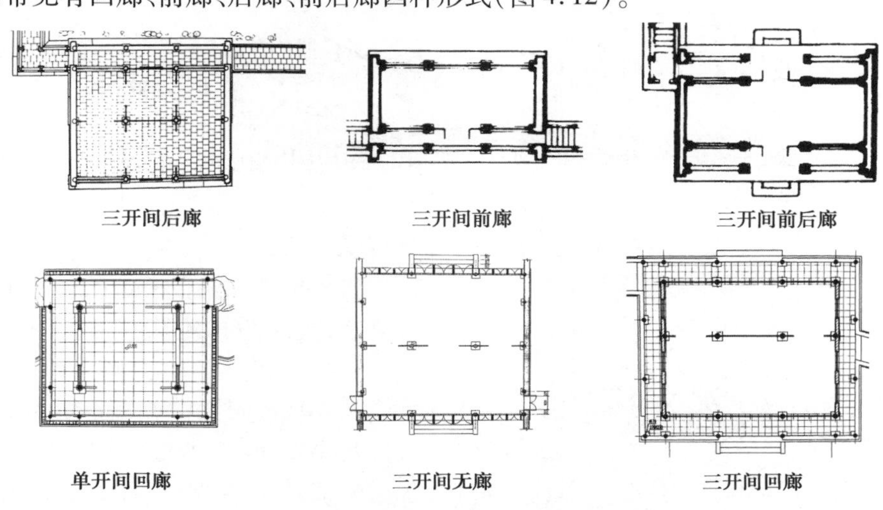

图4.12 厅堂平面图

除独立厅堂外，园林中还常见几个小型单体组合形成一组建筑群的情况，这类建筑的开间数相对灵活。沧浪亭翠玲珑就是由三座平面形状、大小均不相同的小轩垂直相连而成的，主建

筑面阔三间,其他均为两间。岭南私家园林由于规模小,庭院与住宅毗连,故其主体建筑的厅堂也往往无法采用单独设立的方式,大多与其他建筑连在一起,形成建筑组群。如东莞可园,其正厅可堂与船厅雏月池馆、卧室绿绮楼以及双清室、桂花厅、邀山阁等连成一体。

室内柱网及空间分隔主要受特定使用功能的限制。江南私家园林中的主厅堂正中明间通常较大,便于形成一个宽敞的主体使用空间,次间开间尺寸较小,有时与明间仅以灵活的隔断和落地门罩等进行空间分隔,其室内装修较一般建筑复杂而华丽。进深较大的厅堂室内常需设柱,柱的位置与屋内空间的使用紧密结合,如江南私家园林中常见的一类厅堂就是将脊柱落地,通过脊柱间设置的隔扇、门罩等把空间分为前后两个使用部分,好似两个厅堂合并而成,如留园林泉耆硕之馆,拙政园卅六鸳鸯馆、十八曼陀罗花馆,狮子林燕誉堂等;进深较小的次要厅房室内常无柱,以获得宽敞的室内空间,如沧浪亭翠玲珑、艺圃对照厅、拙政园海棠春坞等。

4.2.3 立面形态

皇家园林中宫廷区、寺观区的殿堂多采用歇山顶或重檐歇山顶,游览区建筑则常以歇山顶和硬山顶为主,常配合卷棚顶使用,当建筑进深较大时还大量采用勾连搭的形式,如北海静心斋、颐和园涵虚堂等(图4.13、图4.14)。江南、岭南私家园林中的厅房多采用歇山顶、硬山顶,当建筑以独立的形象出现时,特别是主厅、水榭、敞轩等具有重要点景功能的建筑,常选用歇山顶,以取得较好的视觉效果;庭院中的建筑或多个单体组合成建筑群时,则多用硬山顶,便于建筑与山墙或建筑与建筑屋顶的衔接;不论是歇山顶还是硬山顶,多用卷棚顶,建筑更显活泼;有时为了丰富立面,也会使用硬山顶结合局部歇山造型。巴蜀园林建筑除歇山顶和硬山顶外,在两侧厢房和次要用房上还常使用悬山顶,建筑更为清爽朴素。虽然主体园林建筑多为歇山顶和硬山顶,但在建筑造型风格上,南北方仍有较大差异。北方建筑歇山顶翼角小,起翘平直,形象稳重;南方建筑歇山顶翼角大,起翘高,造型飘逸(图4.15)。

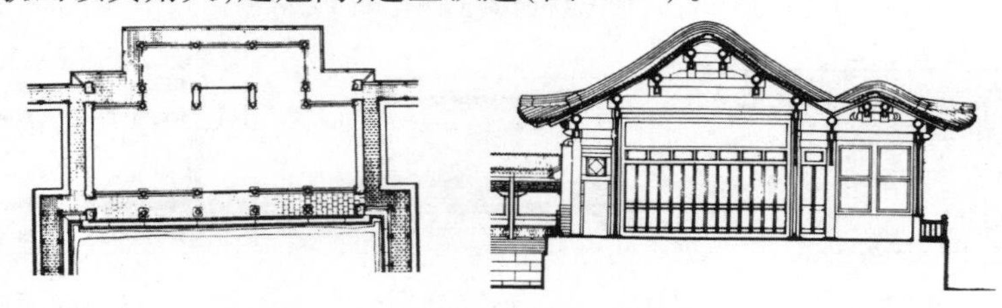

图4.13 北海静心斋(镜清斋)勾连搭

图4.14 颐和园涵虚堂

传统建筑总是在一定的规矩下寻求突破和创新,因此园林建筑中常利用屋面的组合做出一些标新立异的造型设计,这一点在地方园林或私家园林中表现得更为突出。拙政园卅六鸳鸯馆、十八曼陀罗花馆采用硬山顶加攒尖顶的组合造型,番禺余荫山房的深柳堂则把歇山顶两侧的山花面用作正立面面向庭院,给人一种新的感觉。

北方皇家园林建筑受气候等因素影响较

南方地区的园林封闭,山墙一般不开窗,正面窗下设槛墙。岭南园林建筑形体一般较为轻快,通透开敞,多设落地隔扇。江南私家园林建筑常在主要观景方向的柱间安装连续隔扇;厅多为前后开窗设隔扇门,有时随观景的需要,也在山墙上设窗,窗多为独立景窗,如怡园藕香榭;也有四面开设门窗赏景者称为"四面厅",如拙政园远香堂、扬州个园桂花厅;一些小型厅堂常设为敞厅,四面取消墙体、隔扇,便于休息、观景;在立面设计上也讲究虚实搭配,如留园五峰仙馆,中间三间为落地隔扇门,左右稍间仅在白墙上置景窗形成较好效果,并减小建筑体积感。

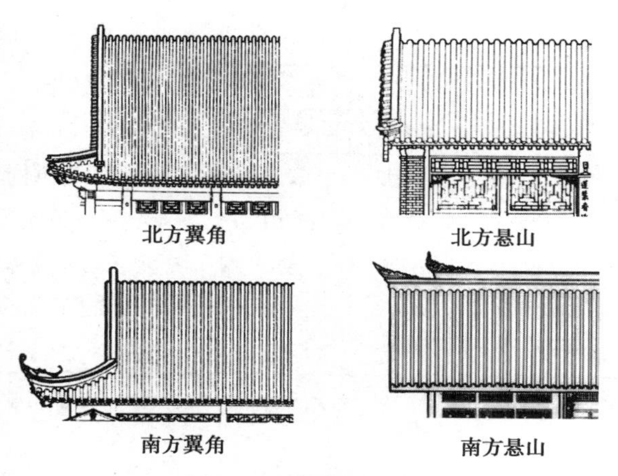

图4.15 南北方建筑屋面形态比较

大部分建筑基座为条石规整铺砌,也有部分山地建筑随造景的需要以假山石为基,取得建筑与环境的协调关系。还有部分建筑的入室踏步以假山石而为,如留园五峰仙馆入口台阶。

4.2.4 单体实例

建筑的尺寸因园林性质与环境不同而有很大的差别,在大型的皇家园林或寺观园林中,主体建筑的等级尺寸明显高于私家园林建筑;同一园内,建筑体量也有一定的等级差别,通常主体厅堂尺寸大于次要厅房,次要厅房大于观景类型的敞厅。苏州园林中的大型厅堂类建筑总面阔多为10~20 m,檐高常为3.5~5 m;中小型厅房总面阔则多在10 m以下,檐高为2.5~3.5 m。

颐和园部分建筑尺寸如表4.2所示,测绘图如图4.16所示。

表4.2 颐和园部分建筑尺寸

单位:米

建筑名称	性质	位 置	平面形式	通面阔	通进深	明 间	檐柱高
仁寿殿	宫殿	宫廷区	面阔五间周回廊	33.20	18.20	4.95	5.35
排云殿	宫殿	前山	面阔五间周回廊	22.60	18.55	4.83	4.71
东配殿	宫殿	宫廷区	面阔五间前后廊	19.73	9.70	4.44	4.11
乐寿堂	寝宫	宫廷区	面阔七间周围廊前后抱厦	29.70	12.38	4.00	3.95
玉澜堂	寝宫	宫廷区	面阔五间前后廊前后抱厦	19.15	7.04	4.22	3.82
霞芬室	寝宫	宫廷区	面阔五间前后廊	17.13	7.20	3.57	3.48
东配殿	寝宫	宫廷区	面阔五间前后廊	16.45	7.80	3.55	3.46
善现寺正殿	寺庙	后山	面阔五间前后廊	14.50	6.51	3.23	3.60
妙觉寺	寺庙	后山	面阔三间前抱厦	7.80	3.65	2.62	2.58
莲座盘云	寺庙	后山	面阔三间前后廊	9.72	5.78	3.34	3.28
无尽意轩	居住	前山	面阔五间前后廊后抱厦	17.60	7.65	3.90	3.50
鱼藻轩	游赏	前湖	面阔三间周回廊	13.70	7.85	3.87	3.53
云松巢	游赏	前山	面阔五间前后廊后抱厦	16.50	10.20	3.50	3.39

续表

建筑名称	性质	位 置	平面形式	通面阔	通进深	明 间	檐柱高
画中游	游赏	前山	面阔三间前后廊	9.70	7.20	3.25	3.22
湖山真意	游赏	前山	面阔五间	11.30	6.53	3.20	2.90
写秋轩	游赏	前山	面阔三间前后廊	9.74	7.15	3.20	3.17
涵虚堂	游赏	前湖	面阔五间周围廊前抱厦	22.40	9.02	4.20	3.84
谐趣园涵远堂	游赏	后山	面阔五间周回廊	19.65	14.60	4.25	4.48
谐趣园洗秋	游赏	后山	面阔三间周回廊	12.40	6.55	3.25	3.50

数据来源：清华大学建筑学院. 颐和园[M]. 北京：中国建筑工业出版社，2000.

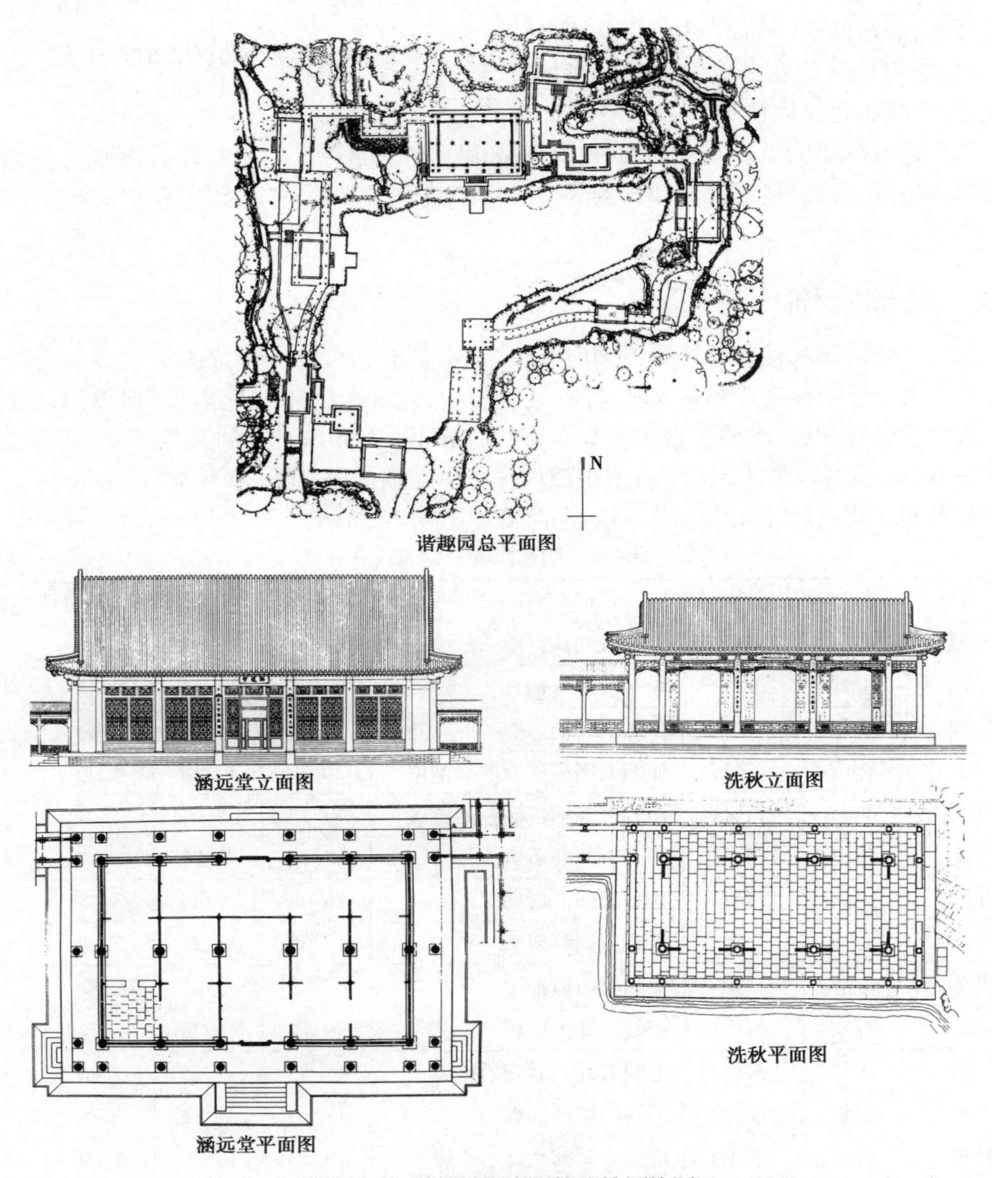

图 4.16 颐和园部分园林建筑测绘图

拙政园主要厅堂类建筑尺寸如表 4.3 所示,测绘图如图 4.17 所示。

表 4.3 拙政园主要厅堂类建筑尺寸 单位:米

建筑名称	平面形式	通面阔	通进深	檐 高
卅六鸳鸯馆、十八曼陀罗花馆	面阔三间,四角各建耳房	13.16	13.74	4.01
留听阁	面阔三间	6.50	7.38	3.53
远香堂	面阔三间周回廊	12.66	10.19	3.35
玉兰堂	面阔三间前后廊	12.50	9.50	3.80
小沧浪	面阔三间	9.58	4.49	2.49
听雨轩	面阔三间周回廊	8.80	6.88	3.20
玲珑馆	平面方形,面阔三间	7.04	7.04	2.68
海棠春坞	一大一小两开间,有廊连接	6.02	4.52	3.15

数据来源:苏州民族建筑学会. 苏州古典园林营造录[M]. 北京:中国建筑工业出版社,2003.

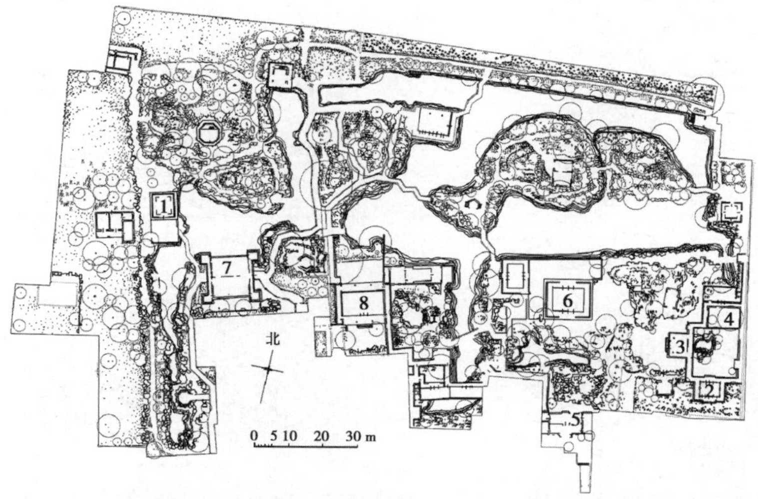

1—留听阁; 2—听雨轩; 3—玲珑馆; 4—海棠春坞; 5—小沧浪; 6—远香堂;
7—卅六鸳鸯馆、十八曼陀罗花馆; 8—玉兰堂

拙政园总平面图

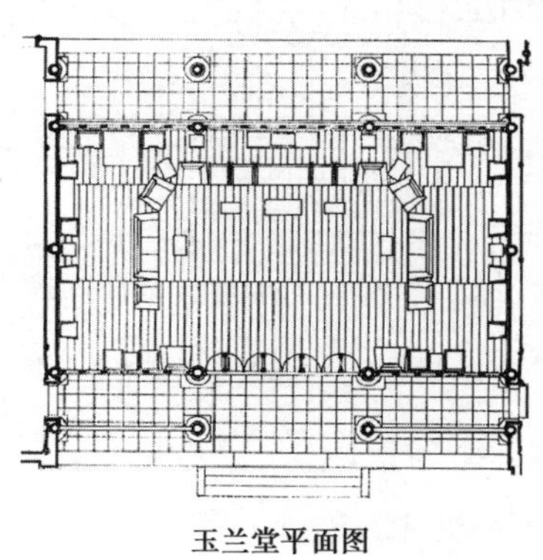

玉兰堂平面图

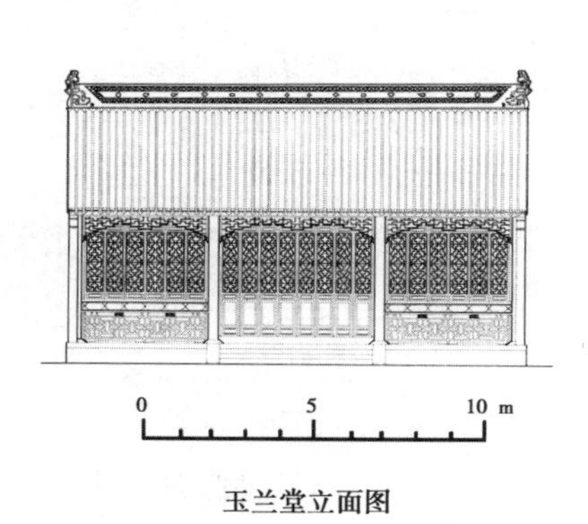

玉兰堂立面图

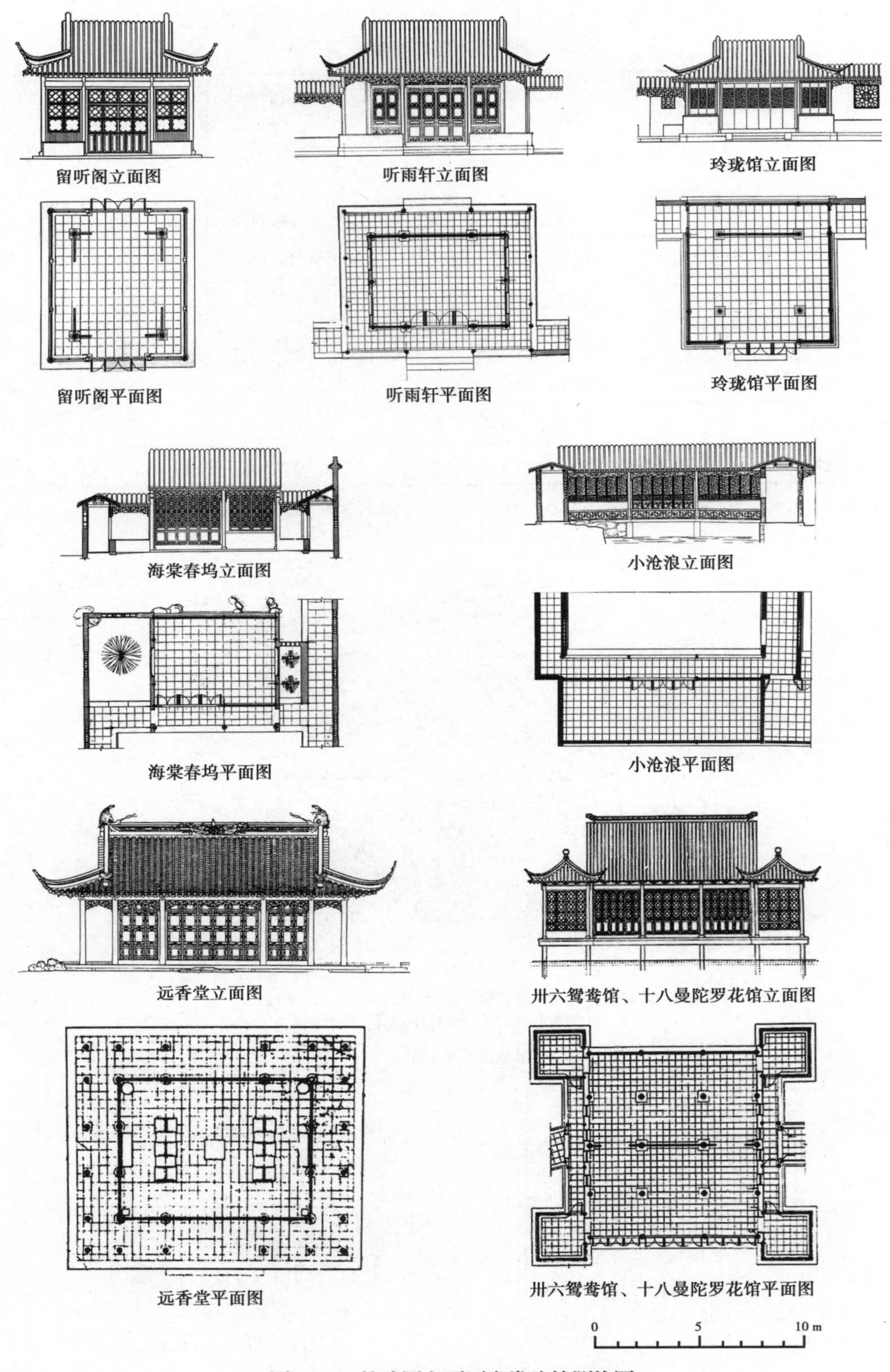

图 4.17　**拙政园主要厅堂类建筑测绘图**

留园主要厅堂类建筑尺寸如表4.4所示,测绘图如图4.18所示。

表4.4　留园主要厅堂类建筑尺寸

单位:米

建筑名称	平面形式	通面阔	通进深	檐　高
涵碧山房	面阔三间	12.52	6.30	3.80
五峰仙馆	面阔五间	20.30	14.30	3.60
林泉耆硕之馆	面阔五间周回廊	22.50	13.50	3.65
揖峰轩	面阔三间,各间大小不等	8.12	4.16	3.22

数据来源:苏州民族建筑学会.苏州古典园林营造录[M].北京:中国建筑工业出版社,2003.

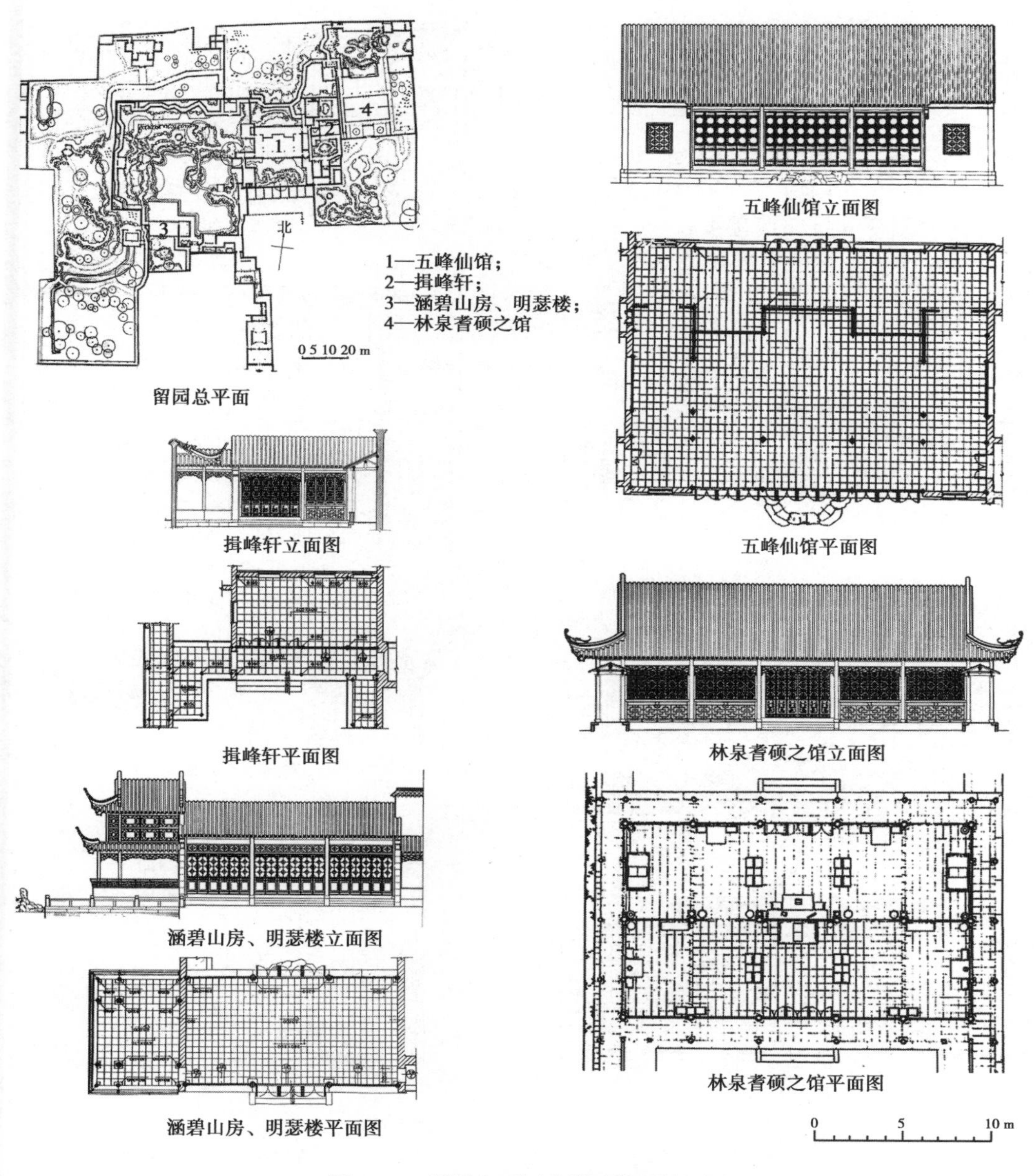

图4.18　留园主要厅堂类建筑测绘图

艺圃主要厅堂类建筑尺寸如表4.5所示,测绘图如图4.19所示。

表4.5 艺圃主要厅堂类建筑尺寸

单位:米

建筑名称	平面形式	通面阔	通进深	檐 高
博雅堂	面阔五间,单侧廊	16.60	9.70	3.40
水榭	面阔五间,单侧廊	15.45	6.27	3.00
对照厅	三合院	6.50	4.40	2.88

数据来源:苏州民族建筑学会.苏州古典园林营造录[M].北京:中国建筑工业出版社,2003.

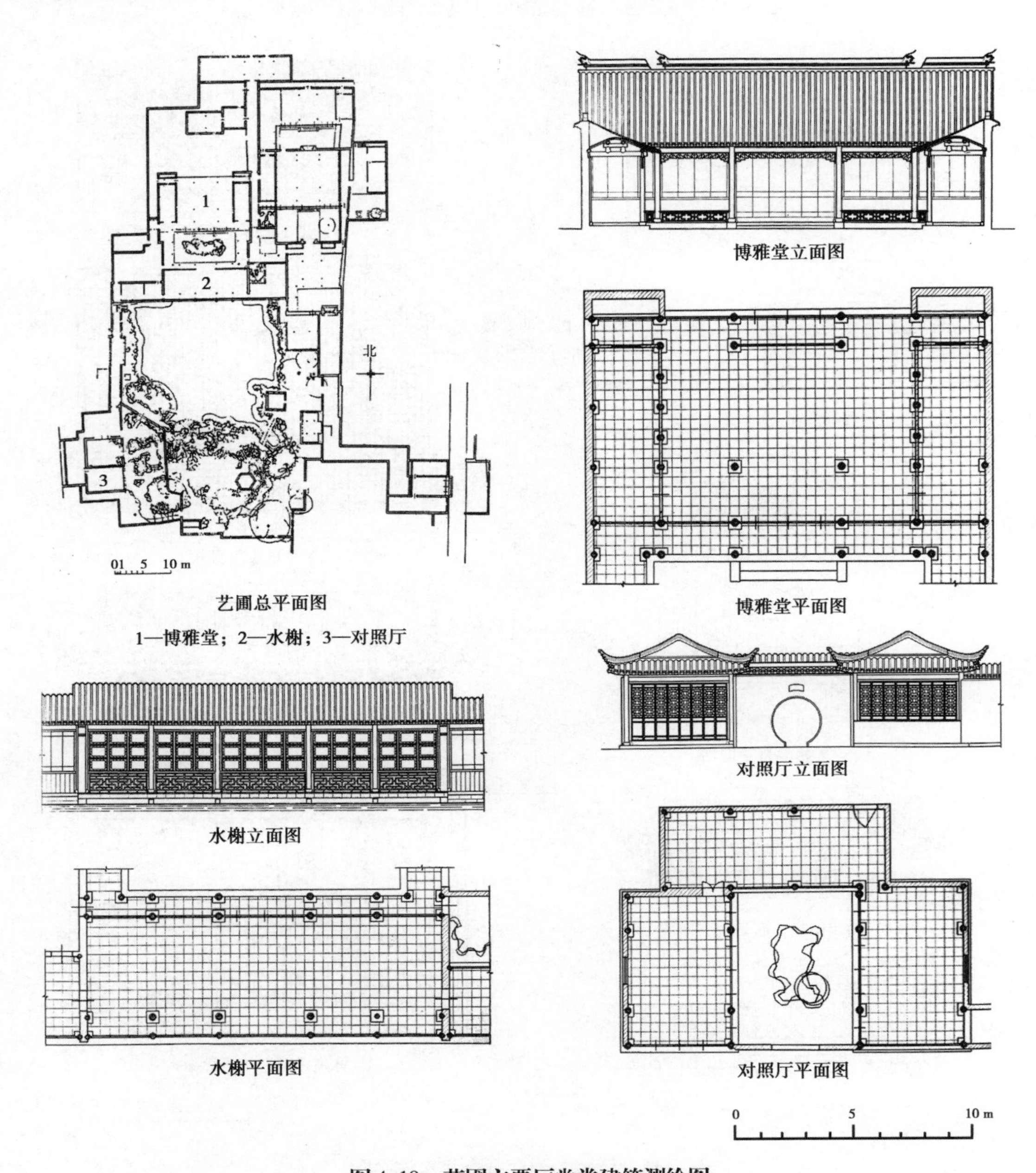

图4.19 艺圃主要厅堂类建筑测绘图

狮子林主要厅堂类建筑尺寸如表4.6所示，测绘图如图4.20所示。

表4.6　狮子林主要厅堂类建筑尺寸

单位：米

建筑名称	平面形式	通面阔	通进深	檐　高
荷花厅	面阔三间，有外廊	8.80	8.08	3.55
燕誉堂	面阔三间前后廊	11.40	10.88	4.20
问梅阁	面阔三间	8.8	7.10	4.15

数据来源：苏州民族建筑学会.苏州古典园林营造录[M]. 北京：中国建筑工业出版社，2003.

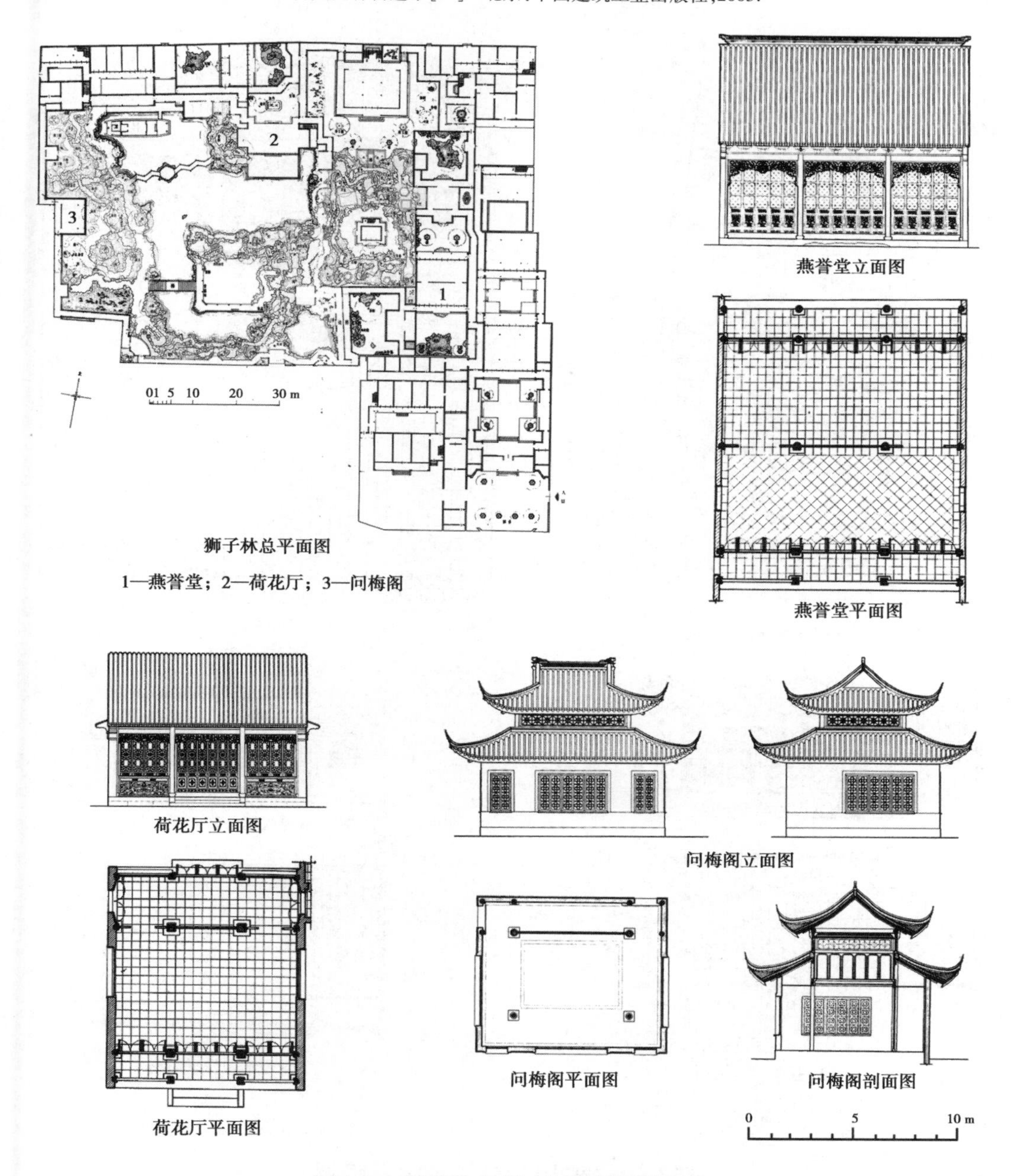

图4.20　狮子林主要厅堂类建筑测绘图

网师园主要厅堂类建筑尺寸如表4.7所示,测绘图如图4.21所示。

表4.7 网师园主要厅堂类建筑尺寸 单位:米

建筑名称	平面形式	通面阔	通进深	檐 高
看松读画轩	面阔三间	10.30	8.10	3.40
万卷堂	面阔五间	21.08	12.33	5.60
殿春簃	主室面阔三间带前廊,配室二间	7.82	7.44	3.22

数据来源:苏州民族建筑学会.苏州古典园林营造录[M].北京:中国建筑工业出版社,2003.

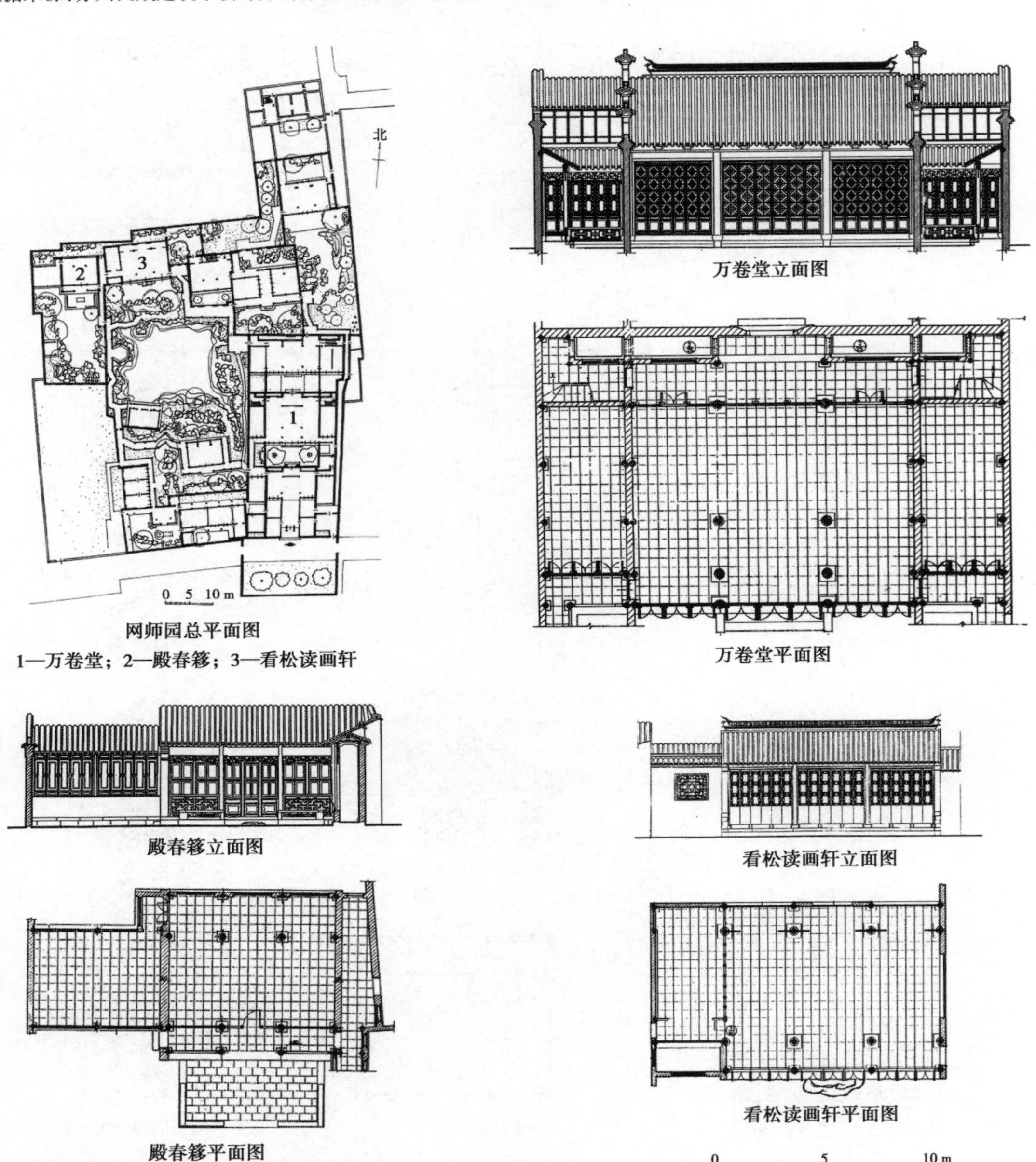

图4.21 网师园主要厅堂类建筑测绘图

四川眉山三苏祠主要厅堂类建筑尺寸如表4.8所示，测绘图如图4.22所示。

表4.8 眉山三苏祠主要厅堂类建筑尺寸

单位：米

建筑名称	平面形式	通面阔	通进深	檐 高
前厅	面阔五间带后廊	21.06	10.26	4.02
正殿	面阔三间前后廊	17.74	9.84	前檐5.12，后檐4.65
启贤堂、木架山堂	面阔三间周回廊	17.66	12.46	4.40
披风榭	面阔三间	7.46	7.46	下檐3.94

数据来源：重庆大学三苏祠测绘成果。

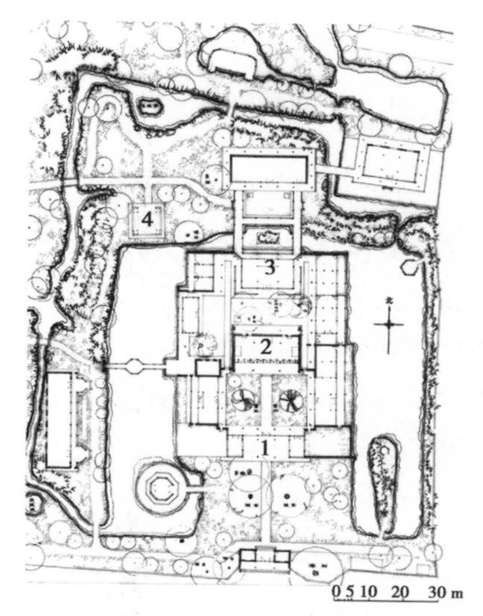

1—前厅；2—正殿；3—启贤堂、木架山堂；4—披风榭

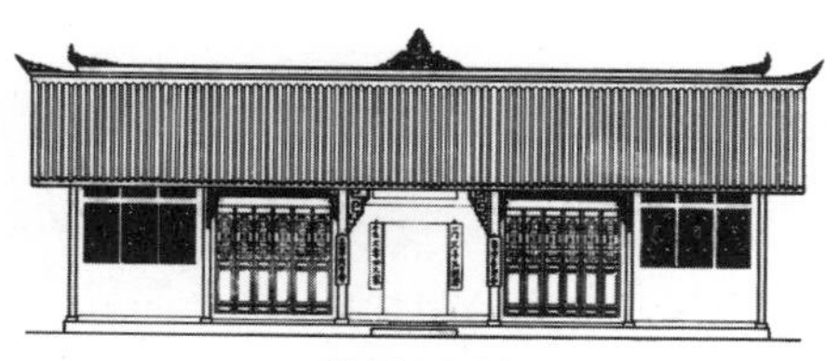

前厅立面图

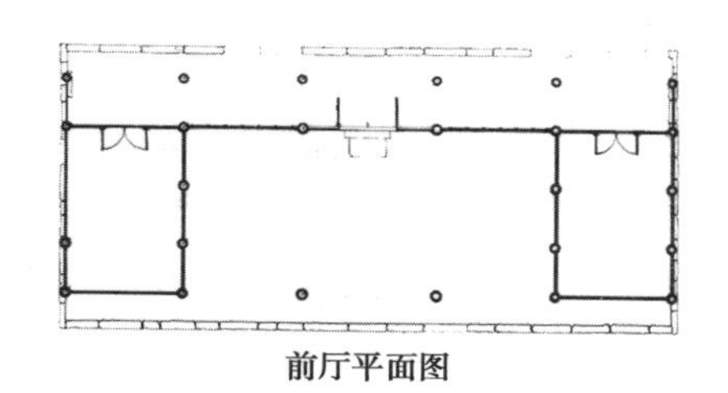

前厅平面图

正殿立面图

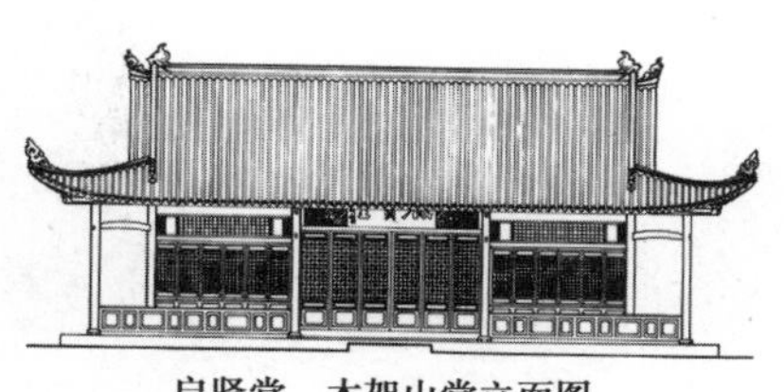

启贤堂、木架山堂立面图

披风榭立面图

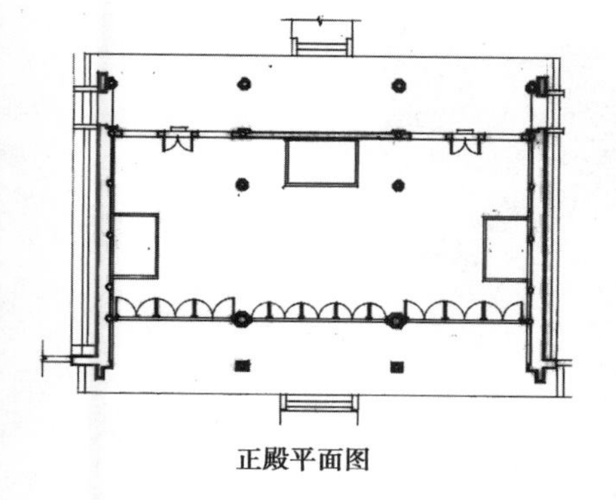

正殿平面图

启贤堂、木架山堂平面图

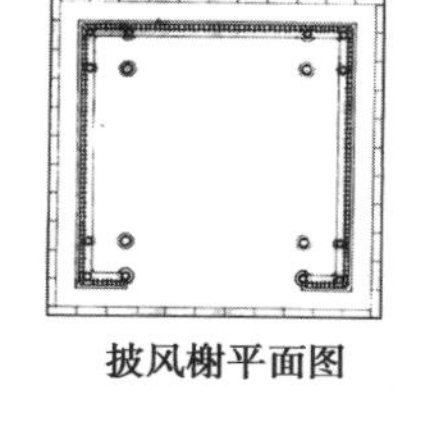

披风榭平面图

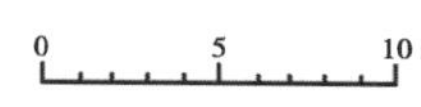

图4.22 眉山三苏祠主要厅堂类建筑测绘图

4.3　楼阁类建筑

楼阁类建筑是指园林中的多层建筑。楼与阁在早期有一定区别。《说文解字》曰“楼,重屋也”,其平面“狭而修曲”(《尔雅》);而阁主要是指下部架空、底层高悬的建筑,其平面多为方形,每层常设平坐。明清时期,楼阁二字互通,无严格区分,故常将“楼阁”二字连用。不过在给楼阁命名时还常沿用早期的区分原则,如建筑平面为多边形或接近方形者多称阁,平面为长方形者多称楼。也有少量楼阁类建筑以斋、屋、轩、室等命名。

4.3.1　单体与环境

根据园林分区、楼阁功能、景观环境的差异,楼阁在设置位置上有所不同。

主体功能区中的楼阁,常有明确功能,其位置多受建筑群体轴线的控制,根据所承担的功能及景观作用的差别,其位置也有所不同。①置于中轴线前端作为建筑群的入口,起提示作用,如会馆建筑常将戏楼置于入口处,在满足观演活动、解决人流组织等问题的同时还展现了建筑良好的形象。②居于建筑组群的最后一列或左右厢位置,如王府、私宅中的后楼、厢楼,寺庙、宫廷中用于储藏的藏经楼、藏经阁等,这类建筑在建筑群中属次一级,多作为结束和收尾建于建筑群的后部。③作为配楼附建于主厅两侧,如网师园万卷堂,其中间厅堂为平房,两侧用楼房。④设于单独的小院中,如网师园五峰书屋、集虚斋和撷秀楼等。平地园林中,这些楼阁在建筑群中多作为点缀,只局部出现。而在山地环境中,为了适应地形高差的变化,争取更多的使用空间,楼阁的使用则更为普遍;在一些特殊的山地环境中,甚至有建筑全部采用楼阁者,如贵州镇远青龙洞,这类楼阁在设置上往往没办法在轴线的控制下展开,因此建筑布置多随形就势(图4.23)。

图4.23　贵州镇远青龙洞建筑群

游览区中的楼阁在设置上则更灵活,通常不受轴线的严格控制,选址、体量多配合观景、景观需要及山水环境的整体尺度。

在以大型山水环境为骨架的游览区或城市环境中，楼阁常因其高大的体量、突出的形象被当作景区或城市主要的观景点或标志性建筑，这类楼阁常独立设置于山水或城市中的显要位置，层数多，体量大，造型华丽，并可登高远眺，是景观与观景的完美结合。它们有的建在城墙、城门上，有的建于山顶或山腰处，还有的临水而建或建于水中，选址不拘一格。成都望江公园崇丽阁立于锦江边上河道弯转之处，位置格外突出，建筑共四层，造型独特，是当时成都的地标性建筑（图4.24）。湖南岳阳楼则是古城西门的城楼，这些城楼在担负具体功能的同时也成了城市中重要的景观和标志（图4.25）。景区的标志性楼阁也常借主体功能区中的重要建筑来设置，如颐和园前山的佛香阁，佛香阁是颐和园前山大报恩延寿寺中一处供奉佛像的建筑，位于建筑群的中后部，设计时将其置于倚山而建高达20米的巨大石台基之上，再加上建筑40米的高大体量和独特造型，自然成了前山前湖景区的构图中心（图4.26）。

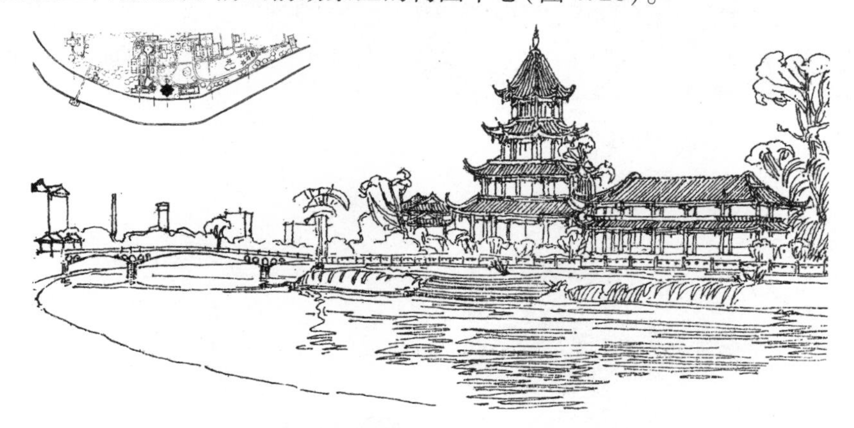

图4.24　成都望江公园崇丽阁

图4.25　湖南岳阳楼

图4.26　颐和园佛香阁

中小型游览园区中，楼阁常以下列情形出现。①作为园区的主体建筑，处于园区最重要的位置。这类楼阁在选址上与游览区中的单层主厅堂较为接近，通常面向主水面，用地平坦，视野开阔，如承德避暑山庄烟雨楼（图4.27）、四川武侯祠北部游览区的桂荷楼等。②置于园区的边侧或后部，在避免破坏园林整体环境氛围和尺度的同时扩大观景视野和范围，俯览全园及周边庭院景色，如留园曲溪楼西楼、冠云楼（图4.28）等；苏州拙政园见山楼（图4.29）位于中部景区西北侧，三面临水，底层可凭栏休憩，楼上缩进，视野开阔，也是西北部的主要景点。这类楼阁有时还处于全园最高点，以便观景。北海静心斋叠翠楼就位于全园西北角的山石上，也是全园的最高点，可俯瞰园中全景（图 4.30）。③附设于主厅堂两侧，形成丰富多变的外观形态，如留园涵碧山房和明瑟楼（图 4.31）。

图 4.27　承德避暑山庄烟雨楼

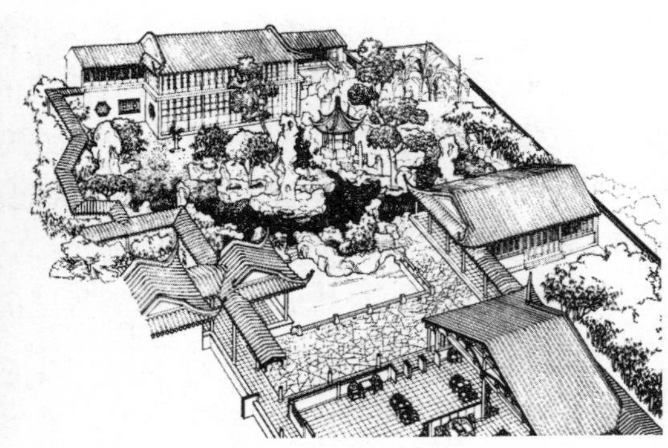

图 4.28　留园冠云楼

图 4.29　拙政园见山楼

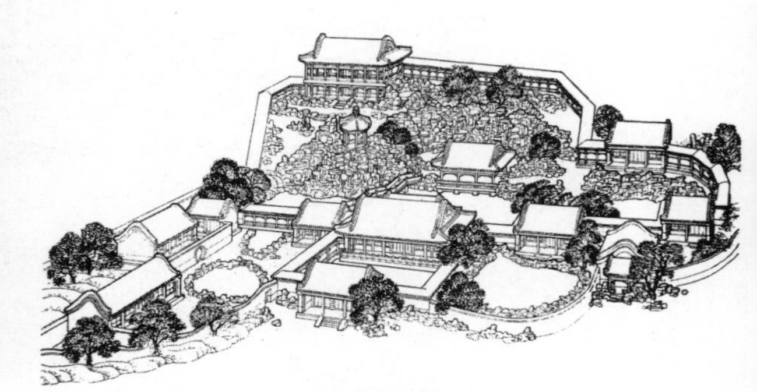

图 4.30　北海静心斋叠翠楼

图 4.31　留园涵碧山房和明瑟楼

4.3.2 平面形态

在大型山水或城市环境中作为标志性建筑的楼阁多体量庞大,层数较多,平面变化也较复杂。如颐和园佛香阁底层为八边形,外檐四层,内檐三层,平面层层收进;成都望江公园崇丽阁下两层为方形,上两层为八边形。

更为普遍的楼阁,特别是楼,平面多为长方形,两到三层居多,单体面阔三、五间不等,独立设置的楼阁底层平面柱网布置与单层厅堂类似;组合者平面间数灵活变化,平面形状也不完全规整,如留园曲溪楼、西楼。因有楼层,柱网关系则较单层建筑复杂,从上下层柱网的对位情况来看,主要分为以下四类:第一类,上下层柱网完全贯通对齐,这类柱网在使用中通常室内空间与廊的设置位置保持一致,如避暑山庄烟雨楼、留园曲溪楼等[图 4.32(a)];第二类是上下层主体空间柱网完全对齐,仅一层外部增加回廊、三面连廊或单面檐廊者,如拙政园见山楼、留园远翠阁(三面廊)[图 4.32(b)];第三类是二层外围檐柱向内收进不落地而落于一层檐柱与金柱之间梁上,上下层室内空间未对齐,如武侯祠桂荷楼[图 4.32(c)];第四类是上层平面较下层檐柱向外挑出,形成挑台,挑台边缘分为有落柱和不落柱两种情况[图 4.32(d)]。山地中建筑柱网则更加复杂,如青龙洞楼阁建筑中,仅局部柱子上下贯通,其他柱子则结合地形环境灵活落在不同的标高上。

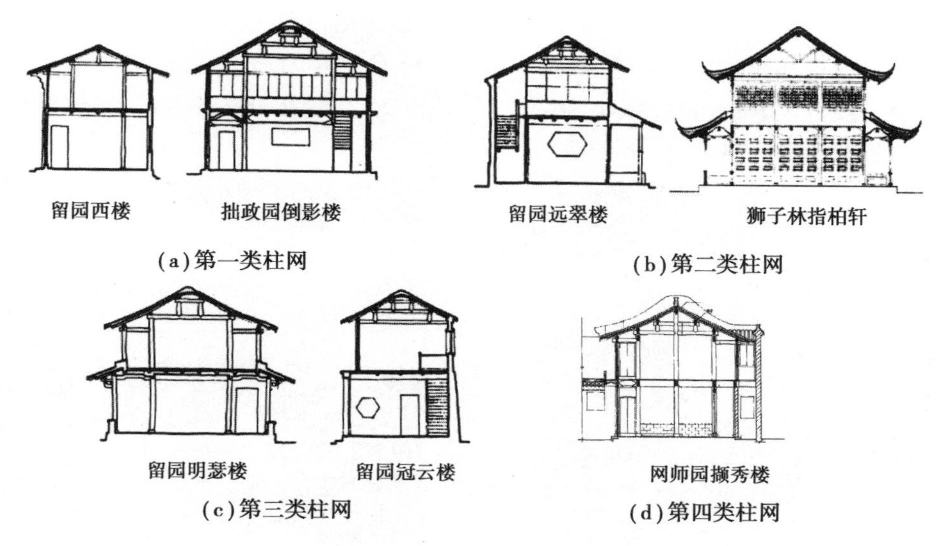

图 4.32 上下层柱网关系

园林中还常有一类尺寸较小的楼阁,其平面尺寸与大的亭子相当,平面形状则较多样,长方形、正方形、多边形都有使用。

为了保证上下层的联系又不降低空间的使用效率,楼梯设置有如下四种情形:①设置于明间后部;②位于最边一间,多靠墙设置;③房屋进深较大时,也可设置于进深方向中间;④有些建筑二层不从室内上,而由室外假山上至二楼,或结合地形一层、二层都分别从室外进入,如留园明瑟楼、谐趣园曙新楼、镇远青龙洞等。

4.3.3 立面形态

楼阁是多层建筑，从平地起，十分突出、完整，成为控制园林天际轮廓线的重要建筑。其层数多少、体量大小常随环境而设，两层是最为常见的，作为园林中的重要点景建筑，特别是在大型山水园林或重要的城市节点位置，增加楼阁的层数、体量，更显其宏伟气势。

楼阁大多以独立的形体出现，屋顶常采用歇山顶、硬山顶、悬山顶、攒尖顶及组合屋顶。两边有高大山墙的楼阁多采用硬山顶，正多边形的平面楼阁常采用攒尖顶，作为园内主体殿堂及重要景点的楼阁常采用歇山顶，大型山水园林或城市节点位置的标志性楼阁则多使用攒尖顶、歇山顶或组合屋顶。采用硬山顶和悬山顶的楼阁常通过加设檐廊和眉檐等手法来化解建筑尺度，丰富建筑造型。如在楼底层大梁挑出60厘米左右，梁前端立柱，柱上搁桁条、椽子，上承屋檐，形成阳台（多作为外廊）；或在挑出的大梁前端置枋，枋上设栏杆形成挑台；或在大梁前端搁桁条、椽，上铺望瓦，形成小巧的雀缩檐，使楼的立面富于变化。私家园林中，部分楼阁是两个体量的组合，为了避免形体庞大、形式单调，在平面和立面处理上注意了进退和高低错落，常形成不对称而又和谐统一的构图。如苏州留园的明瑟楼位于池南，西部与涵碧山房相接，因水面不大，楼的面阔仅一个半开间，主要为了取得造型上高低错落的变化，底层设为敞庭，北、东两面以临水的平台凸向水面，南部隔出小庭，选湖石堆叠假山，有石级盘旋可从室外登临楼上，形成丰富的空间层次；留园主景区东部的曲溪楼（图4.33）、西楼由一前一后、一长一短、一高一低两个体量组成，通过底层与楼层立面的虚实对比、前后两体量屋面的巧妙处理，形成一个主次分明、统一协调的整体；沧浪亭看山楼（图4.34）位于园东南角，楼建在自然的石洞上，楼前为一层，后为二层，高低错落，富有动态。

图4.33　留园曲溪楼、西楼

图4.34　沧浪亭看山楼

楼阁四周界面常随周边景物的变化作不同的处理，同时在立面上形成丰富的效果。在江南私家园林中，如前后空间开敞，则有良好的景观，底层前后外檐都为长窗，上层也可作长窗，内为栏杆，但多为半墙半窗。如楼后庭院较小，则后檐为半墙半窗，或以粉墙为主，墙上辟砖框景窗。楼两侧为山墙，也多辟砖框景窗。有的楼上层稍收进，上下层之间以通长水平砖制挂落板装饰。有的楼下层以白粉墙为主，或两端为白粉墙，使外观显得轻快活泼、形式多变。临水楼阁，底层常较为开敞，或留出较大的廊空间，以便于观景。

4.3.4 单体实例

北方皇家园林中主要楼、阁尺寸如表4.9所示,测绘图如图4.35所示。

表4.9 北方皇家园林主要楼、阁尺寸

单位:米

名 称	平面形式	尺 寸		
		底层面阔	底层进深	檐柱高(檐高)
颐和园万寿山佛香阁	八边形每边三间	边长9.95		檐柱4.45
颐和园延清赏楼	面阔三间前后廊	9.75	7.10	檐柱2.70
颐和园迎旭楼	面阔三间前廊	9.70	8.61	檐柱2.80
避暑山庄烟雨楼	面阔五间周回廊	22.00	14.00	檐高8.50

数据来源:清华大学建筑学院.颐和园[M].北京:中国建筑工业出版社,2000.

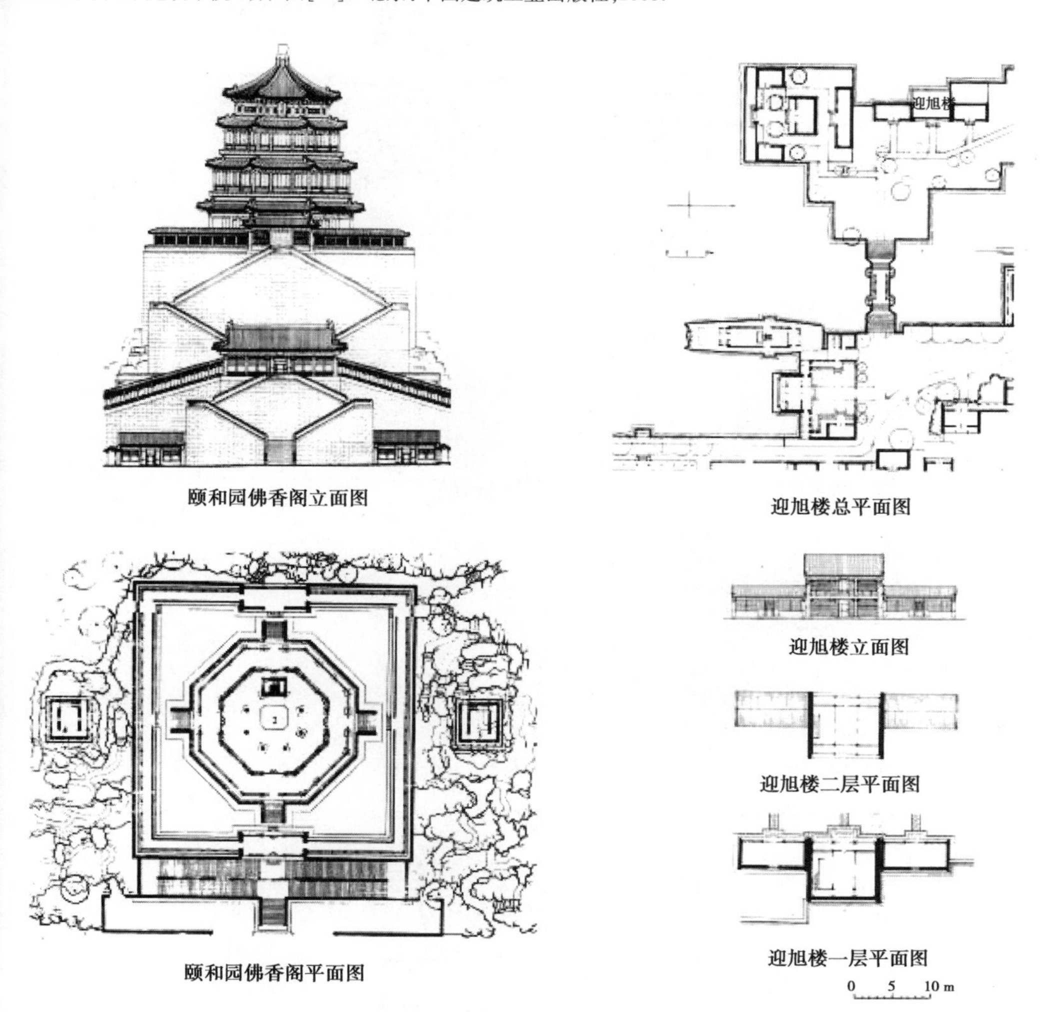

图4.35 皇家园林主要楼、阁测绘图

拙政园中主要楼、阁尺寸如表4.10所示,测绘图如图4.36所示。

表4.10　拙政园主要楼、阁尺寸　　单位:米

名　称	平面形式	底层面阔	底层进深	檐高(层高)
见山楼	底层面阔三间,东、南、西三面设廊,上层平面有收进	12.18	8.84	底层檐高2.60,上层2.84
倒影楼	面阔三间,平面方形	7.40	7.50	底层层高2.84,上层檐高2.40
浮翠阁	八角形	边长2.53		底层层高3.87,上层檐高2.60

数据来源:苏州民族建筑学会.苏州古典园林营造录[M].北京:中国建筑工业出版社,2003.

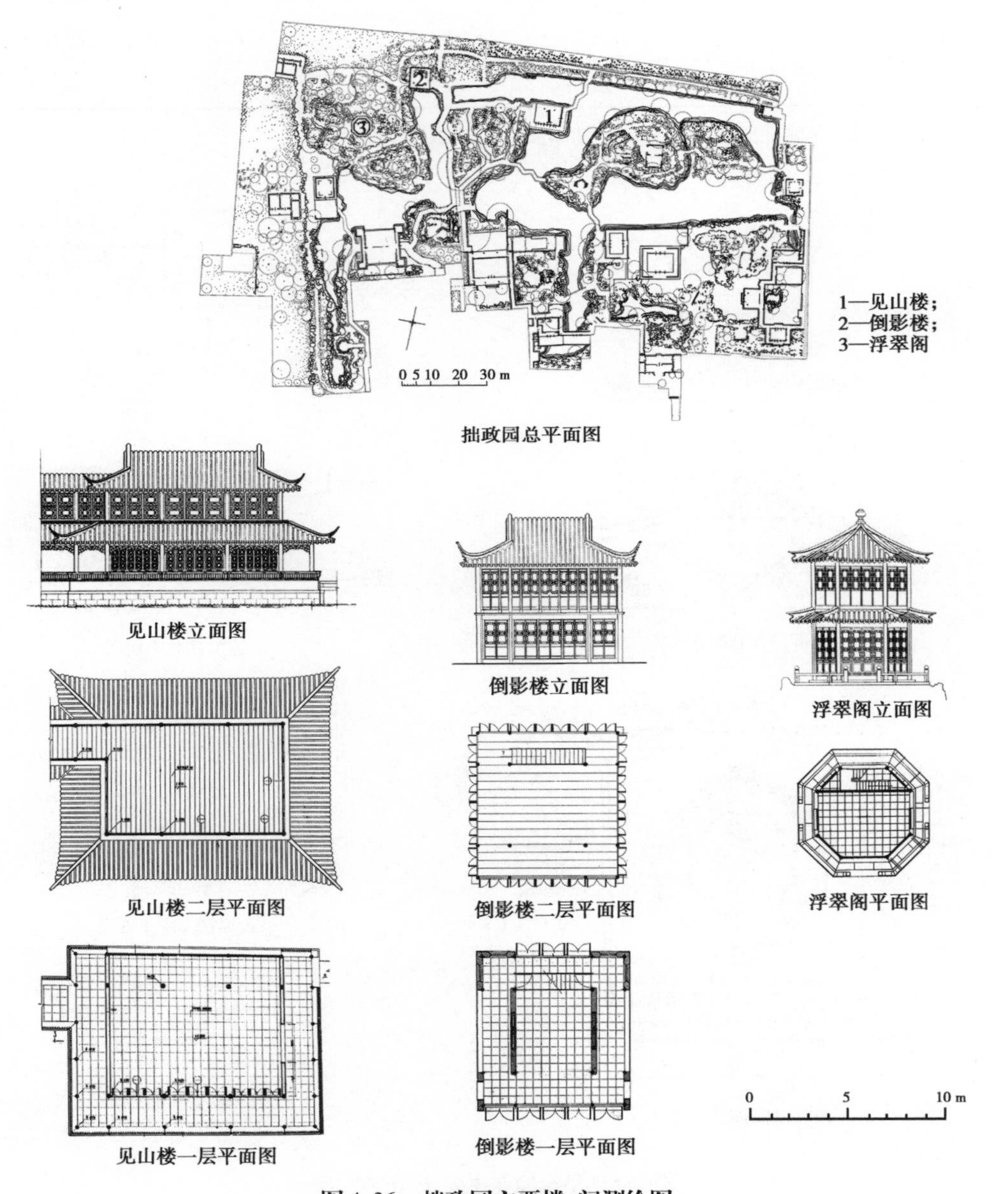

图4.36　拙政园主要楼、阁测绘图

留园中主要楼、阁尺寸如表4.11所示，测绘图如图4.37所示。

表4.11　留园主要楼、阁尺寸

单位：米

名　称	平面形式	底层面阔	底层进深	檐高（层高）
曲溪楼、西楼	两长方形组合，共七开间，其中曲溪楼面阔五间，西楼面阔两间	15.33（曲溪楼）	3.30（曲溪楼）	底层层高3.26 上层檐高2.03
明瑟楼	明瑟楼和涵碧山房组合成中部的主体建筑，楼室内不设楼梯，而是由北面小院内的湖石踏步登楼，面阔两间，一大一小，上层略收进	4.45	5.58	底层层高3.07 上层檐高2.18
冠云楼	主楼加两侧配楼，主楼突出，配楼退后，西配楼内有楼梯，东配楼外有湖石楼梯，面阔五间，二楼单侧收进	21.64	4.40	底层层高3.32 上层檐高2.63
还我读书处	面阔四间，南为通长的三开间，北为楼梯间	7.80	5.40	底层层高3.05 上层前檐高2.15，后檐高1.65
远翠阁	阁底层东南西三面为外廊，北面楼梯间，上层仅东、南、西三面缩进，面阔五间	8.40	7.00	底层层高3.45 上层檐高2.45

数据来源：苏州民族建筑学会.苏州古典园林营造录[M].北京：中国建筑工业出版社，2003.

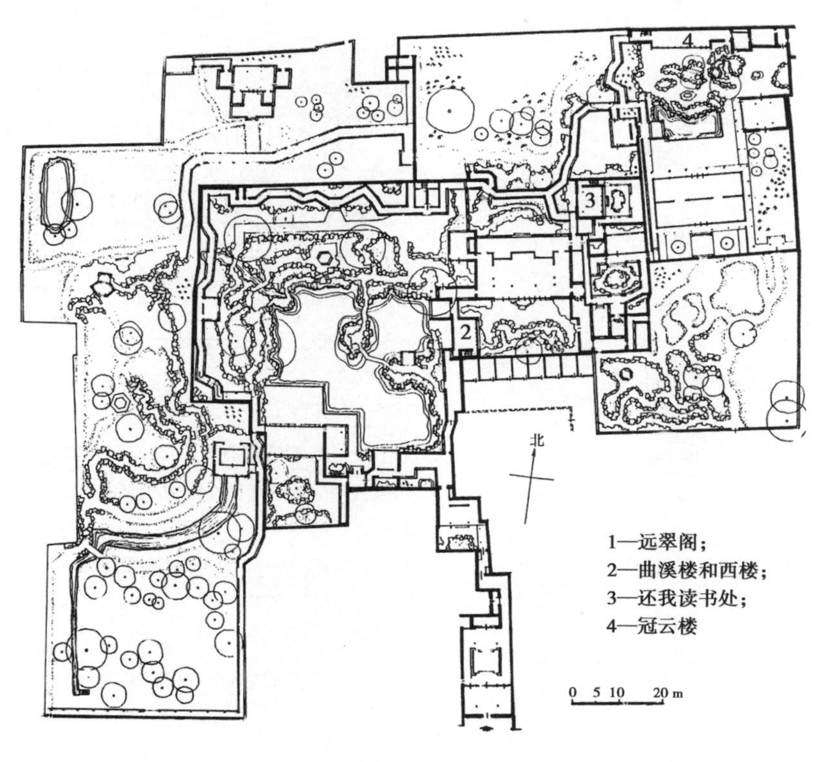

留园总平面图

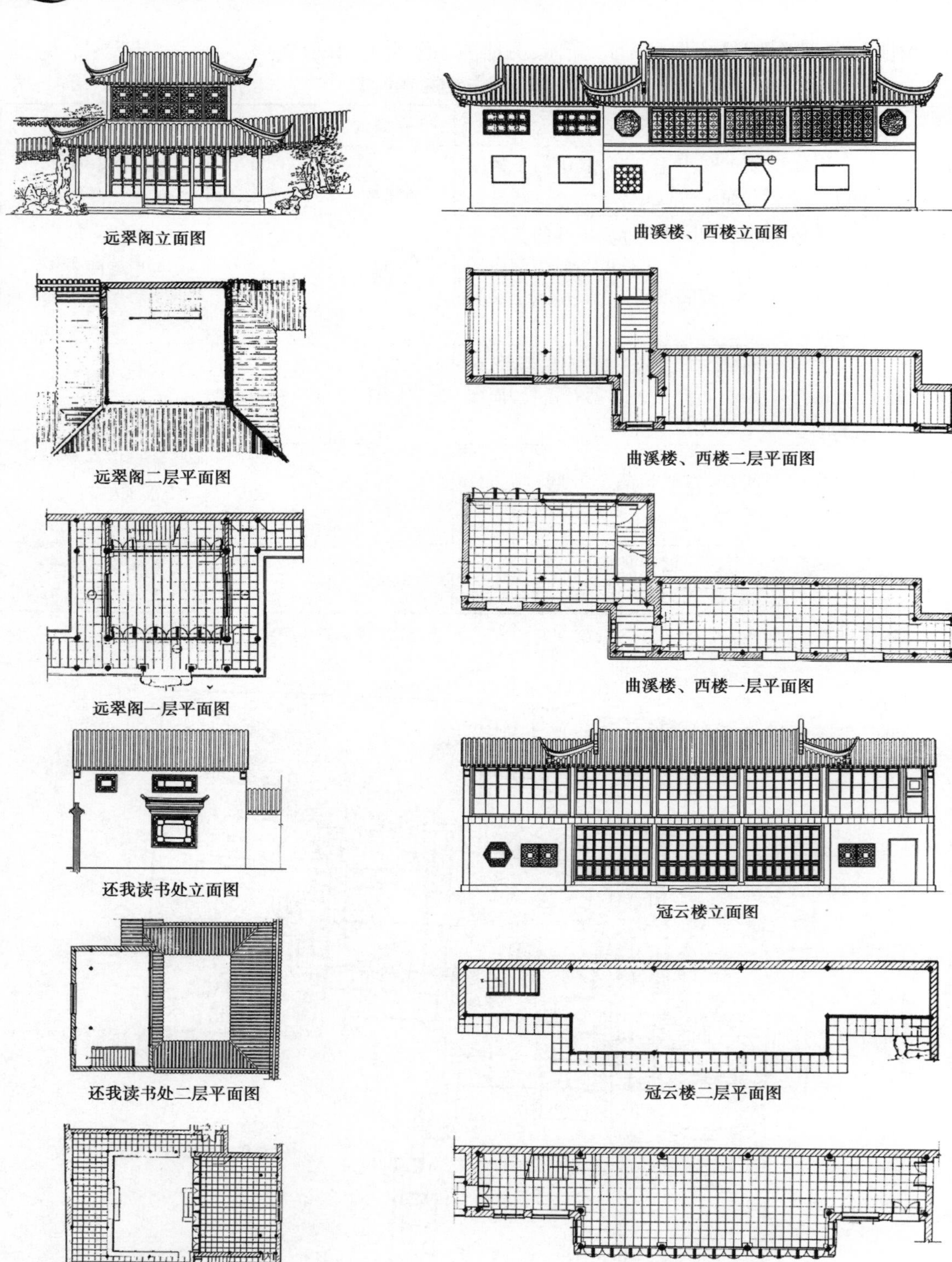

图 4.37　留园主要楼、阁测绘图

网师园中主要楼、阁尺寸如表4.12所示，测绘图如图4.38所示。

表4.12　网师园主要楼、阁尺寸　　单位：米

名　称	平面形式	底层面阔	底层进深	檐　高
五峰书屋和集虚斋	集虚斋面宽三间，上层设廊	8.70	8.00	底层檐高3.65 上层檐高2.78
	五峰书屋面阔五间，底层设前廊，楼层前后均设廊	14.40	7.95	底层檐高3.65 上层檐高2.40
撷秀楼	楼面阔六间，底层分为三个小院落，南面楼层小挑台，挑出80余厘米	21.65	7.65	底层檐高3.65 上层檐高2.55

数据来源：苏州民族建筑学会. 苏州古典园林营造录[M]. 北京：中国建筑工业出版社，2003.

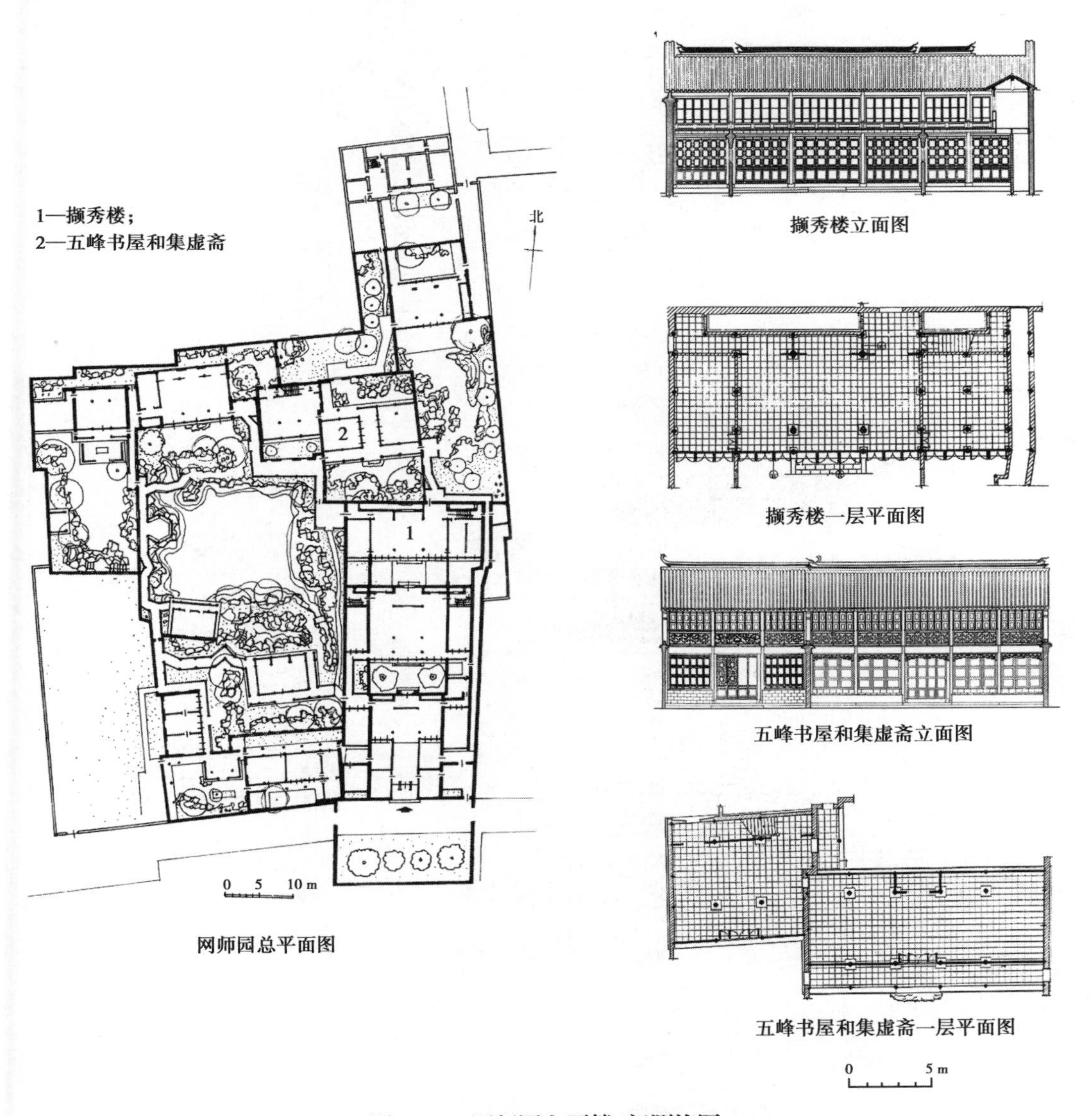

图4.38　网师园主要楼、阁测绘图

狮子林中主要楼、阁尺寸如表4.13所示,测绘图如图4.39所示。

表4.13 狮子林主要楼阁尺寸

单位:米

名　称	平面形式	底层面阔	底层进深	檐　高
指柏轩	三开间,周回廊,楼上缩进;楼梯单独布置在北部中间	16.50	12.5	底层檐高3.68 上层檐高3.53
卧云室	东、南、西三面有廊,北面为楼梯间,底层三开间	6.70	5.30	底层檐高3.44 上层檐高3.15

数据来源:苏州民族建筑学会.苏州古典园林营造录[M].北京:中国建筑工业出版社,2003.

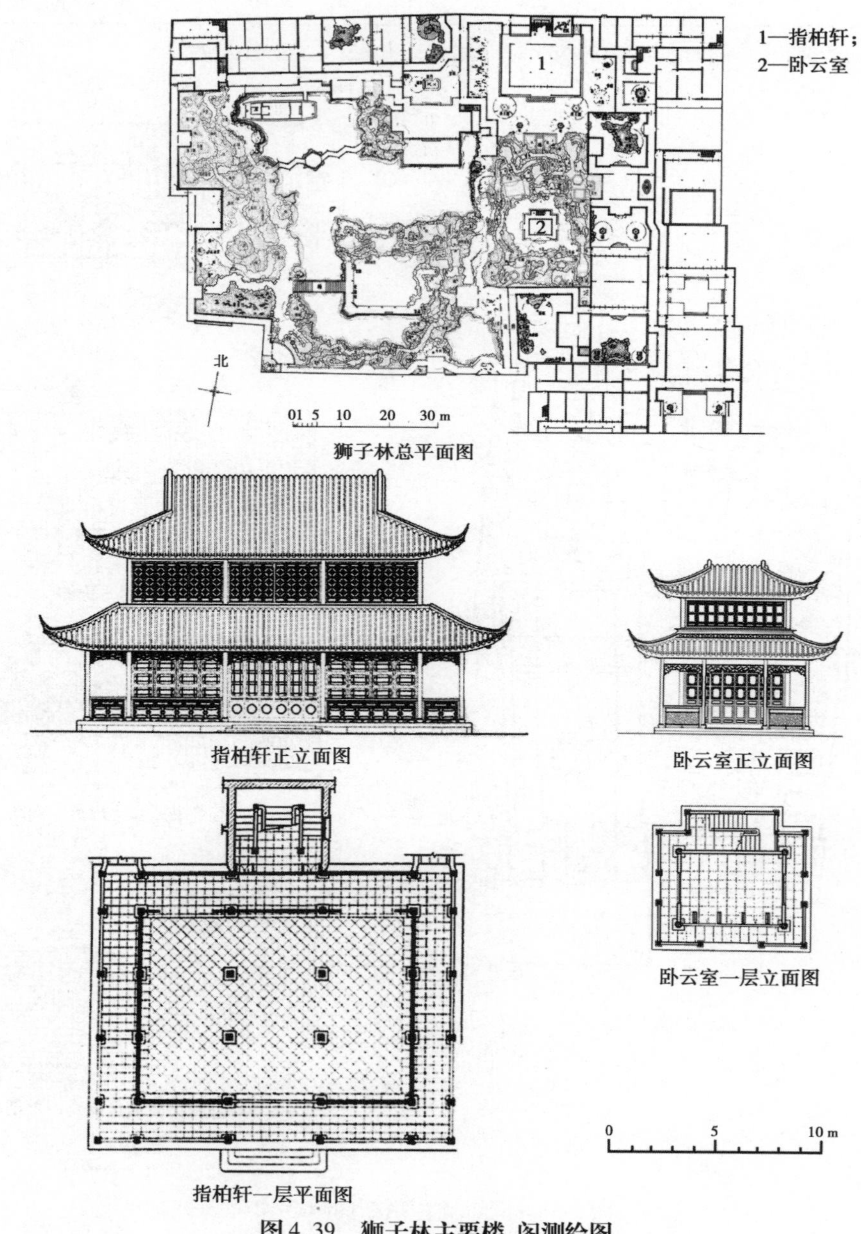

图4.39 狮子林主要楼、阁测绘图

4.4　舫类建筑

舫类建筑是古典园林中参照舟船建造的一类特殊建筑，它不仅在水系发达的江南、岭南园林中常见，在北方皇家园林、巴蜀园林中也广泛出现。舫类建筑有广义和狭义之分。狭义的舫是指形态上类似舟船的临水或水上建筑；广义的舫不仅包括前者，还包括那些造型不一定似船，但在营造中汲取了舟船内涵的抽象性仿舟建筑，这类舫可不依赖水体而建于陆地上，多以船厅称之，其造型常与一般厅堂无异。舫类建筑常以舫、舸、舟等命名。

4.4.1　单体与环境

为了更好地与建筑意蕴相配合，狭义的舫类建筑多选建在水边或水中，但具体选址、朝向、环境营造则随设计意图的不同而有差异。拙政园香洲位于园区水体西部，其舫身与陆地相连的部分配置黄石假山和树丛以形成对建筑的良好衬托；香洲舫头面东，与倚玉轩相望，北面临水一侧视野开阔，与岛中荷风四面亭、远处见山楼相互成景（图 4.40）。南京煦园不系舟位于园林中条状水池南端的水中央，舫前端平台通过两侧平桥与池岸连接，它与北面漪澜阁互为对景，打破了水体过于狭长的单调，增加了水面的景观层次（图 4.41）。怡园的画舫斋并未设置在主体水面上，而设置于园西部水域端点，船头向东，景观视线深远；其舫头前端平台挑出水面，水从台下不断涌出，在园林一端创造出源远流长的意境（图 4.42）。狮子林的石舫位于园中水体西北部暗香疏影楼前，舫头向东，形成后部楼阁的一个前景和体量过渡（图 4.43）。颐和园清宴舫位于昆明湖的西北部，万寿山的西麓岸边，水面开阔宏大，清宴舫与环境相配合，体量庞大，气势恢宏。舫类建筑布置的方位和朝向常常较为灵活，多配合周边的观景视野而定，但据学者研究，除观景视线外，部分地区的舫类建筑朝向也蕴含一定的文化内涵，如苏州画舫中常见坐西朝东的画舫，这就很可能是受到当时文人向往东海仙山，求仙问道思想盛行的影响。

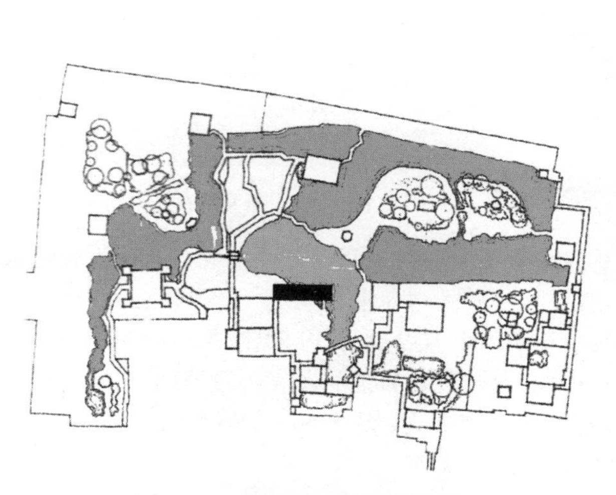

图 4.40　拙政园香洲总平面简图

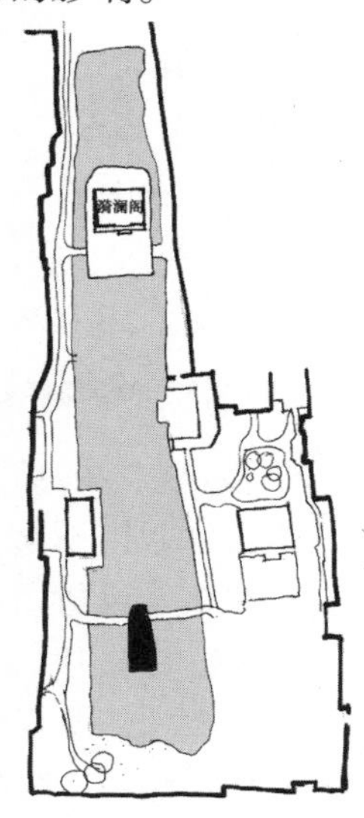

图 4.41　南京煦园不系舟总平面简图

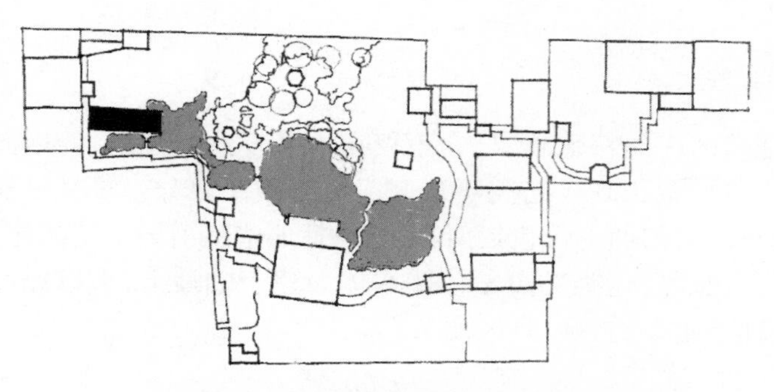

图4.42　怡园画舫斋总平面简图

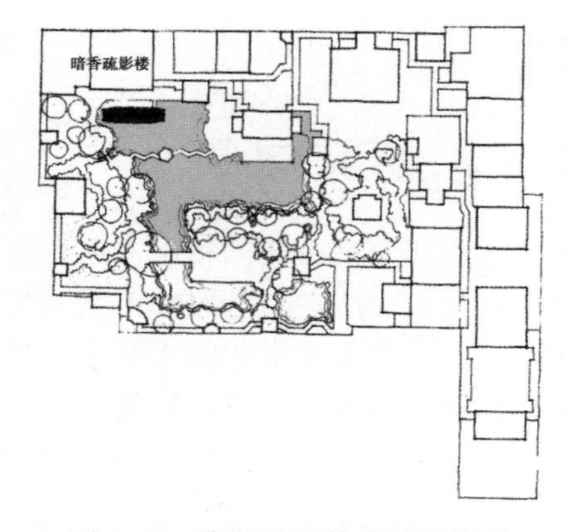

图4.43　狮子林石舫总平面简图

就舫与池畔、水体的关系来看,舫类建筑主要呈现以下三种模式:一是舫身主体平行于池畔,这类舫前端平台部分及一侧长边完全临水,似停泊岸边的舟船,如拙政园香洲等。二是舫身主体垂直于池畔,这类舫前半部分伸入水中,恰似刚刚驶入水面的小舟,如退思园闹红一舸。三是舫身全部建于水中,似荡于湖中之舟,如狮子林石舫、南京煦园不系舟、四川眉山三苏祠船坞等。

4.4.2　平面形态

舫类建筑平面多模仿舟船形态,总体呈长方形。从舫身基座的平面形状来看,有基座为规整长方形者(图4.44);有完全模仿船舶形态,前后均呈梭形者(图4.45);也有似半船者,即基座前部为梭形,后部方整(图4.46)。

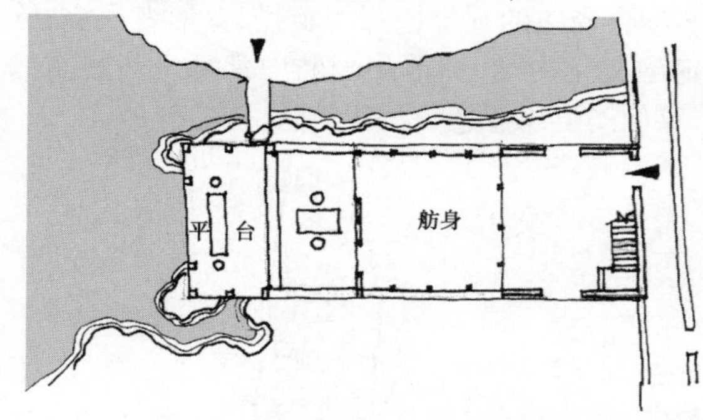

图4.44　怡园画舫斋平面简图

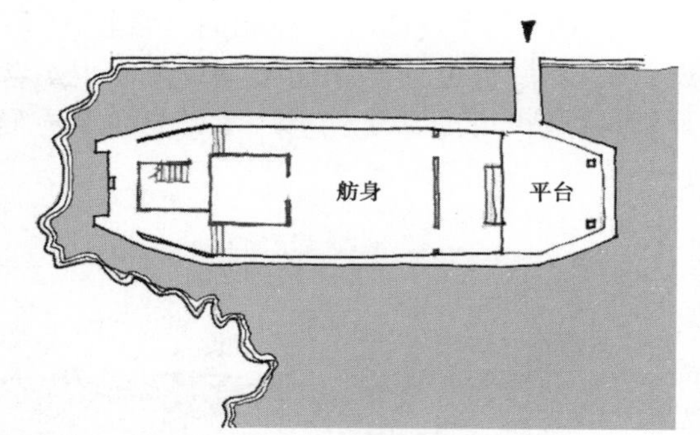

图4.45　狮子林石舫平面简图

就其空间划分来看,舫类建筑多由前部露天平台和舫身两大部分组成。舫身为有建筑屋顶覆盖的部分,根据规模不同,空间划分有所差异。有的建筑舫身分为三段,分别为前仓、中仓和后仓:前仓四周多不设封闭界面,为敞厅;中仓四周则多以罩、花窗、隔扇等与前仓和后仓进行空间分隔(图4.44、图4.45);后仓有单层和楼阁两种,后仓为楼阁者底层设楼梯,二层休息、观景。有的建筑规模较小,舫身仅为两段,包括露天平台和中仓(图4.46)。还有的建筑舫身仅一段,全部开敞,四周设栏杆、座位,与真游船颇为相似(图4.47)。

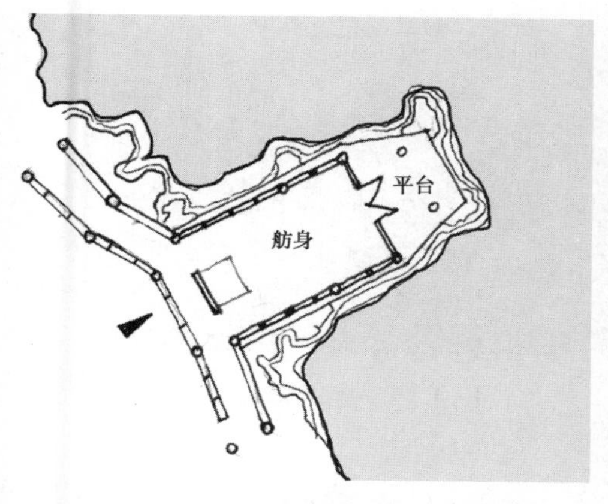

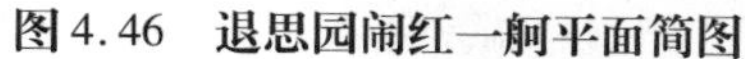
图 4.46 退思园闹红一舸平面简图

图 4.47 眉山三苏祠画舫

从陆地登临上舫类建筑有三种常见模式：一是从船尾，如退思园闹红一舸；二是从船头平台设石板桥与岸边相连，如狮子林石舫、煦园不系舟等；三是从露天平台及后仓均可，如拙政园香洲、怡园画舫斋。

4.4.3 立面形态

舫类建筑的立面形态构成要素主要分为台基和舫身两部分。

台基有三种常见类型，分别为规整石砌台基、模仿舟船甲板的石质台基以及由假山石堆叠而成形态较为自由的台基。上海嘉定秋霞圃舟而不游轩的船头平台就是以湖石堆砌而成的。

舫身的用材主要分为两类：木舫与石舫。从舫身的整体造型来看主要分为三种：一体式、二段式、三段式。一体式是指舫身为一整体，屋顶也呈现为一整体屋面，不分段，典型代表如四川眉山三苏祠船坞。二段式是指舫身分为前后两段或舫身为一体但其屋顶造型分为两段，常见前部略高于后部者，形态似半船，苏州吴江退思园闹红一舸（图 4.48）、扬州瘦西湖莳玉舫均为此类。三段式是指舫身分为前、中、后三个部分，通常中段最矮，后部最高，前仓常做成敞篷状，供赏景之用；中仓是主要的休息、宴客场所，其两侧常设通长的花窗，以便乘者观赏时有宽阔的视野；后仓为楼者常底层为实墙搭配花窗，整体较为封闭，二层设通长花窗，与底层形成虚实对比。舫的中仓屋顶一般做成船篷式样或两坡顶，首尾舱顶则常采用卷棚顶、歇山顶、攒尖顶或灵活的组合屋顶，轻盈舒展，在水面上形成生动的造型。苏州拙政园香洲（图 4.49）、怡园画舫斋（图 4.50）、上海古漪园不系舟、常熟兴福寺团瓢舫、南京煦园不系舟（图 4.51）、狮子林石舫（图 4.52）等均为三段式舫，其中南京煦园不系舟后仓为单层，其他均为楼阁。颐和园清宴舫为石舫（图 4.53），舫身分上下两层，船体由巨大石块雕刻而成，也分为前、中、后三舱，二层屋顶以平顶为基础，对应前、后仓体的位置又在平顶上加入了两个小坡顶以进行强调。

图4.48　退思园闹红一舸

图4.49　拙政园香洲

图4.50　怡园画舫斋

图4.51　煦园不系舟

图4.52　狮子林石舫

图4.53　颐和园清宴舫

4.4.4　单体实例

舫的尺寸处理因地制宜，常因水体、环境不同而有所差异。通常情况下，江南私家园林中的舫类建筑多模仿真船，因此其尺寸与真船相仿，三段式舫整体台基长度多在15米左右，宽度3～5米最为常见；两段式尺寸则随之减小，如退思园闹红一舸，舫长7.5米，宽2.8米。北方皇家园林中，整体环境阔达，因此舫的体量也随着增大，颐和园清宴舫全舫皆为两层，舫身长达36米。

拙政园香洲由平台、前仓、中仓和后仓四部分组成，其舫首、尾舱顶皆采用歇山顶，轻盈舒展、造型生动（图4.54）。

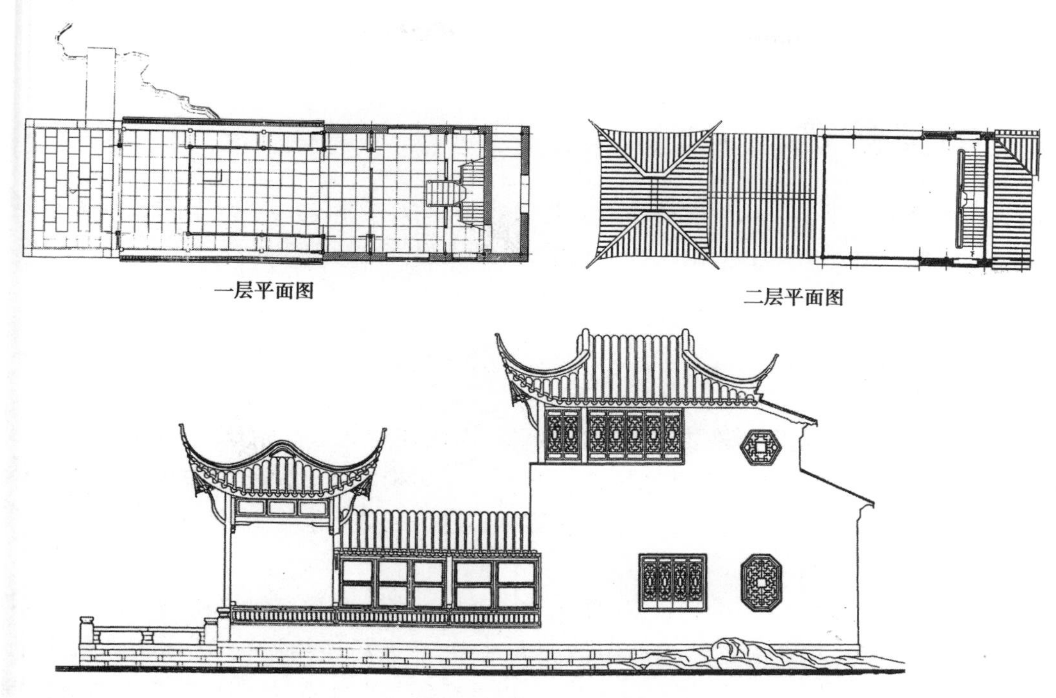

图4.54　拙政园香洲

怡园画舫斋西端两面临水，水面较小；其舫身分平台、前仓、中仓、后仓四部分；前仓和中仓檐高基本相等，后仓为楼，歇山顶(图4.55)。

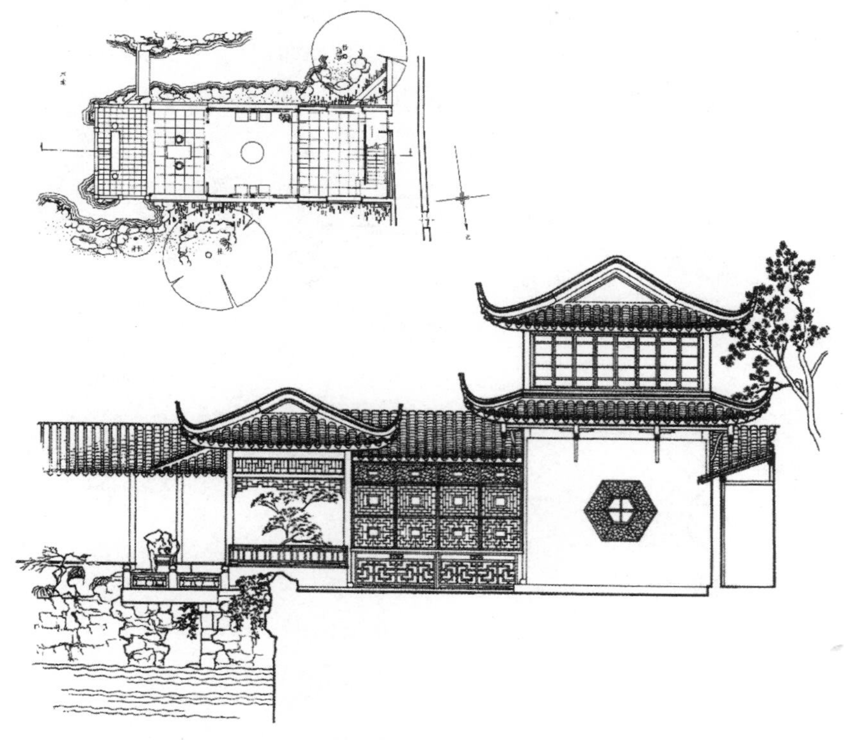

图4.55　怡园画舫斋

4.5 亭类建筑

园林中的亭主要供游人休憩赏景和乘凉避雨之用，与厅堂相比，其体积小巧、界面空透、姿态万千，常与园林中的地形高矮、山水花木相配合，组成园林中的重要景点。

4.5.1 选址与环境

亭子在使用功能上没有严格要求，体量又小巧，因此建造起来比较自由、灵活，选址受到的约束较小。《园冶》中谈到亭的位置时有如下描述："亭胡拘水际，通泉竹里，按景山颠，或翠筠茂密之阿，苍松蟠郁之麓。"可见亭的选址非常多样，花间、水畔、山巅、溪涧、苍松翠竹间均可设置，且各具情趣。

与水相关的亭在设置上有多种模式(图4.56)。紧邻水边建亭，亭常突于水中，三面或四面为水所环绕；网师园月到风来亭从连廊中部突入水中，后有粉墙相衬，成为水池西侧主景(图4.57)。伸入水体建亭者，常在水中架设平台，并以曲桥等与岸联系，如四川新都桂湖交加亭，亭建在水中平台之上，有桥与岸相连，成为桂湖北岸的重要景点(图4.58)。也有不设平台而立于水中巨石上者，如江津白沙古镇聚奎书院九曲池三亭(鉴止亭、夜雨亭、问梅亭)就立于水中黑石之上，别有一番风味(图4.59)。水体中央建亭者，称为湖心亭，如苏州西园寺湖心亭，设在池中，有曲桥连接(图4.60)；还有亭建于水中小岛之上的，如四川眉山三苏祠绿洲亭，位于西面水体中狭长小岛的端部，成为景观的焦点；苏州拙政园荷风四面亭也是位于水中小岛之上。

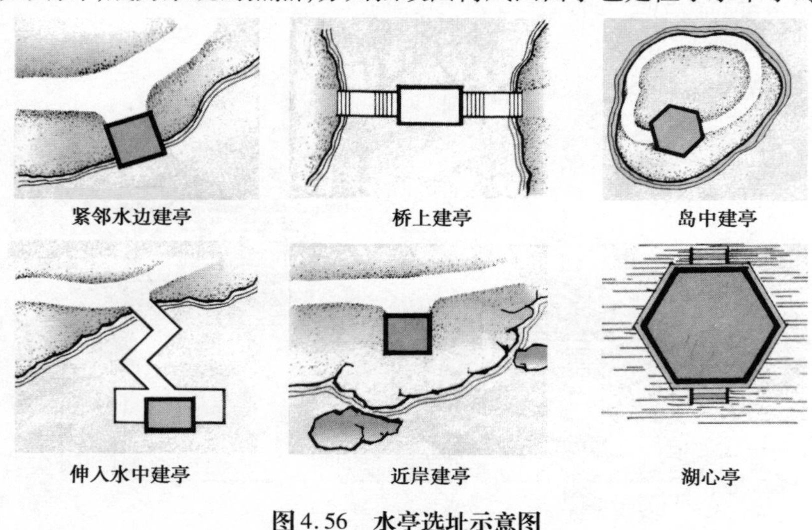

图4.56　水亭选址示意图

图4.57 网师园月到风来亭

图4.58 新都桂湖交加亭

图4.59 聚奎书院九曲池三亭

图4.60 苏州西园寺湖心亭

山上建亭,不仅丰富了山的主体轮廓,使山色更有生气,也为人们远眺、观赏全景提供了合宜的位置。位于山巅、山脊上的亭往往具有眺览范围大、视野广阔的优点。景山万春亭立于景山之巅,亭重檐三层,成为山体的焦点(图4.61)。江南私家园林中常在假山顶上建亭,休憩的同时也可眺望全景,如留园可亭(图4.62),怡园螺髻亭,拙政园宜两亭、雪香云蔚亭、绣绮亭,等等。登山路旁,山腰上也常设亭,为登山中休息的人提供一个坐坐看看的环境。峨眉山清音阁下的牛心亭,就位于建筑群前导区的登山途中,小亭位于双飞桥中间的岩石上,正对牛心石,不仅为人们提供了观看"黑白二水洗牛心"的绝佳地点,还有效地提示了游览线路,丰富了游览感受(图4.63)。

图4.61 景山万春亭

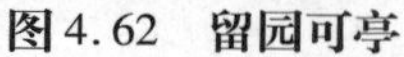

图4.62　留园可亭

图4.63　峨眉山清音阁下的牛心亭

亭的设置还常与重要的交通节点相联系，作为标识或作为节点处空间的放大，如桥头、桥上、廊端、路口、入口等处。颐和园廓如亭就立于十七孔桥东端，重檐歇山，体量较大，与十七孔桥相匹配，起到了很好的提示作用（图4.64）。再如颐和园西堤的柳桥、练桥都是在桥中段设亭，亭体量小巧，造型别致，锦上添花。

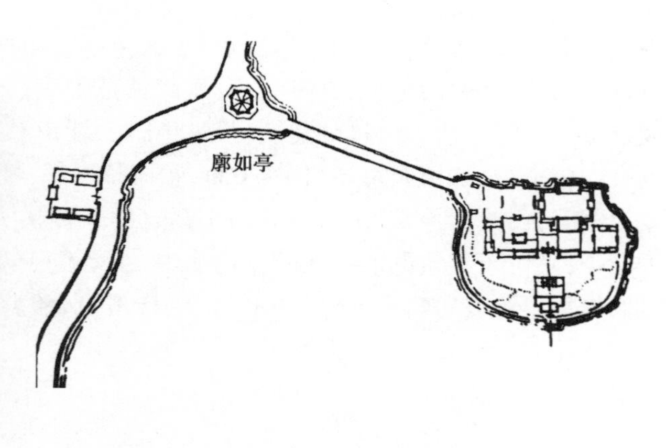

图4.64　颐和园廓如亭

另有一些亭并未设置在显要的位置上，而是在主景区的边角区域或在一些独立的小院落中，为花木山石所环绕，形成私密幽静的空间氛围。拙政园嘉实亭位于中部景区西南角，与院墙、廊共同围合成私密的小空间，环境清幽；拙政园小沧浪水院中设亭，凭栏观水，别有一番风味。还有的亭设在墙拐角处或围廊的转折处，使易刻板的转角活跃起来。

江南的庭园，多半是城市平地上的人工造园，空间范围有限，视域与视距较小，因此亭的安排很讲究互相之间的对位关系。在江南园林中，亭常建在主厅对面的假山之上，与主厅形成对景；通过“对景”“借景”“框景”等设计手法，在咫尺园林中创造出多层次的风景画面，获得小中见大的效果（图4.65）。

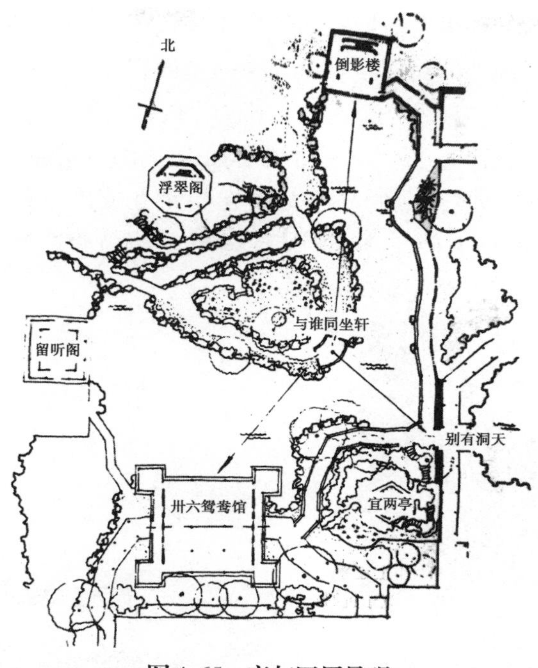

图4.65　亭与四周景观

4.5.2　平面形态

在中国古典园林中,从亭的平面形状来看,常用的为正多边形亭(如三角形亭、正方形亭、五角形亭、六角形亭、八角形亭)、圆亭等,另外也有采用长方形亭、异形亭(如扇形亭、十字形亭、套方亭、梅花亭、菱形亭)、组合亭等(图4.66)。通常小亭平面多采用简单几何形体,各边长

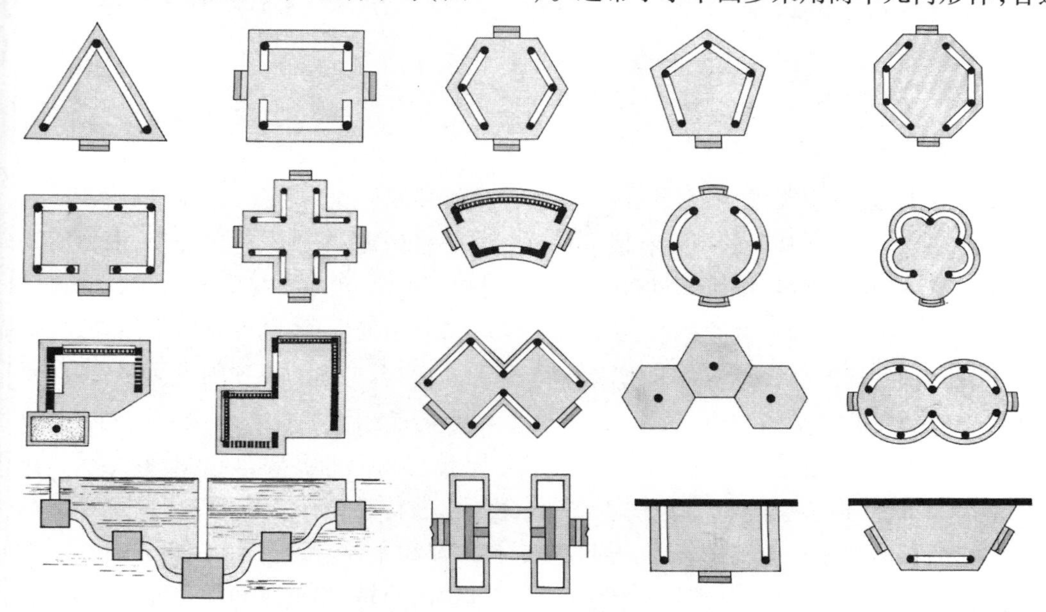

图4.66　亭的平面形状简图

度相等,单开间;规模较大者,则根据环境不同使用正多边形、异形或组合形体,用正多边形者,每面常用三开间,也有采用内外两圈柱者。组合亭的平面常见有两种基本方式:一种是两个或两个以上相同形体的组合;另一种是一个主体与若干个附体的组合。

另有亭依墙、廊或建筑物而建,成为半亭的形式。与廊结合的半亭通常是由廊中外挑一跨空间进行局部放大形成的;与墙结合的半亭常设在拐角处或围廊的转折处,如半园半亭(图4.67);也有结合建筑山墙面设半亭者,如北海静心斋碧鲜亭就建在韵琴斋山墙面上,平面近方形(图4.68)。

图4.67　半园半亭

图4.68　静心斋碧鲜亭

4.5.3　立面形态

亭多体量小巧,造型挺拔,形态多姿。

从屋顶造型来看,亭常用的屋顶有攒尖顶、歇山顶、卷棚顶、盝顶及组合屋顶,根据檐的数量又分为单檐、重檐及三重檐,按建筑材料分,多为木构瓦顶亭,也有木构草顶的或石材、竹材的。其造型主要受平面形状和体量的影响,如正多边形亭常采用攒尖顶;圆形亭多采用笠顶;平面为长方形、扁八角形、梯形、扇形等,常采用歇山顶、卷棚顶;组合平面的屋顶则灵活多变,主要是考虑形体的美感和屋面交接的方便(图4.69)。体量较小的亭造型多简易,一般不用组合屋顶,组合造型多用在大型亭上,是为了强调其气势和满足园林规划上的需要,如北海五龙亭。在私家园林中亭多为单檐,在皇家园林中因整体空间尺度宏大,特别是作为主要景点的亭多为重檐。屋顶翼角起翘的地域差异比较显著,北方起翘较轻微,显得平缓、持重;南方戗角兜转耸起,如半月形,翘得很高,显得轻巧飘洒;扬州园林及岭南园林中的建筑,出檐翼角没有北方那么沉重,也不如江南一带那么纤巧,是介于两者之间的做法,比较稳定、朴实。

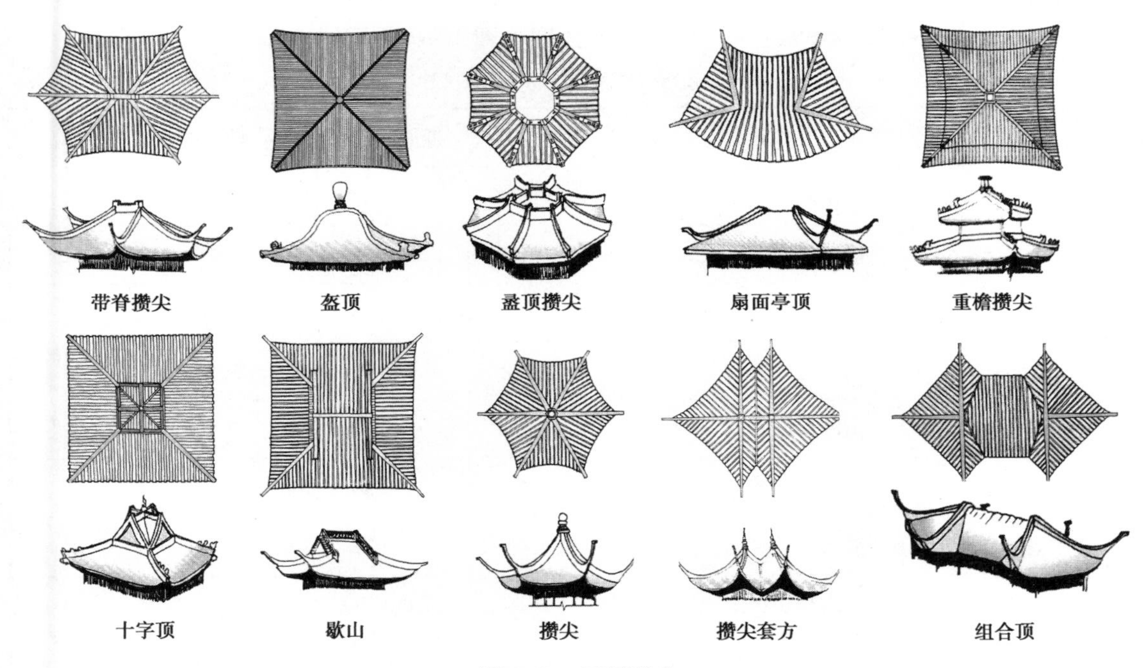

图 4.69 屋顶形式

亭身多轻巧空透,仅在柱间施以挂落,安置座椅,方便观景及休息。在苏州私家园林中也常有亭三面或四面设墙,通过墙上景窗,限定风景,在咫尺园林中创造出多层次的风景画面。拙政园扇面亭三面设墙,临池面完全开敞;拙政园梧竹幽居亭,平面方形,内设四墙,各辟圆洞门,北植梧桐树、慈孝竹,东西与市中心北寺塔、别有洞天亭相对,形成四幅不同的画面;也有亭四周设隔扇,可完全封闭,如拙政园天泉亭、塔影亭。

平地建亭,亭基座常以条石砌筑,台基形状规整,多与柱网形状匹配,略大于柱网尺寸,也有部分亭基座边缘与柱网差别较大,如环秀山庄海棠亭,其整体到细部都以海棠花为主题,故其柱网虽为方形,但基座形式却为海棠花瓣形,与主题相应;沧浪亭台基与柱网形状相同,但台基边缘由柱网向各边外扩约 0.8 米,并以栏杆限定其范围。置于假山石上或水边的亭常以假山石为基座,以便与环境取得较好的协调。

4.5.4 单体实例

亭的尺寸与园中的其他建筑相比,是较小的,但同一园中亭的尺寸和体量随着环境的不同亦有很大差别。总体而言,独立设置的亭通常比附于墙体、连廊上的亭大,位于开阔地带作为园林主要景点的亭较附属于建筑群中或次要位置的亭大。

皇家园林中的亭,特别是在山上作为主要景点的亭,由于整体山水尺寸宏大,亭多尺寸较大且采用重檐屋顶。私家园林中的假山高度一般在 5 米以下,因此亭的尺寸一般也较小。怡园中部假山上的螺髻亭,平面六边形,各边仅长 1 米,柱高 2.3 米;留园可亭,六边形平面,各边长 1.3 米,柱高 2.5 米。

颐和园中主要亭的尺寸如表4.14所示，测绘图如图4.70所示。

表4.14 颐和园主要亭的尺寸

单位：米

名　称	位　置	平面形式	通面阔或边长	明间宽	檐柱高
知春亭	前山独立建置	方形	7.18	4.55	4.3
练桥桥亭	前湖桥亭	方形	5.98	3.70	3.62
谐趣园兰亭	后山小园林与廊结合	方形	5.13	2.54	3.17
廓如亭	前山独立建置	八角形	6.50	3.25	4.27
镜桥桥亭	前湖桥亭	八角形	4.06	2.10	3.02
绘芳堂西八角亭	后山独立建置	八角形	3.30	1.38	—
画中游八角亭	前山小园林与廊结合	八角形	3.22	1.65	3.21
小有天亭	前山小园林与廊结合	圆形	3.00（直径）	—	3.05
五方阁角亭	前山与廊结合	方形	3.20	1.30	3.31
含新亭	前山独立建置	六角形	5.20	2.61	3.48

数据来源：清华大学建筑学院. 颐和园[M]. 北京：中国建筑工业出版社，2000.

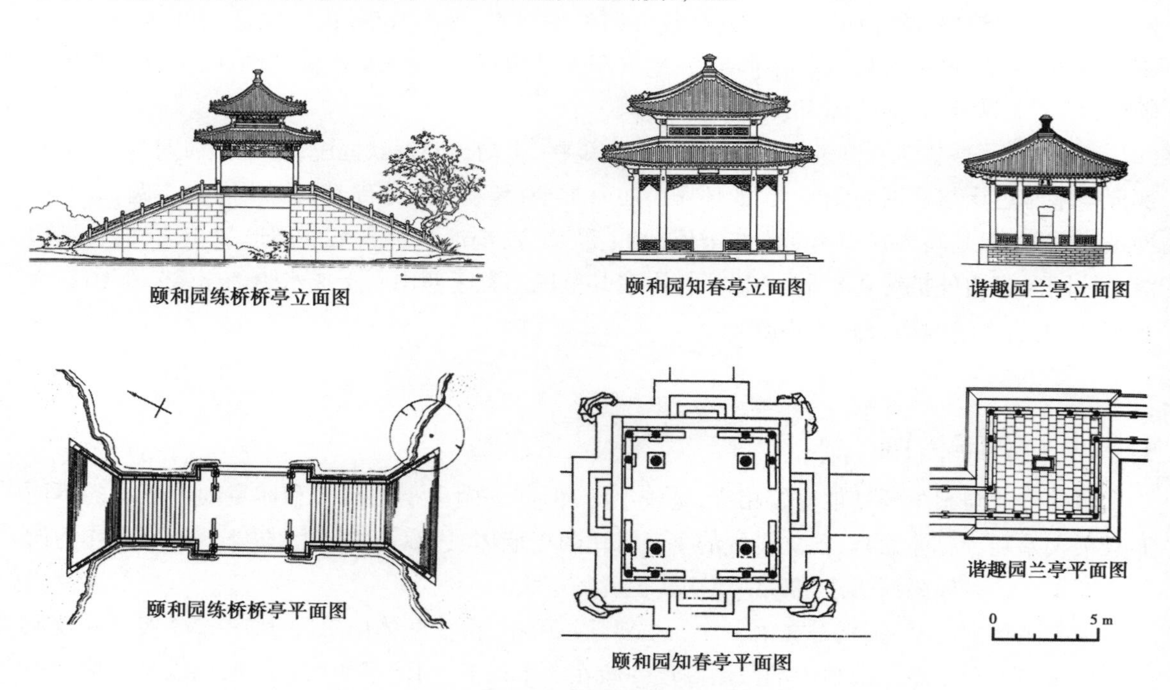

图4.70　颐和园主要亭的测绘图

拙政园中主要亭的尺寸如表 4.15 所示，测绘图如图 4.71 所示。

表 4.15 拙政园主要亭的尺寸

单位：米

建筑名称	位 置	平面形式	边 长	檐 高
绿漪亭	中区东北角临水驳岸转折处	正方形	2.87	3.20
松风亭	中区西南，与小沧浪、小飞虹、得真亭围合成水院	正方形	2.85	3.20
别有洞天亭	中区西墙临池处，廊亭	正方形	2.90	3.00
梧竹幽居亭	中区水池东端	正方形	5.36	2.75
绣绮亭	中区水池东南土山上	长方形	宽 5.00 深 3.32	2.80
宜两亭	西区东南假山上	六角形	2.06	3.32
扇面亭	西区东侧水池转折处池岸上	扇 形	宽 4.60 深 2.30	2.30
塔影亭	西区南端水湾旁，亭建于石柱上	八角形	1.70	3.57
笠亭	西区土山南	圆 形	半径 1.38	2.24
倚虹亭	位于东区和中区之间复廊的西侧	半亭形式	宽 2.80 深 1.30	2.30
天泉亭	东区大草坪中	八角形	3.38	3.40
荷风四面亭	中区水面小岛中	六边形	1.80	2.80
香雪云蔚亭	中区土山上，与远香堂成对景	长方形	5.30×3.20	2.30

数据来源：苏州民族建筑学会. 苏州古典园林营造录[M]. 北京：中国建筑工业出版社，2003.

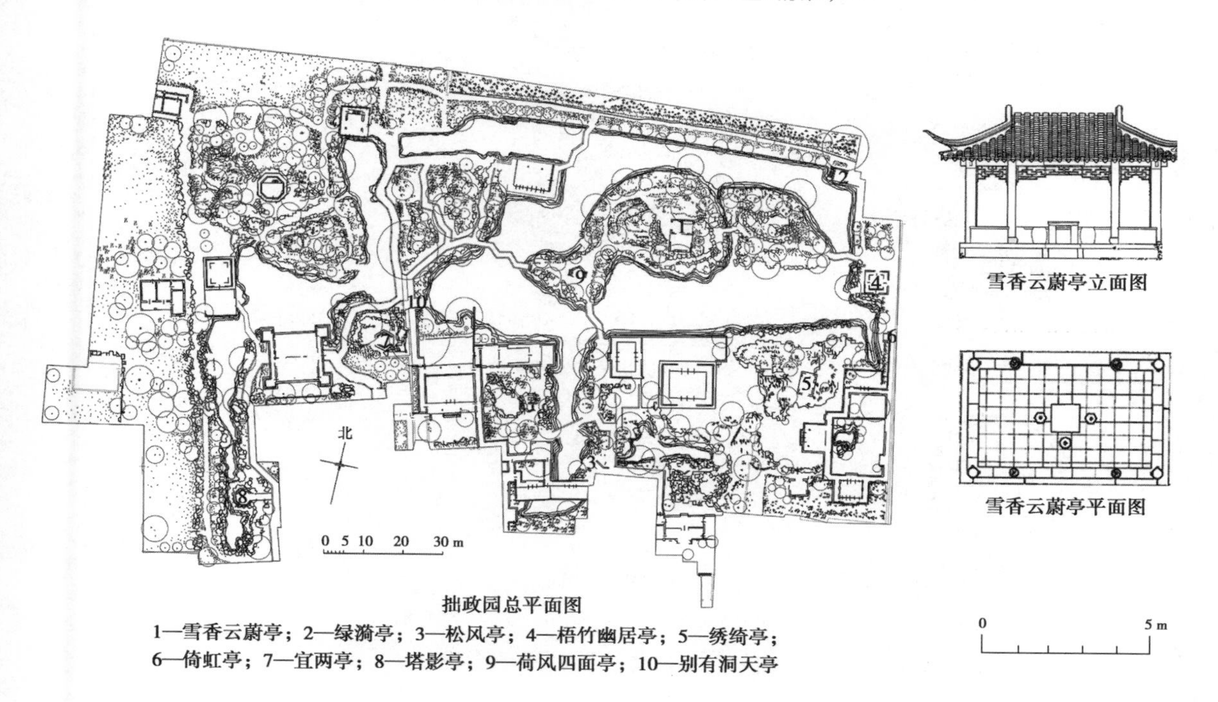

拙政园总平面图

1—雪香云蔚亭；2—绿漪亭；3—松风亭；4—梧竹幽居亭；5—绣绮亭；
6—倚虹亭；7—宜两亭；8—塔影亭；9—荷风四面亭；10—别有洞天亭

雪香云蔚亭立面图

雪香云蔚亭平面图

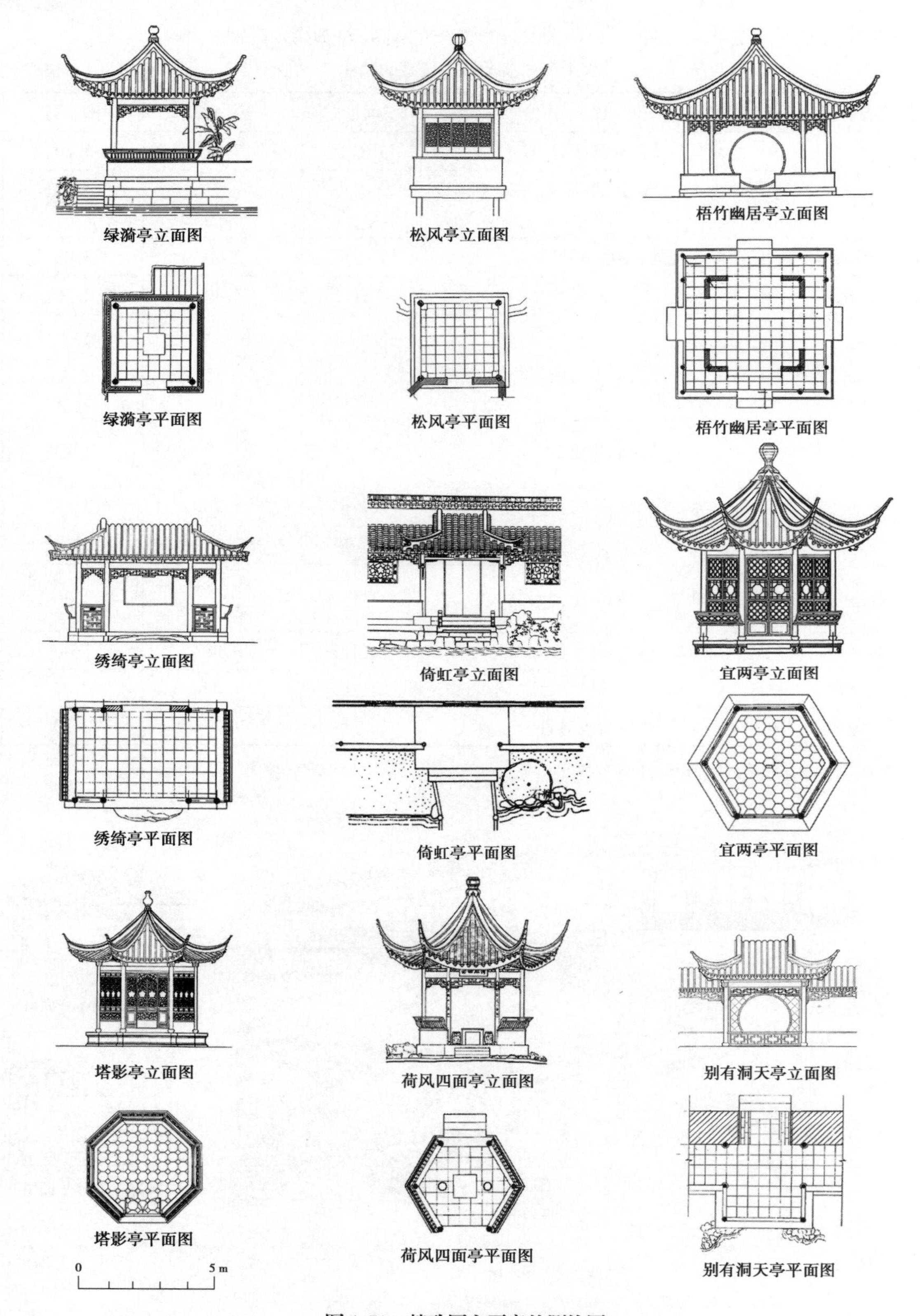

图 4.71　拙政园主要亭的测绘图

狮子林中主要亭的尺寸如表4.16所示,测绘图如图4.72所示。

表4.16　狮子林主要亭的尺寸

单位:米

建筑名称	位　置	平面形式	边　长	檐　高
真趣亭	水池北岸,面对假山	廊连亭,长方形	宽6.20 深5.16	3.60
湖心亭	水池中,有曲桥连接	六角形	1.65	2.90

数据来源:苏州民族建筑学会.苏州古典园林营造录[M].北京:中国建筑工业出版社,2003.

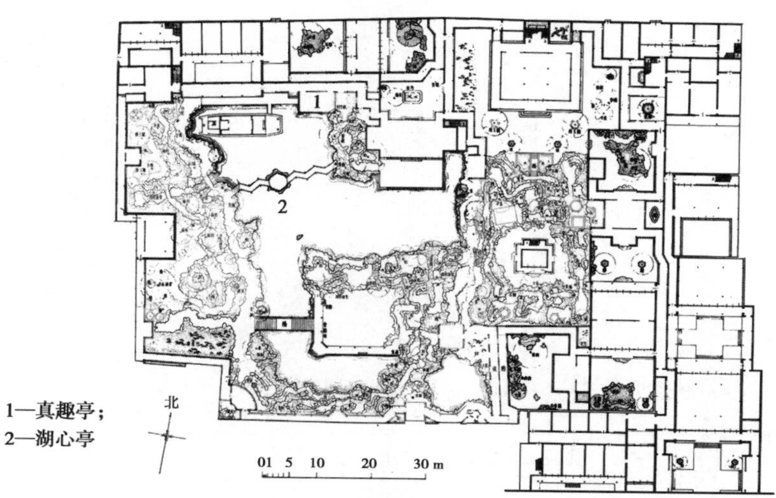

狮子林总平面图

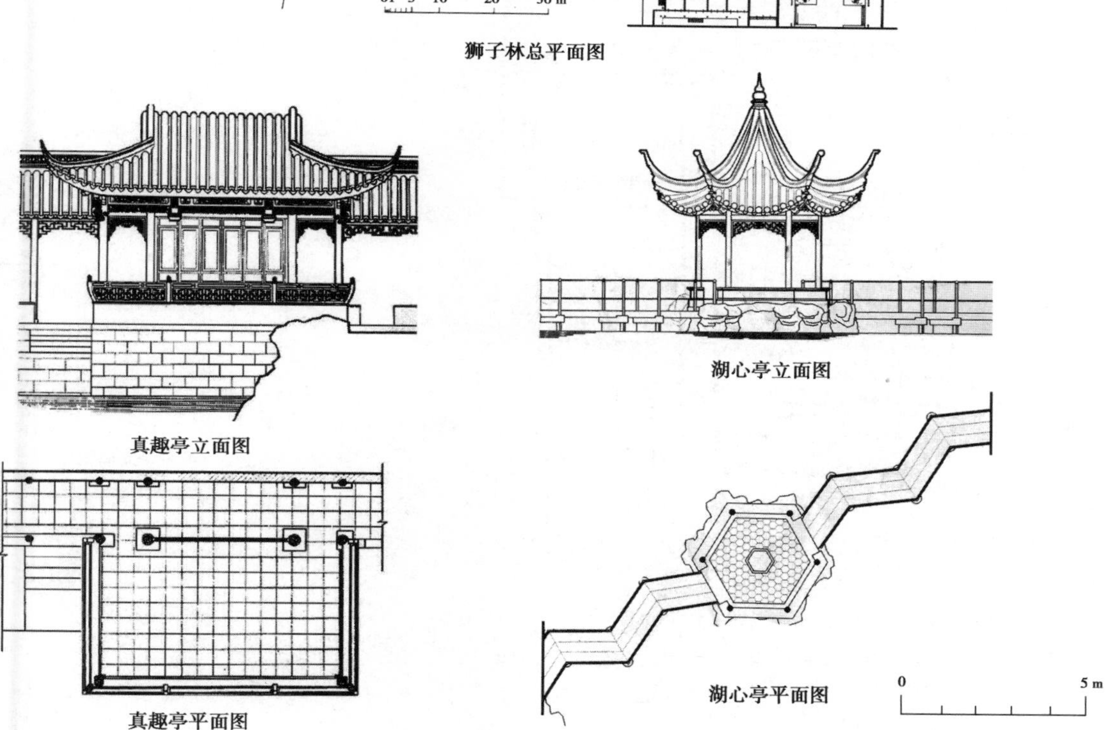

真趣亭立面图

湖心亭立面图

真趣亭平面图

湖心亭平面图

图4.72　狮子林主要亭的测绘图

网师园中主要亭的尺寸如表4.17所示,测绘图如图4.73所示。

表4.17 网师园主要亭的尺寸 单位:米

建筑名称	位 置	平面形式	边 长	檐 高
月到风来亭	中部水池西侧,亭南、亭北有廊	六角形	2.00	2.99
冷泉亭	殿春簃庭院内,亭依西墙建,位于湖石花台上	半亭形式	宽2.98 深2.45	2.92

数据来源:苏州民族建筑学会.苏州古典园林营造录[M].北京:中国建筑工业出版社,2003.

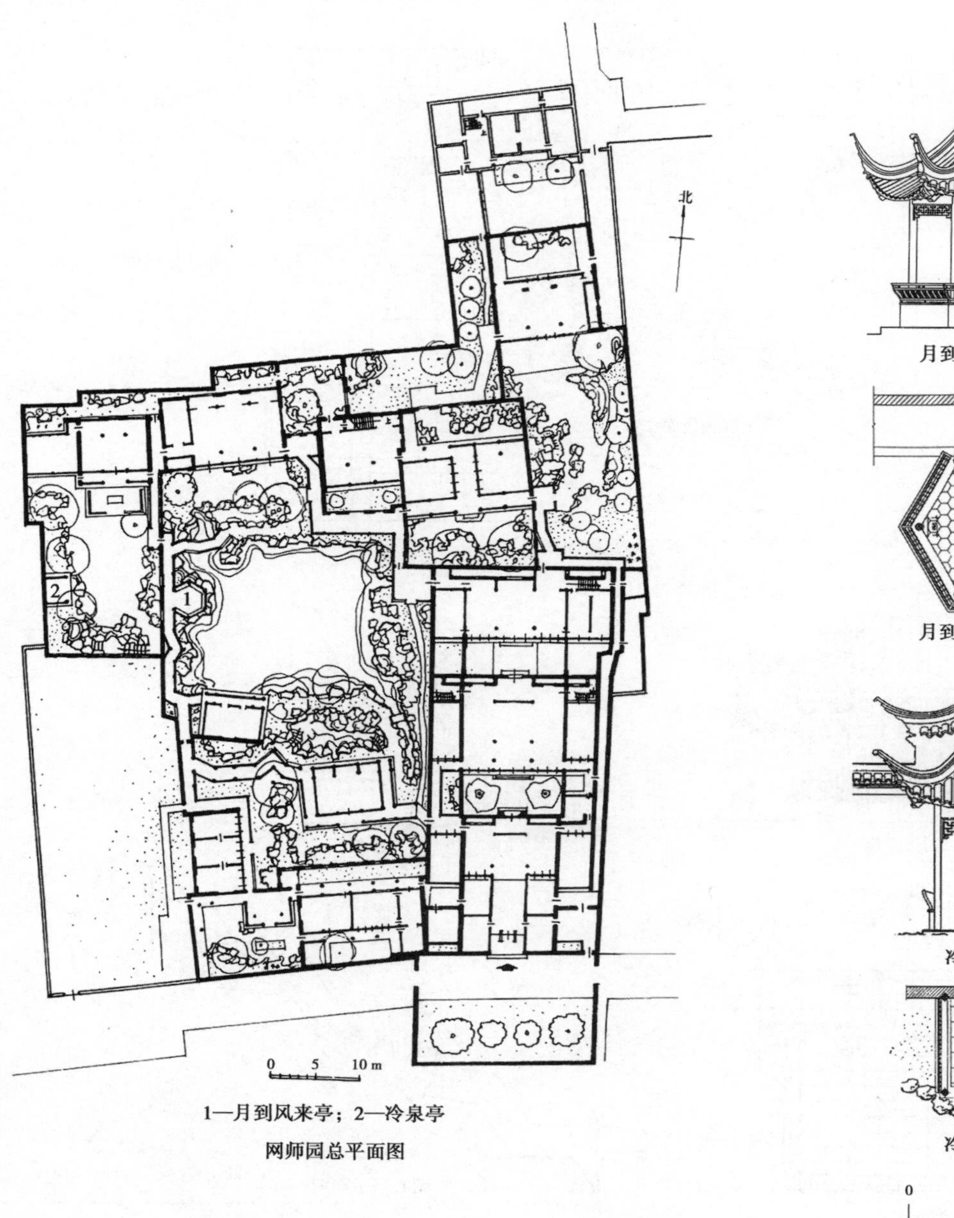

1—月到风来亭;2—冷泉亭

网师园总平面图

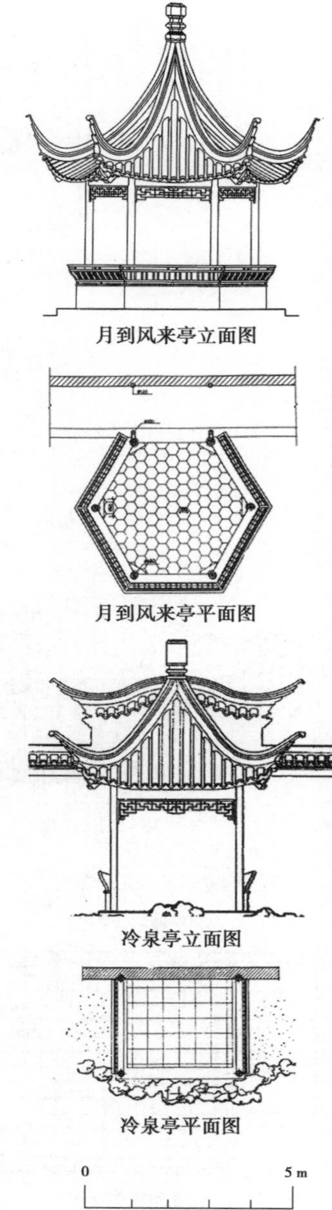

月到风来亭立面图

月到风来亭平面图

冷泉亭立面图

冷泉亭平面图

图4.73 网师园主要亭的测绘图

四川眉山三苏祠中主要亭的尺寸如表4.18所示,测绘图如图4.74所示。

表4.18 眉山三苏祠主要亭的尺寸

单位:米

建筑名称	位 置	平面形式	边 长	檐 高
瑞莲亭	水中亭	八边形,内圈四柱	2.65	3.00
百坡亭	桥亭,与廊相接	由走廊向两边扩展,总体呈不等边八边形	总宽4.77	3.20
绿洲亭	小岛端头	六边形	1.38	2.62
抱月亭	由岸边伸入水中	六边形	2.18	下檐2.34

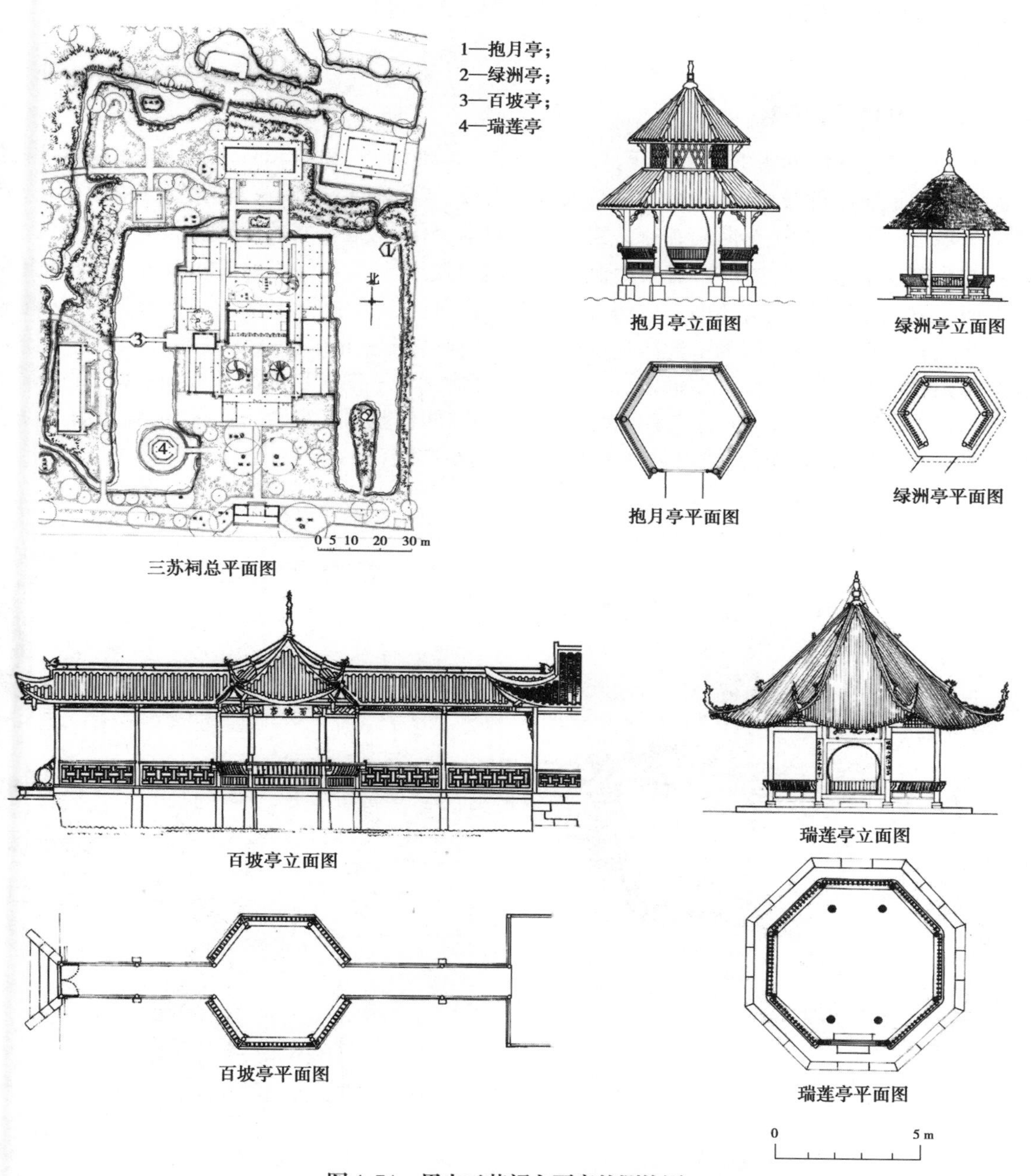

图4.74 眉山三苏祠主要亭的测绘图

4.6 廊

廊在园林中具有重要作用，不仅能将各厅房有机联系使之成为整体，也往往是游览路线的有效组织者之一。它不仅具有避雨休憩、来往交通的功能，而且在园林艺术上起着分隔园林空间、组织园林景观、增加园景层次的重要作用。同时廊还常作为建筑物室内到室外空间的过渡。无论在宫廷、寺观还是民居中，廊都得到了广泛应用，其空间形态以线性为主要特征。

4.6.1 单体与环境

廊的设置首先要考虑能够将主要景点和多组院落空间串连组织起来，同时廊的设置往往还要综合考虑地形条件及游览体验的变化，或沿墙而行，或临水而游，或跨水而越，或沿山而上，有机地与地形结合，同时也不断引领行进路线上景观的变化，形成丰富的游览体验。

在小型的平地园林空间中，廊常附设于建筑周边或沿墙以“占边”的形式布置，在形制上有占一面、二面、三面者，也有四面形成回廊的情况。在皇家园林中采用回廊将各组建筑连接起来的形式比较常见，如颐和园的谐趣园连廊（图 4.75）、避暑山庄烟雨楼连廊等都为此种类型。而在苏州园林的主景区中，廊则多沿墙设置，为了避免廊围绕一圈所形成的呆板和单调，廊通常只在一边或两边出现（图 4.76）。与此同时，为了加强空间体验的丰富性与趣味性，廊与墙的关系时分时合，形态曲折多变，营造出了许多颇具情趣的小空间（图 4.77）。

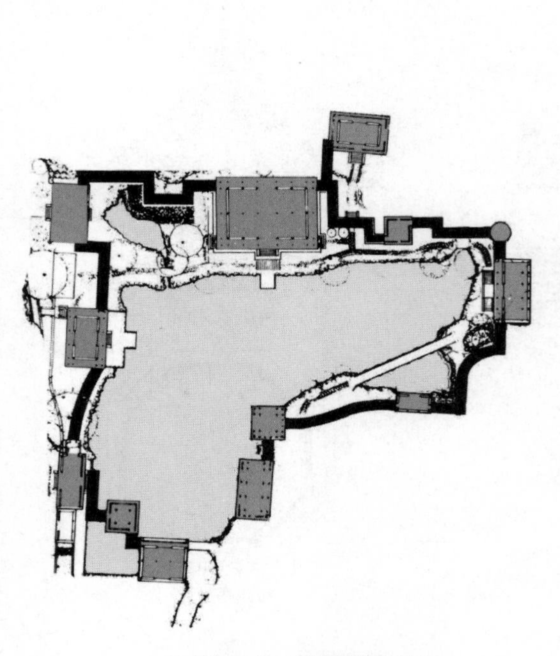
图 4.75 谐趣园连廊

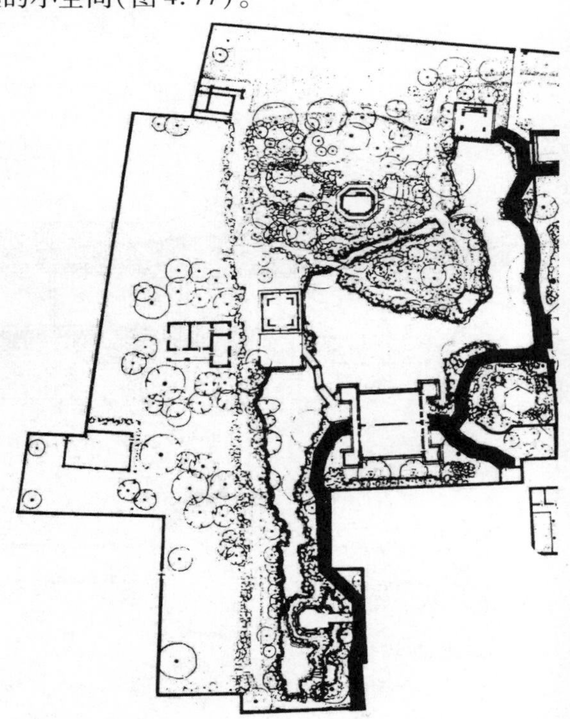
图 4.76 拙政园西区连廊

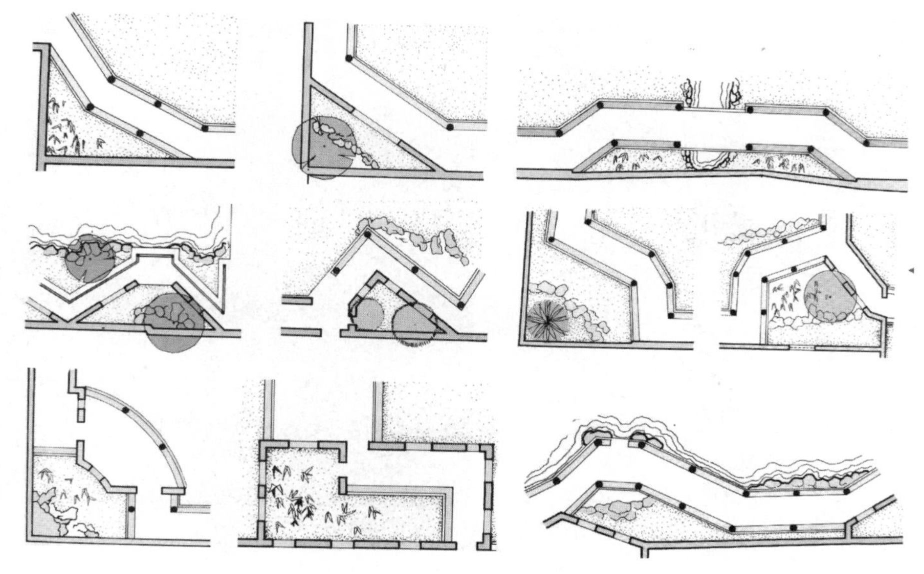

图4.77　**廊与墙的关系**

临水而设也是游廊常见的设置方式，供人们欣赏水景并联系水上建筑用。水边设廊有位于岸边者，也有完全与水面紧密贴合者。颐和园临湖设置长廊就属于前者，廊立于岸边，为观看湖景提供了良好的空间；拙政园西部景区著名的波形水廊则完全紧贴水面设置，廊在自然的转折中还设置了起伏变化，人们漫步其上，宛若置身水面之上，别有风趣(图4.78)。

当游廊用以登山观景和联系山坡上下不同高程的建筑物时，廊常依山势蜿蜒转折而上，营造出丰富的山地建筑空间，特别是在大型皇家园林中，爬山廊的设置非常普遍。北海濠濮间山石环绕，树木茂密，四座殿宇位于山体不同的标高之上，因此建筑采用了爬山而上的折廊进行连接，廊从起到落，跨越起伏的山丘，结束于临池的水榭，手法自然，富于变化(图4.79)。

图4.78　**拙政园波形水廊**

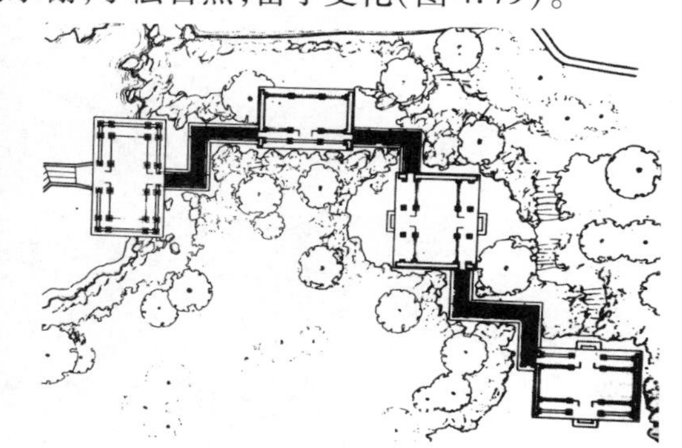

图4.79　**北海濠濮涧爬山廊**

廊在组织游览路线的同时，也常担负着划分空间的作用。在规模较大的皇家园林中，通常用廊界定院落空间，并以此对园林进行分区。承德避暑山庄万壑松风就是利用廊巧妙地把几个单体建筑串联起来，并形成了几个大小不同的院落空间。在小型的园林中也常用廊划分空间以此增加空间的层次。四川眉山三苏祠西面水体就是用中部通透的桥廊和亭将狭长水面划分为两个部分，大大增加了空间景观层次的丰富性；三苏祠启贤堂与来凤轩则是通过中间的连廊将原来的庭院一分为二，两个庭院景观各具特色，趣味盎然。拙政园中部景区南侧水体上的小飞

虹以桥廊的形式出现，将此处景区进行了空间上的划分，既起到了联系远香堂与玉兰堂的作用，也与小沧浪围合成了一处较为静谧的小景区（图4.80）。

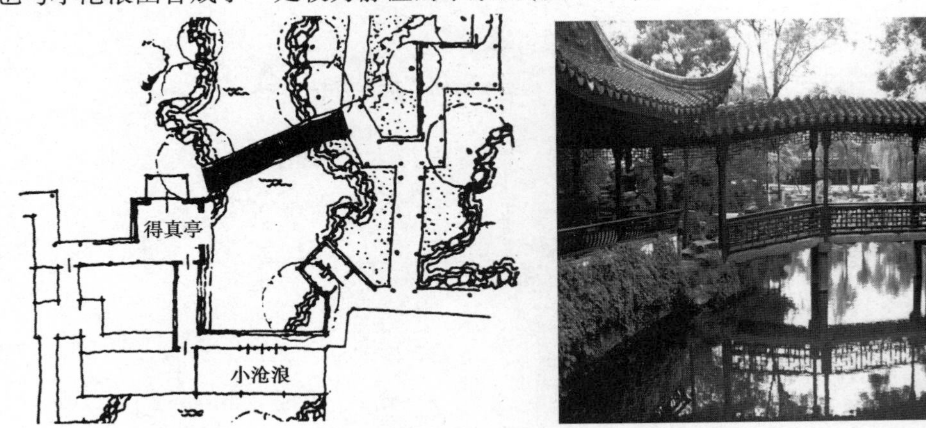

图4.80　拙政园小飞虹

4.6.2　平面形态

廊在整个园林中是以“线”的形态呈现的，通过这些“线”的联络，把各分散的“点”，即各厅房、楼阁、亭等有机地串联起来。从其平面形态来看，主要分为直线形、曲线形、折线形三种基本形式（图4.81）；在具体使用上，廊的形态常“随形而弯，依势而曲”，在适应地形的同时，还照顾到人们在游览行进路线上行走和观赏体验的丰富性，从而变化出灵活多样的线性形态。

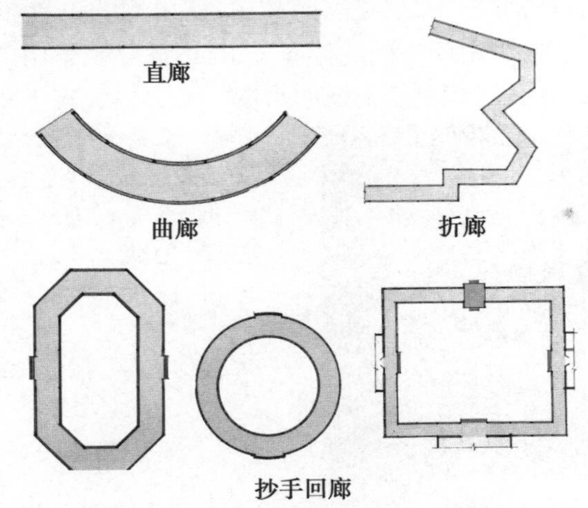

图4.81　廊的平面形态

寺观、宫廷等主体建筑院落通常严谨规整，故廊多以直廊、回廊形式出现，连接各建筑，并成为各建筑室内与庭院空间的过渡。在游览区，廊的设置相对灵活，除采用连接院落的回廊、直廊外，也常采用曲尺形廊或随地形变化使用曲廊。香山静宜园见心斋的中心是一座半圆形水池，因此池东、南、北三面回廊则跟随水池形状呈弧形。颐和园长廊贯通前山山麓临湖的平坦地带，结合地形变化廊的平面形态，直中有曲，丰富了行走体验；在北海濠濮涧，四座建筑分别置于不同标高，用曲尺形廊回转而上，将建筑有机地连接在一起。

在江南私家园林主景区中，廊多以不规则的折线形态出现，这是因为曲折的形态在有限的空间中有效地增加了游览的长度，延长了游览的时间；同时曲折的形态使廊与墙时分时合，共同围合出了一些特色小角落，无形中增加了空间层次，大大提升了行走体验的丰富性和趣味性。再者，不规则的折线形态避免了直廊的呆板，更符合私家园林的整体气氛。

廊的平面较为简单，除复廊宽两间外，其他廊通常进深仅一间，开间数不限，因此长度随需要而定，著名的颐和园长廊贯通前山山麓临湖的平坦地带，北依万寿山，南临昆明湖，东起邀月门，西至石丈亭，全长728米，是我国古典园林中最长的游廊。

4.6.3　立面形态

从层数来看，廊可分为单层廊和楼廊，楼廊既为人们在不同高度观景创造了条件，又巧妙地将不同标高的建筑物或风景点联系了起来，其高低变化的外观也丰富了园林建筑的体形轮廓。

从廊界面的虚实来看，廊可分为双面空廊、单面空廊、复廊、暖廊几种形式（图4.82）。其中最基本、运用最多的是双面空廊，这种形式的廊不论是在风景层次深远的大空间中，还是在曲折灵巧的小空间中均可运用。在双面空廊的一侧立柱间砌有实墙或半空半实墙的，就称为单面空

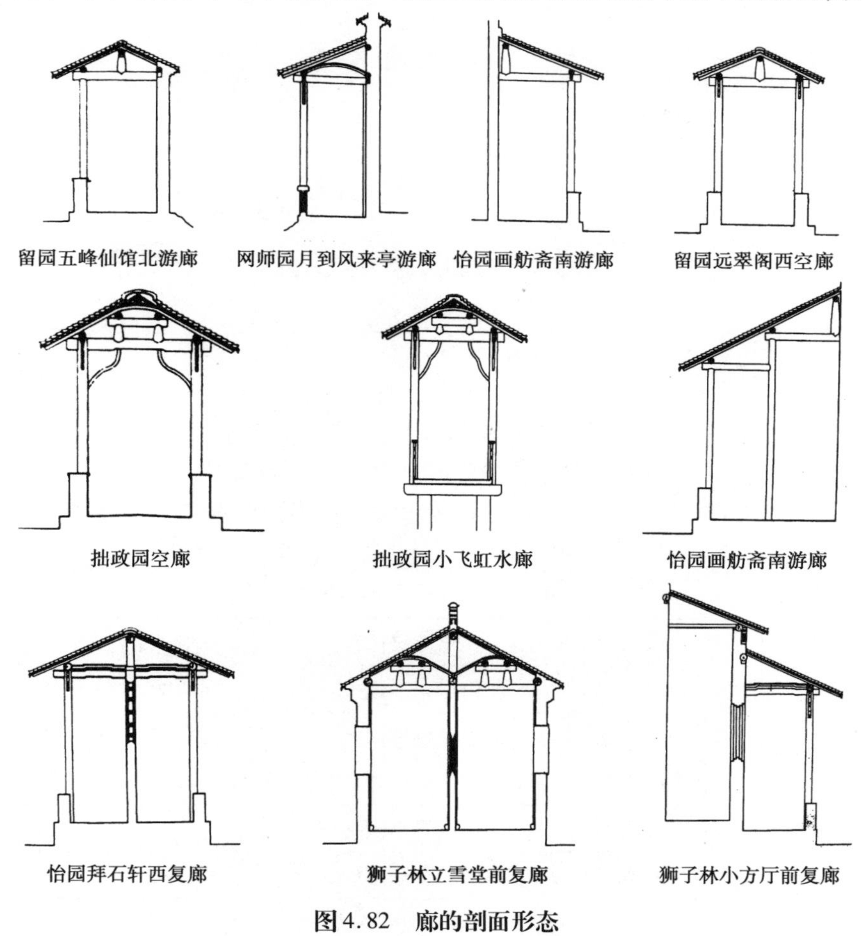

图4.82　廊的剖面形态

廊。单面空廊常在院落分区处，开敞面面向主要景色，另一边墙体有时完全封闭，有些为了达到空间渗透的效果，则在墙体上开设景窗，形成半封闭的效果，几杆修篁、数叶芭蕉、二三石笋，得为衬景，饶有风致。在双面空廊的中间隔一道墙，形成两侧单面空廊的形式称为复廊。复廊一般安排在两边都有景物，景物的特征又各不相同的园林空间中。苏州沧浪亭东北面复廊、怡园复廊、上海豫园复廊即是如此。暖廊则是指用隔扇门或带窗的墙体封闭起来的走廊，因可防风保暖，故名暖廊。檐廊、抄手游廊均可封闭构成暖廊。

廊屋顶多用两坡顶，有时与墙相连也作成单坡屋顶，以利排水。皇家园林和江南私家园林中廊常用卷棚顶，不做脊；而巴蜀地区园林建筑中廊多为有脊的双坡顶。开敞面柱间上施挂落，下设栏杆，有时为了方便休息，园林柱间还常设置坐槛或美人靠；墙体一面多设景窗。

由于体积小，构造施工简易，廊在总体造型上比其他建筑物有更大的自由度，它本身可长可短，可直可曲，又因其可随地形的变化爬高下低，因此造型自然呈现出高低起伏的变化，有时为了打破行走时单调的感觉，平地上也会特意处理一定的高差变化，如拙政园波形水廊。建造于起伏较大的山地上的廊常用爬山廊或叠落廊。爬山廊在北方皇家园林中广泛应用(图4.83)。

爬山廊　　　　叠落廊

图4.83　山地廊的基本形式

4.6.4　单体实例

廊的尺寸处理因地制宜，通常情况下，单廊宽度多在1.5米左右，苏州园林廊开间多在3.0米左右，檐高2.5米左右，出檐多为0.45~0.5米。复廊因为在廊内分成两条走道，所以廊的宽度较单廊要宽一些，檐高则相差不多。表4.19列出了颐和园内一些有代表性的廊的尺寸，以兹比较。

表4.19　颐和园中廊的尺寸　　　　单位：米

名　称	形　式	位　置	廊　宽	柱　高	开　间
长廊	双面空廊	前山沿湖平地上	2.29	2.52	2.46
谐趣园曲廊	双面空廊	后山小园林内	1.35	2.38	2.40
排云殿直廊	单面空廊	前山中央建筑群两侧	1.29	2.30	1.30
画中游爬山廊	双面空廊	前山山腰小园林内	1.28	2.25	2.07
乐寿堂直廊	单面空廊	前山居住庭院内	1.30	2.35	2.06

续表

名 称	形 式	位 置	廊 宽	柱 高	开 间
霁清轩爬山廊	单面空廊	后山小园林内	1.30	2.20	1.90
玉澜堂抄手游廊	单面与双面空廊结合	前山居住庭院内	1.31	2.33	2.22
邵窝爬山廊	双面空廊	前山山腰小园林内	1.30	2.35	1.97
五芳阁跌落廊	暖 廊	前山建筑群内	1.30	2.34	1.62
转轮藏曲廊	两层廊	前山建筑群内	1.30	2.08	2.00
佛香阁回廊	单面空廊	前山建筑群内	1.66	2.52	2.07
乐寿堂德和园之间的跌落廊	暖 廊	前山建筑群内	2.56	2.81	2.80

数据来源：清华大学建筑学院. 颐和园[M]. 北京：中国建筑工业出版社，2000.

4.7 其他园林建筑小品

除上述主要的园林建筑单体外，还有一些较为特殊的园林建筑小品，在此作简单介绍。

4.7.1 园 门

1）牌坊门

在我国传统建筑中，牌坊常作为一种入口标志，布置于城市街道的起点或中段，里坊的入口，道路的交会点以及宫殿、寺观、陵墓、苑囿的前面和某些重要桥梁的两端，起点缀及提示作用。

牌楼依据所使用的材料，可分为木、石、琉璃、木石混合、木砖混合数种；依外形则有柱出头与柱不出头两种。冲天牌楼的支柱向上伸出，以云罐（俗称毗卢帽）来收头（图4.84），非冲天牌

安徽棠樾牌坊

北京颐和园牌坊

图4.84 柱出头式牌楼门

楼的支柱上面起楼带屋顶(图4.85、图4.86)。牌楼大体有一间二柱式、三间四柱式、五间六柱式,但形式上变化却很多,其中三间四柱式最为普遍。牌楼的屋顶常用有庑殿顶、歇山顶,也有悬山顶,屋顶常有柱上斗栱层层出挑承接。清代以后南方地区牌坊下斗栱常作如意斗栱,如网如织,华丽炫目,通常屋顶由中间一间向两侧呈叠落状。木柱下常有较高的石柱础,且前后两侧以抱鼓石固定。

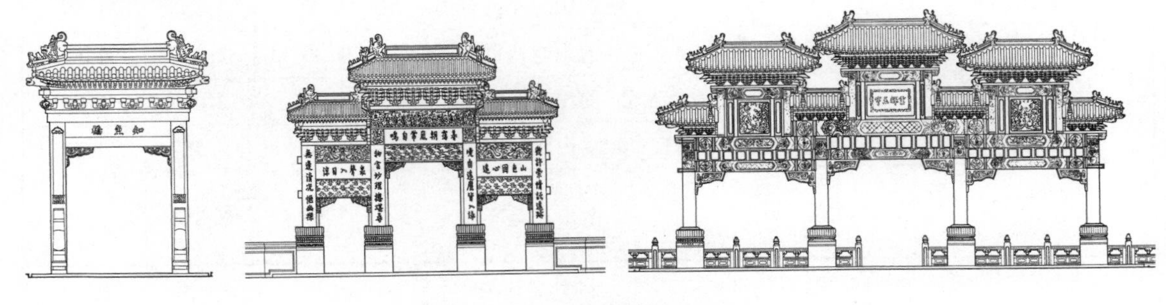

图4.85　庑殿顶非冲天牌楼门

图4.86　歇山顶非冲天牌楼门

2)垂花门

垂花门在北方园林中经常采用,多作为内部庭院的大门,或者用于居住性和游赏性小园的正门或侧、后门。

垂花门平面有两种主要类型,一种平面前柱间安双扇大门,后两柱间安连续屏门,屏门一般不开,行人通常从两侧进入抄手游廊;另外一种门直接开在墙上,平面上不占空间,屋顶直接跨在墙体中间。常见的屋顶类型也有两种:其一是以勾连搭的方式出现(图4.87),屋顶多为两个卷棚悬山顶或一个卷棚顶与一个清水脊顶的组合;第二种是单一屋顶(图4.88),常用卷棚悬山顶或歇山顶。此外,垂花门的重要形态特征就是多由门两旁柱上挑出挑枋,挑枋前端承挑垂柱,用以支撑挑檐,垂柱柱头常进行雕刻,如莲花、南瓜等。

3)屋宇式门

屋宇式门是园林中运用最为广泛的大门类型,它往往能够较好地解决遮风避雨要求,同时又能满足实用之需。

屋宇式门的开间多为三、五开间，通常在中间开间设门，两侧开间作为辅助用房。建筑造型多采用悬山顶、歇山顶、硬山顶，也有采用组合屋面者。当建筑开间数量较多时，常将中间开间的屋面适当抬高，使屋面呈现出丰富的立面轮廓。西南地区还常将牌坊与屋宇式门结合起来，如峨眉山洪椿坪入口大门(图4.89)。

图4.87 勾连搭式垂花门

图4.88 单屋顶式垂花门

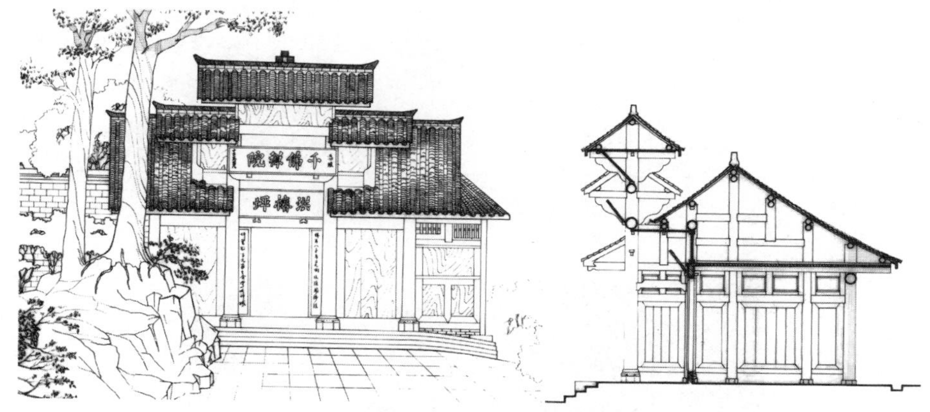

图4.89 牌坊与屋宇的结合

4)砖雕门楼

江南及徽州地区明、清时期民居外围多采用高墙封闭，为了突出入口，常于入口山墙面上做砖雕门楼，起到提示作用，通过考究的雕刻、精美的装饰打破平整的白粉墙面的单调，达到功能与艺术的完美结合。砖雕门楼的造型常与垂花门楼、字匾门楼和牌楼等相结合(图4.90)。

图4.90 砖雕门楼

4.7.2 墙

墙在中国传统建筑中广泛应用。在建筑群的最外围常设院墙,以界定空间范围;在建筑群内部又常常使用墙体划分和组织不同的景区和空间;同时在高密度区域,墙体还有防火的功能。

一般平直冗长的实墙容易显得呆板,为了使墙成为造景中的一个积极因素,墙体常常根据地形的变化进行改变,以达到丰富的效果。墙体的形状常与地形有紧密的联系,平地多用直墙,有时为了增加活泼的气氛,还可建成波浪形的云墙,如成都武侯祠云墙(图4.91);还有些在墙头部分精心设计,使之呈现出独特的造型,如豫园龙墙(图4.92)。山地环境中墙体则多随地形的起伏高低变化,或成叠落状,而建筑两侧的山墙常随着建筑屋面的升起降落而起伏变化,如重庆湖广会馆的龙形山墙,顺地形奔腾而下,颇具气势。

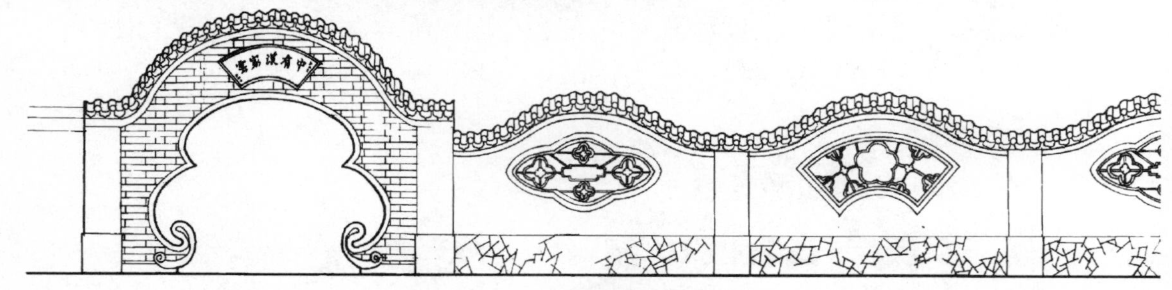

图4.91　成都武侯祠云墙

图4.92　豫园龙墙

在园林中墙还常与廊结合设置,通过廊的转折、起伏打破单纯墙体的单调;围墙、走廊、亭榭等建筑物的墙上往往开有不装门窗的孔洞,这些孔洞作为框景的画框组织了一幅幅优美的画面。门窗洞口的形式大致分为直线形、曲线形和混合形三种(图4.93),窗内图案的形状多演变自简洁几何形体以及花卉鸟兽、人物故事等。

4.7.3 桥

我国园林多以自然山水为蓝本,水体在整个园林中的比重非常大,水面除自身的景观效果及生态作用以外,还有效地将园区划分成了若干区域,考虑到区域之间的有效连接,设计时常将

桥、堤与水面作为整体设计。桥在园林中不仅起到了空间联系的作用，同时也对水体进行了再次划分，并且常常成为水面的重要点景要素。贵州镇远青龙洞祝圣桥，横跨舞阳河，是景区的入口（图4.94）；颐和园十七孔桥是一座连接园区东岸与湖中岛屿的长桥，也是颐和园湖区的重要景观（图4.95）。

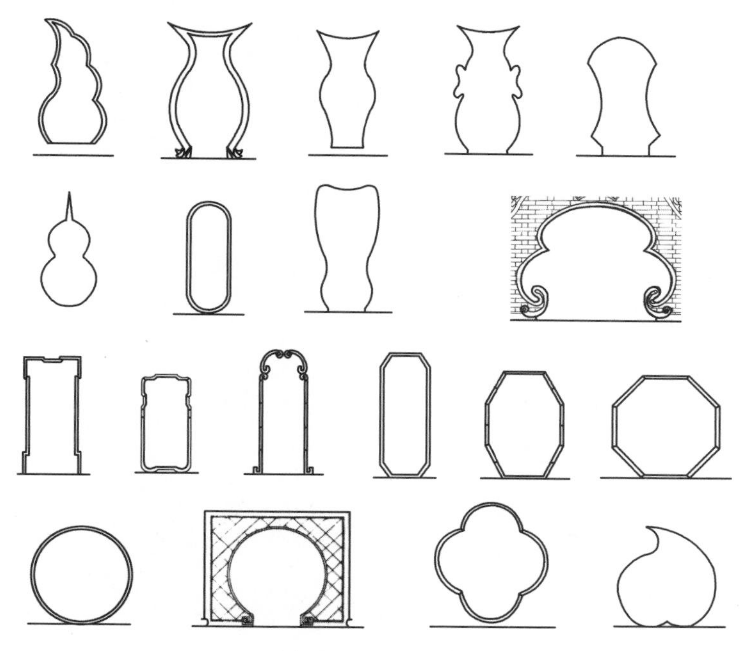

图4.93　门洞形式

图4.94　贵州镇远青龙洞祝圣桥

图4.95　颐和园十七拱桥

园林中的桥常采用拱桥、平桥等。拱桥一般用石条或砖砌筑成圆形券洞，券数依水面宽度而定，有单孔、双孔、三孔、五孔、七孔、九孔以至数十孔券不等，有半圆形券、双圆心券、弧形券等。拱桥的大小及拱数受环境尺度影响较大，其中传统园林中最大的拱桥要数颐和园十七孔桥，长达150米，宽6.6米。在小水面小空间环境中，运用木、石板搭成平桥较为常见，桥墩多用石块砌筑，上面架石条或木板。平桥一般跨度小，桥身低，临近水面，尺度亲切，平面常曲折变化，避免直线桥所形成的单调感，水面跨度较小或水深较浅时桥常不设栏杆，或用2米多长的石条拼砌而成。有的桥上建亭，也有的桥上建廊，形成廊桥。

思考与练习

1. 传统园林建筑的类型有哪些？
2. 各类园林单体建筑设计上有什么要点？

5 古典园林建筑结构与装修

本章导读　本章着重分析中国古典园林建筑形态特征与结构构造间的内在关联，主要从营造技术角度讲解中国古典园林建筑在结构类型、屋顶构造、外檐装修及内檐装修方面的技术特征。以此为园林建筑设计提供基本的古典建筑营建知识，便于在学习与实践工作中参考使用。

5.1　古典园林建筑的结构类型与特征

中国古典园林建筑单体的结构体系，因所处地域不同具有一定差异，并且受各地文化、习俗的影响，同种结构类型也有细微的差异；而受地域文化与工匠技艺的影响，部分地区也有不同结构类型融合的情况，这也是不同地域之间技艺交流与发展的表现。总体而言，北方园林与南方园林建筑的主要结构类型有抬梁式与穿斗式两种。

5.1.1　结构类型

1）抬梁式结构

抬梁式，也称叠梁式，是中国传统木构建筑的主要结构形式。抬梁式结构的营造方法是在立柱顶端或柱顶上方（若柱顶有斗栱，则在斗栱层上方），沿房屋进深方向布置木梁，木梁向上层叠，总数2～5根不等。梁架从下至上逐层缩短，每层梁架间垫以短柱或木块，顶层梁架中部立短柱（称为脊瓜柱）；或在梁上两端施以斜向结构支撑，构成三角形结构（宋代称之为“叉手”），以支撑顶部屋脊，这种做法在唐宋时期较为常见（图5.1）。相邻两榀梁架间，各层梁的两端置通长圆木，称为桁或檩[①]。顶层梁架脊瓜柱柱顶置桁，上下两桁间搁置木条，称为椽，构成双坡顶房屋的空间架构（图5.2）。房屋的屋面荷载通过椽、桁（檩）、梁（斗栱）、柱传到基础。

① 我国北方及江南等地区多称“桁”，西南地区多称“檩”。

抬梁式结构中,上方木梁较下方短,梁架逐层缩短。每榀梁架中的梁,清代按自身所承托的桁数而定,并有三架梁、五架梁、七架梁之分;宋代按自身所承托的椽数而定,也有四椽栿、六椽栿之分。梁的长度,《清式营造则例》中以"步架"(图5.3)计、《营造法原》中以"界"计(图5.4),这里的"步架"与"界"即相邻两桁的水平间距。三架梁承托三根桁,是长两步架的木梁,五架梁则承托五根桁,是长四步架的木梁(图5.3)。

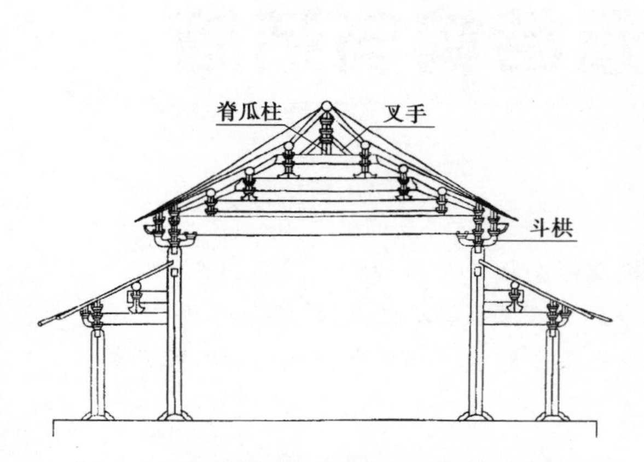

图5.1 《营造法式》中的抬梁式结构及叉手

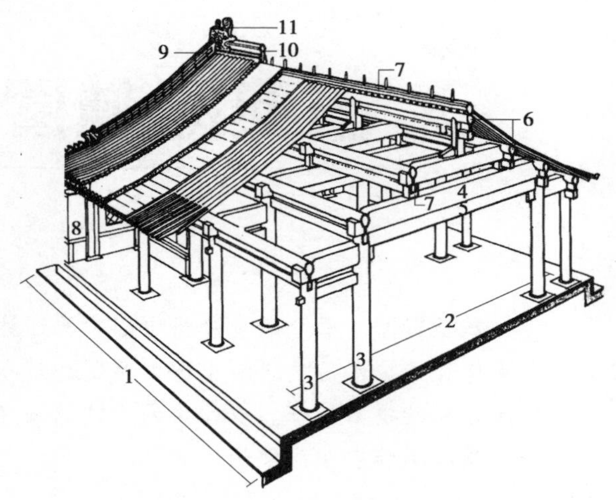

图5.2 抬梁式结构

1—面阔;2—进深;3—立柱;4—梁;5—枋;6—桁(檩);7—椽;8—山墙;9—垂脊;10—正脊;11—吻兽

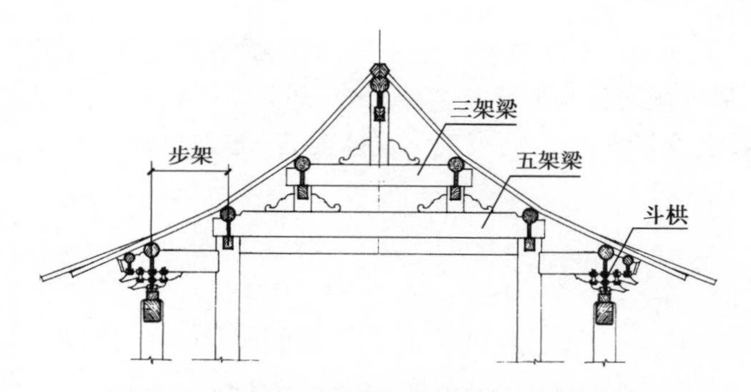

图5.3 《清式营造则例》中的抬梁式结构剖面

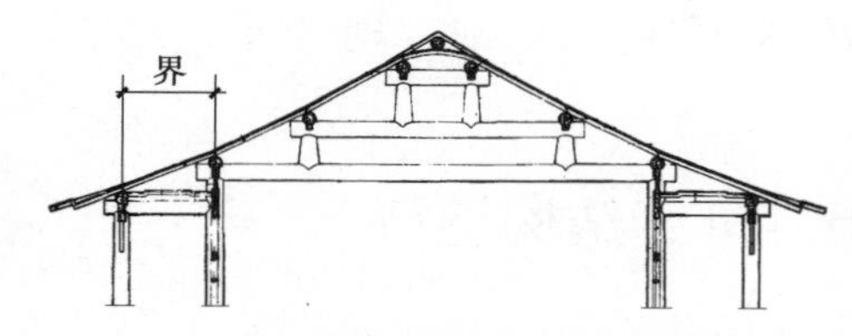

图5.4 《营造法原》中的抬梁式结构剖面

抬梁式结构的特点在于:梁架跨度大,室内少柱甚至无柱,空间宽敞,使用方便。但因梁架跨度大,营建所需木材尺寸较大,消耗木料较多。抬梁式结构运用广泛,我国各地的殿堂、庙宇、宗祠、宅居等建筑中均有使用(图5.5、图5.6)。

2)穿斗式结构

穿斗式,也称作穿逗式,是南方地区木构建筑常见的结构形式。穿斗式结构的营造方法是进深方向的立柱间通过多层木枋进行连接,立柱顶端直接搁置水平的檩①,相邻两柱之间的木

① 穿斗式结构多见于西蜀地区,因此用"檩"代称。

枋上有时设短柱，与其他落地立柱共同承接上方檩条，上下两檩间搁置椽条，构成双坡顶房屋的空间架构（图5.7）。屋面荷载通过椽、檩、枋、柱传到基础（图5.8）。

图5.5　江南园林中的抬梁结构

图5.6　岭南园林中的抬梁结构

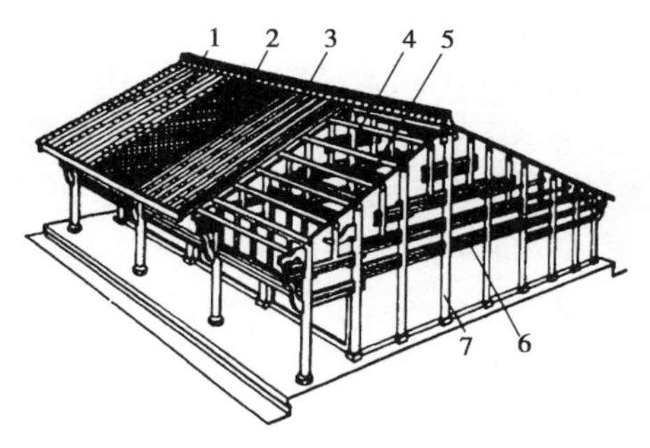

图5.7　穿斗式结构

1—瓦；2—竹篾；3—椽；4—檩；5—斗枋；6—穿枋；7—立柱

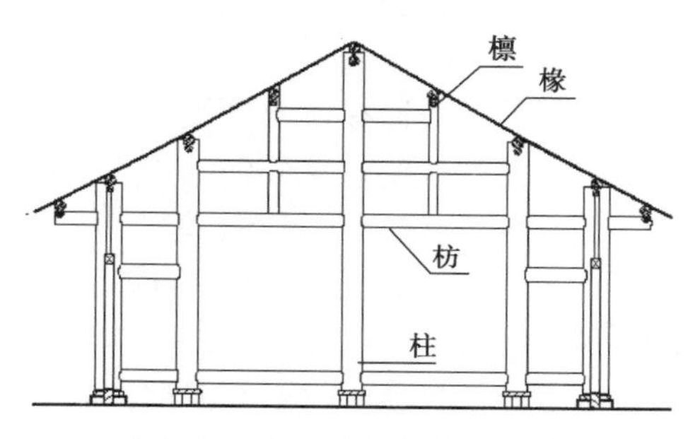

图5.8　穿斗式结构典型剖面

穿斗式结构的特点在于：结构中有多层木枋将多根立柱进行拉结，整体性强，立柱与木枋用料较小，木材消耗较少，易于获取。但室内空间中立柱较多，且排列密集，对空间功能及使用限制较大，因此，在实际设计与建造中，可以通过隔柱落地或隔双柱、多柱落地的方式减少落地柱数量，加强空间的完整性（图5.9）。相比之下，穿斗式结构比抬梁式结构有更大的灵活性与适应性，特别适合在地面起伏的丘陵与山地环境中运用，因此在我国南方等地的园林建筑中广泛应用。

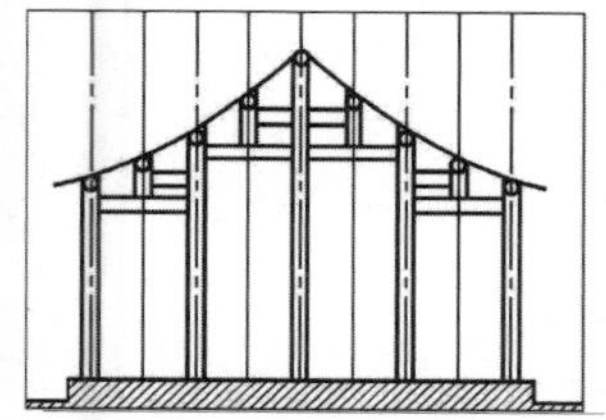
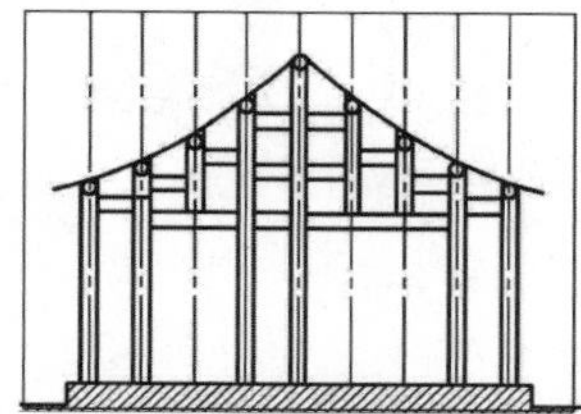
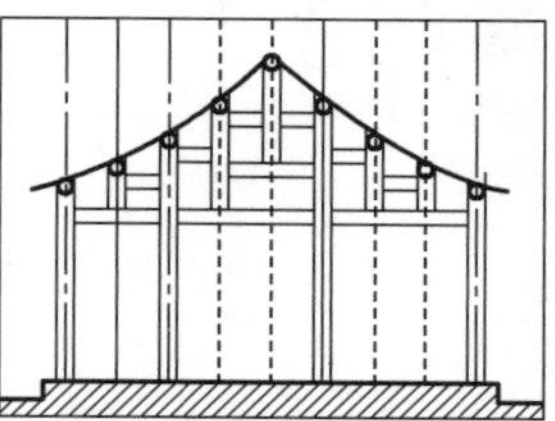
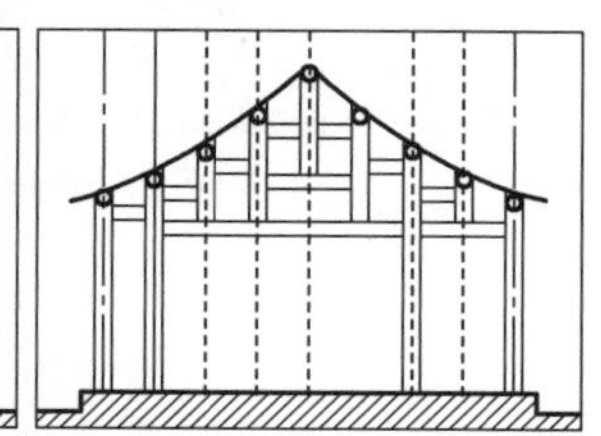

图5.9　穿斗式结构中的隔柱落地及隔双柱、多柱落地构架形式

综上所述，抬梁式与穿斗式结构的主要差异在于：前者是以柱头承梁，梁上承桁，桁上承椽条，支承屋面；后者是以柱头直接承檩，檩上承椽条，支承屋面（图5.10）。

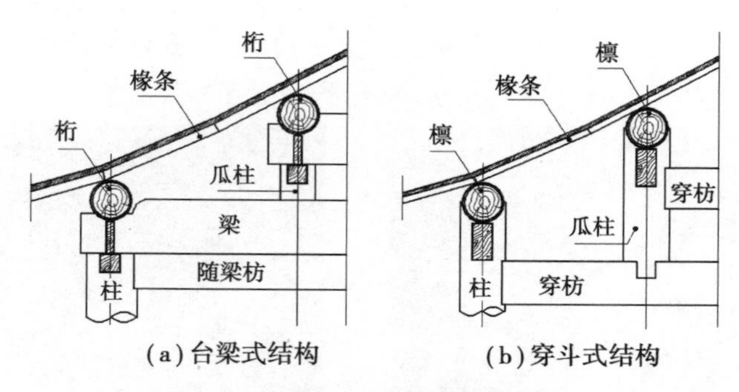

(a)台梁式结构　　(b)穿斗式结构

图5.10　抬梁式与穿斗式结构的差异

3)混合结构

鉴于抬梁式与穿斗式结构自身的优劣,在南方部分地区的古典园林建筑单体中,常见抬梁式结构与穿斗式结构混搭使用的情况。抬梁式与穿斗式结构运用在一栋建筑时,可取长补短,共同发挥作用。例如在一栋建筑中,往往在建筑中部空间采用抬梁式结构,以获得较大空间,便于作为公共空间使用;而在建筑两侧山墙或内部隔墙处采用穿斗式结构,加强建筑的稳定性之时,也不影响空间的使用。这样的结构组织,在保证建筑结构稳定性的同时,又获得了较为宽阔的室内使用空间。如位于四川都江堰二王庙的李冰殿,其二层构架在明间与次间的构架采用抬梁式结构,空间宽阔;在稍间与尽间的隔墙与山墙采用穿斗式结构,增强屋架刚度(图5.11)。混合结构中亦有将抬梁式、穿斗式两种构架融会的地方性做法。如在西蜀地区的传统木构建筑中,柱头直接承檩,梁头插入柱上的榫位,梁上再承载上方的柱,这样向上层层叠加。因此,在结构中,梁既有穿斗构架中"穿枋"连接两柱的作用,也有抬梁构架中梁承载上方瓜柱的作用。对于这种构架,可以看作穿斗构架的一种演化:把穿斗构架中两柱之间的穿枋用这种构架中的大梁替代,再通过穿斗构架中减柱、移柱的手段,减少部分落地木柱或瓜柱。

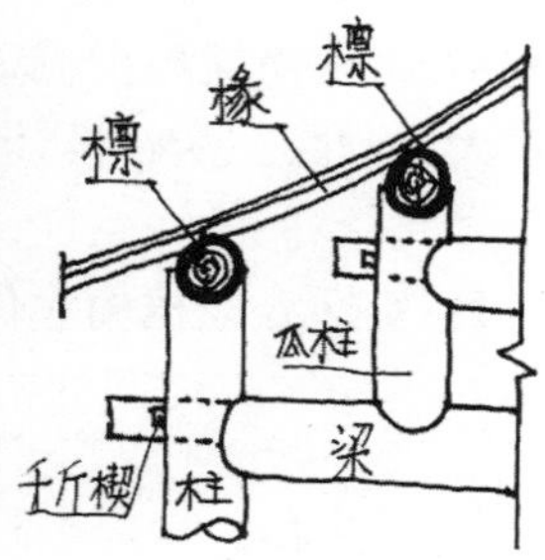

(a)李冰殿二层明间构架　　(b)李冰殿二层稍间构架

图5.11　四川都江堰二王庙李冰殿二层构架

5.1.2　立柱特征

立柱因其平面位置不同,其称谓也不尽相同,以便在建造过程中对各立柱进行对位。按照平面所处位置分为廊柱、檐柱、步柱、金柱、中柱、脊柱、瓜柱(童柱)、山柱(图5.12)。

位于建筑正、背立面,最外侧支撑檐部的立柱称为檐柱(《营造法原》中称廊柱),《清式营造则例》中将檐柱内非中柱的所有立柱称为金柱,而《营造法原》中将檐柱内侧的第一排立柱称为

步柱，其后的各排立柱称为金柱。金柱又依据其所在位置有内外之分，内侧称内金柱，外侧称外金柱。位于建筑的纵向中轴线上的内柱称为中柱，位于建筑正脊之下的立柱称为脊柱，若建筑纵向中轴线与正脊位置重合，则中柱也就是脊柱。若建筑设有廊道，则支撑檐口的立柱也称为廊柱。位于建筑两侧山墙面支撑的立柱称为山柱。在建筑构架中部分立柱没有落地，而是位于梁枋之上，称为瓜柱（童柱）。若将脊柱作为瓜柱设置在梁架上，则称为脊瓜柱。对于园林重檐建筑而言，贯通至屋顶的立柱，称为重檐立柱。例如，平面的金柱贯通楼层，直接支撑屋顶梁桁，则称它为重檐金柱，以区别单檐金柱。位于建筑转角处的立柱也称为角柱。

在江南古典园林建筑中，一般在立柱称谓前加上方位词，更加明确了立柱所在的平面位置（图5.13）。例如，正间左右侧前檐两侧的廊柱分别称为正左前廊柱、正右前廊柱；左边间后檐的廊柱称为边左后廊柱；右边间正脊下的童柱称为边右脊童柱，依次类推。

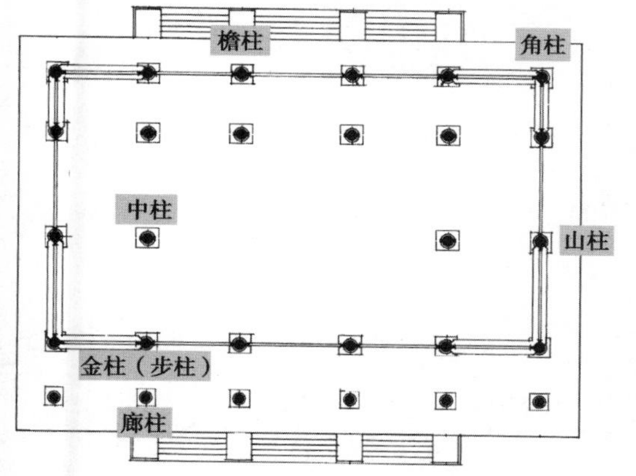

图5.12　古典园林建筑平面中的立柱

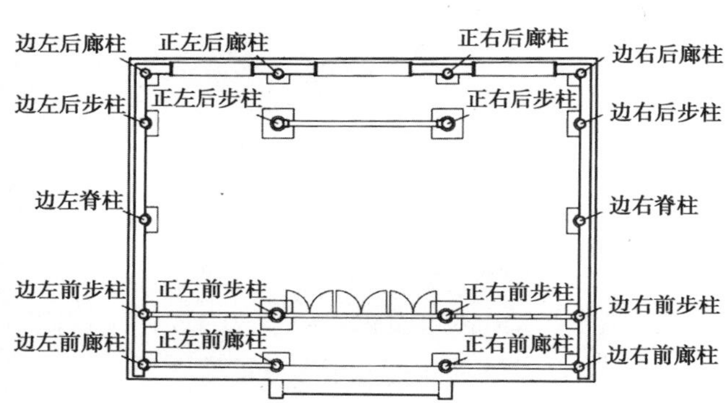

图5.13　江南古典园林建筑中的立柱

5.1.3　屋架特征

建筑屋架上的桁因前后位置不同，其名称也有所差异。桁的称谓多根据其下立柱名称而确定。如位于脊柱之上、正脊之下的桁称为脊桁，脊桁是屋架中位置最高的一根，脊桁两侧依次向下排列有金桁、老檐桁。位于檐柱上的桁称为正心桁或檐檩（《营造法原》中称廊桁），位于脊桁与正心桁（檐檩）之间的桁均称为金桁（金檩）。进深较大的园林建筑，金桁数量往往不止一根，进深越大，数量越多。在大型园林建筑中，有上、中、下之分。某些建筑为了增加屋檐出挑深度，在正心桁（檐檩）之外还有一根桁，称为挑檐桁（挑檐檩）（《营造法原》中称梓桁）。（图5.14）

位于桁（檩）之下，左右相邻木柱之间的通长构件称为随檩枋或随檩①，断面多为矩形，南方部分建筑中也有断面为圆形的随檩。随檩联系左右两柱，起到加强柱间联系、稳定屋架的作用。位于架梁与随梁之间，或桁（檩）与随檩之间的通长木板称为垫板。垫板不起承重作用，仅填补桁（檩）与枋之间空隙，起装饰美化作用。桁（檩）、垫板与随檩枋三个构件叠加在一起，形成统一的构件，通常称为“檩三件”（图5.15）。北方官式建筑或大式建筑在桁（檩）、枋之间多设垫板，而南方地区园林建筑中或用镂空花纹板加以装饰代替，又或是不设垫板。

① 《清式营造则例》中依据桁的称谓为其下木枋命名，如上金桁下的木枋称作上金枋。

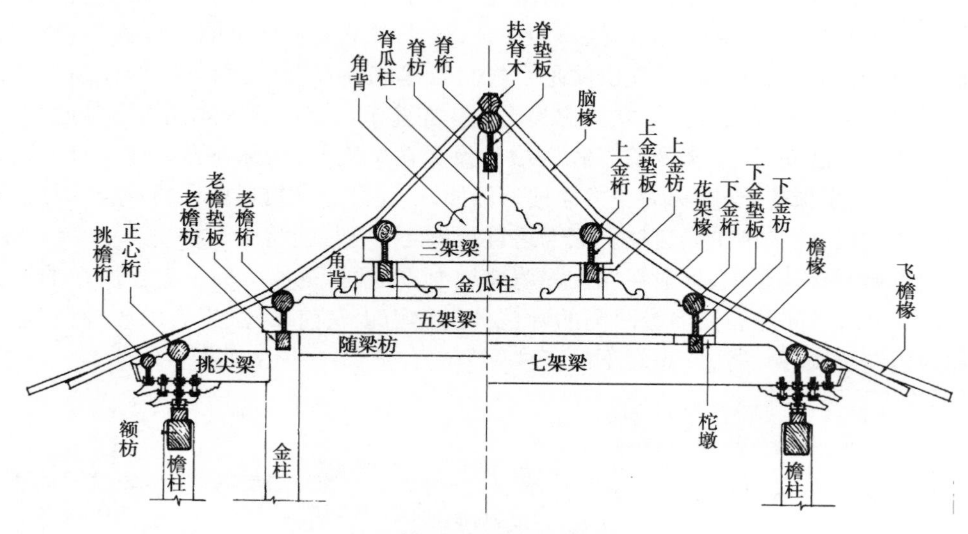

图 5.14　屋架上的构件

5.1.4　剖面形式

中国古典建筑的构架特征主要表现在建筑横断面上，因此古代匠人在设计建筑时，建筑剖面图是一栋建筑结构类型、构架形态、屋顶关系最直观的反映，也是建筑营建中最重要的参照。目前，遗留下的匠学书籍也多以横断面图来区分建筑中不同的构架形式。《营造法式》《清式营造则例》及《营造法原》都以剖面形态作为设计与施工的准绳。

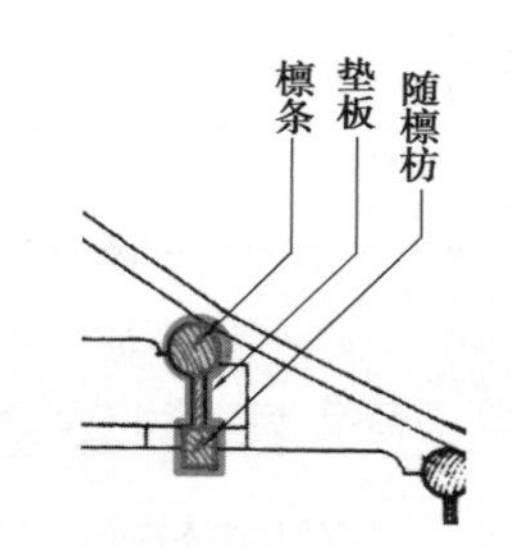

图 5.15　皇家建筑中的“檩三件”

剖面反映的建筑结构形式，直接影响建筑的外部形态。如在《清式营造则例》中用剖面中的木梁承托桁的数量来区分不同进深、不同形态的内部构架类型，而《营造法原》中用固定的剖面来区分不同构架形式的单体建筑。剖面图反映了一栋建筑包括进深大小、屋面高低、楼层数量、构件搭接方式等在内的各种信息，是古典建筑营造过程中确定建筑形制、估量建筑用材、组织建筑施工的重要标准。对一栋建筑而言，剖面中每榀构架差别并不大，一般在于明间构架与山面构架的差异：明间为保持空间的完整，会减少室内中的立柱，或将立柱后移、或将落地木柱改为童柱，以留出进深较大的空间，宽敞而便于使用。建筑山墙面的构架不会影响室内功能，因而保留立柱以利于屋架结构的稳定，所以，山面构架立柱一般落地。而在其他各榀构架或与明间构架相同，或与山面构架相似，这一般由室内空间的功能确定。

《营造法原》中采用“贴式”来表达剖面构架形式，直观地反映了构架的组合关系与搭接方式。“贴式”，是江南古典园林建筑中反映某个开间横断面的木构架结构形式，“贴式图”即特定位置的构架形式图。如建筑明间两侧的立柱、梁桁及椽条所组成的木构架图样称为正贴，边间两侧的木架构图样称边贴。江南园林建筑中，正贴与边贴大体相似，差异在于正贴中的脊柱不落地，而多以脊童柱的形式搭于大梁或穿枋之上，边贴中的山柱一般贯通并落地，梁枋被山柱分割为前后两个构件。“贴式”与剖面图的区别在于：“贴式”主要反映建筑内部木结构的形态及

营建关系，而不展现建筑其他部位的构造；而剖面图则会反映建筑中所有可见的部分，包括山墙面上结构及门窗的投影。

《营造法原》中不同形制、不同形态的建筑通过贴式进行划分，如五檩悬山边贴式、五檩硬山正贴式。此外，古典园林建筑的形态及规模可以通过檩条的数量与屋顶的形态进行描述，如在《营造法式》中通过梁架数量及类型进行划分，这与《清式营造则例》中以梁架长短来度量构架尺度的方式类似。贴式简图是贴式图的简化图样，多以单线方式表达屋架体系中立柱、梁枋及檩椽等构件，能更清晰简洁地反映建筑空间中的主要结构关系（图 5.16、图 5.17）。如江南地区多用此类图样表达不同厅堂的构架关系（图 5.18、图 5.19）。

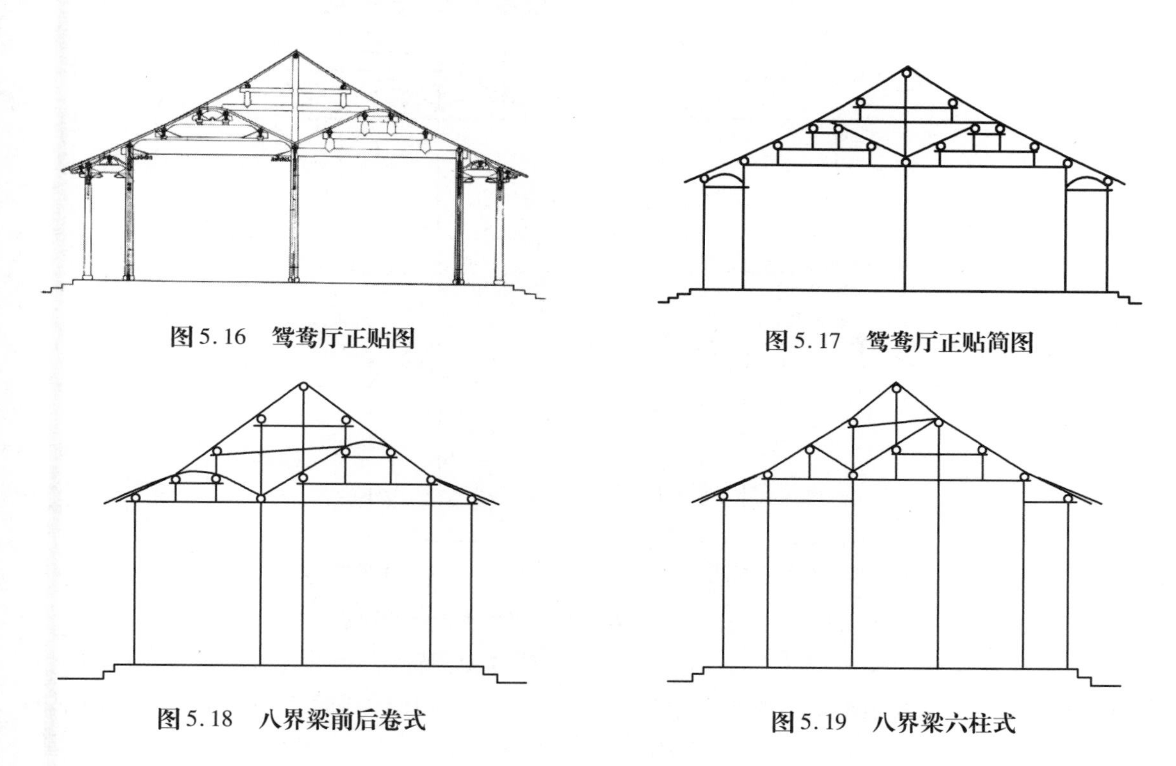

图 5.16 鸳鸯厅正贴图

图 5.17 鸳鸯厅正贴简图

图 5.18 八界梁前后卷式

图 5.19 八界梁六柱式

5.1.5 构架特点

园林建筑内部的构架形式丰富多样，即使是外观相同的建筑，其内部构架也可能不同，所营造的空间特征也有所差异，为区分其中差异，常常会对特定类型的构架冠以特定名称。例如，在江南古典园林建筑中，厅堂依据构件截面形态有扁作厅、圆堂之别；依据室内顶棚形态有船厅与卷棚之分；依据剖面构架组合关系与搭接特征有回顶草架厅[图 5.20(a)]、贡式厅、鸳鸯厅、花篮厅、满轩、磕头轩、抬头轩等多种类别。

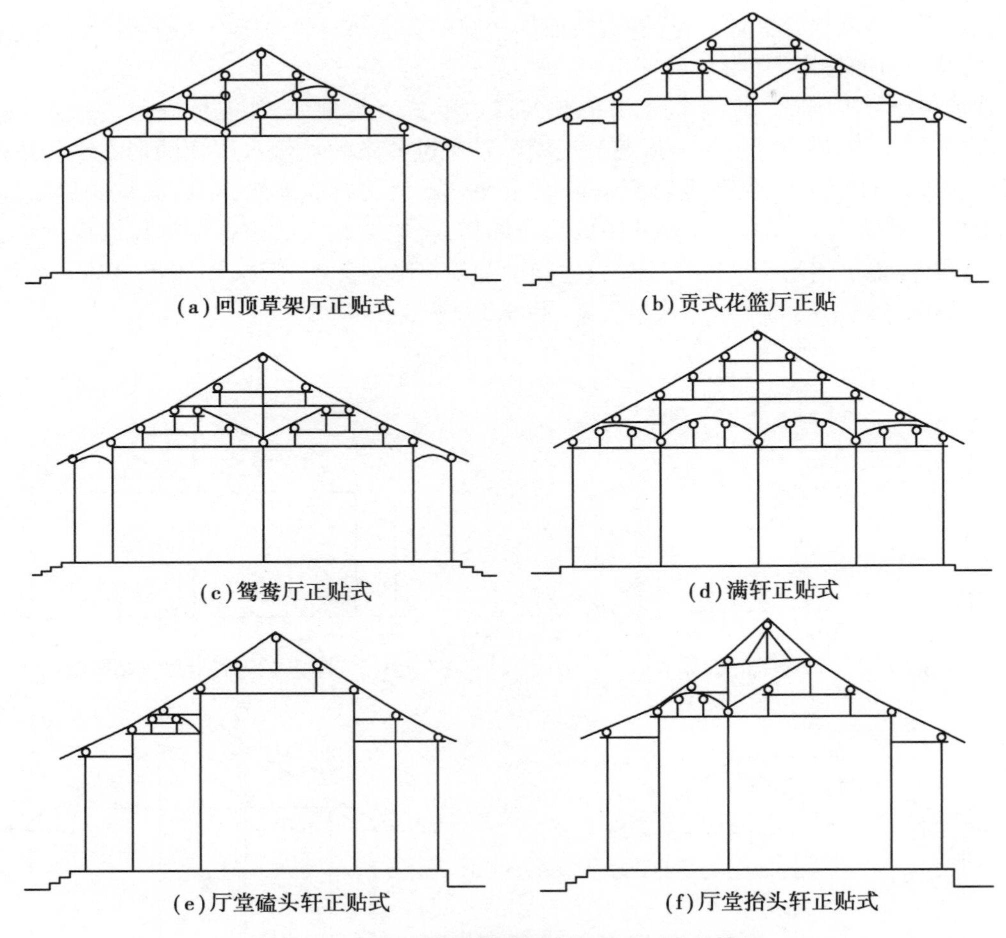

图 5.20　江南古典园林建筑中各类型厅堂的构架

其中:①花篮厅的构架特点在于,在两侧山墙步柱位置设置通长大梁,以支承花篮柱与上方屋架[图 5.20(b)],建筑前部空间没有落柱,空间开阔。②扁作厅与圆堂则是依据厅堂内部的构架用材断面形状来区分,主体构架的梁架断面为矩形的称为扁作厅,断面为圆形的称为圆堂。③鸳鸯厅的内部构架,以脊桁为界,前后构架形式完全相同,仅在用料形式上有所不同,一用圆作,一用扁作[图 5.20(c)]。如留园林泉耆硕之馆面阔五间,四周回廊,歇山屋顶;厅堂进深大,共 13.3 米,脊柱落地,前后对称,柱间以纱槅、挂落及飞罩分隔前后;以脊柱为界,梁架用料北为扁作(图 5.21),南为圆作(图 5.22),且以屏门与落地雕花圆光罩分隔南北;厅堂南北两馆均施以雕花,精美华丽,庄重典雅(图 5.23)。④满轩是将厅堂室内的顶棚全做成曲线型的轩棚,形成若干个连续的曲面顶棚空间[图 5.20(d)]。如拙政园中的十八曼陀罗花馆与卅六鸳鸯馆采用的就是此种形式。此馆进深 13.7 米,室内顶棚采用船篷轩与鹤颈轩,既弯曲美观,遮掩顶上梁架,又利用弧形屋顶来反射声音,增强音响效果,使得余音袅袅,绕梁萦回,是昆曲表演的绝佳之地(图 5.24、图 5.25)。⑤磕头轩与抬头轩的区别在于,厅堂室内构架中的前双步梁(连接步柱与廊柱,且上承三根桁的水平木梁)在大梁之下,称为磕头轩[图 5.20(e)],若与大梁平齐则称为抬头轩[图 5.20(f)]。

图5.21 留园林泉耆硕之馆北厅

图5.22 留园林泉耆硕之馆南厅

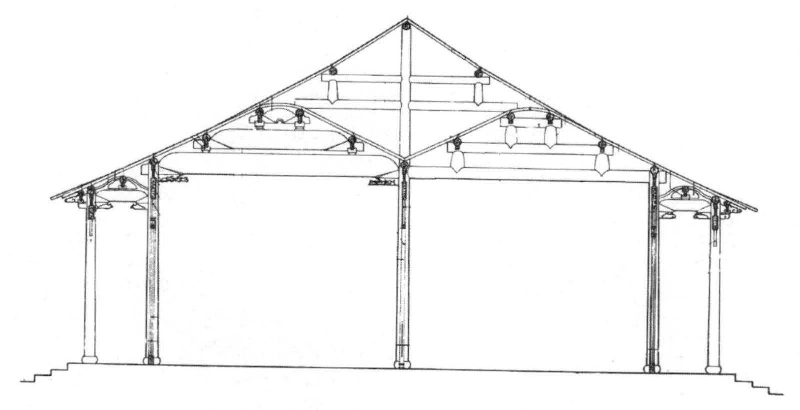

图5.23 留园林泉耆硕之馆正贴

图5.24 拙政园十八曼陀罗花馆与卅六鸳鸯馆顶部满轩

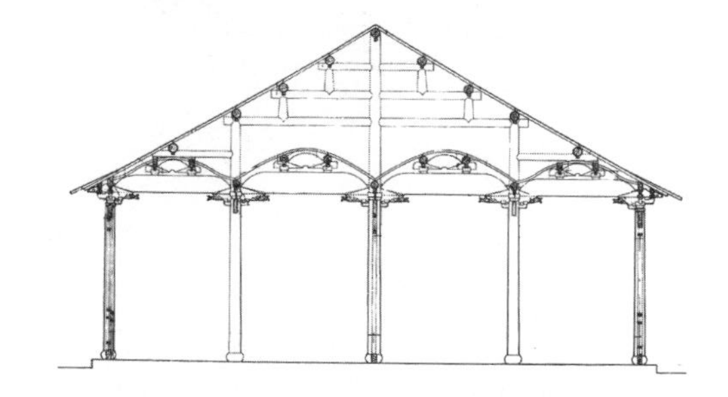

图5.25 拙政园十八曼陀罗花馆与卅六鸳鸯馆正贴

5.2 古典园林建筑的屋顶类型与构造

中国古典建筑的屋顶样式多样,园林建筑中的屋顶形式则更为丰富,但其多变的形态均由几种基本形态变化组合而来。园林单体建筑的屋顶按其平面形状分类,常见的有矩形、圆形及正多边形;按照形态进行分类,常见的有庑殿、歇山、攒尖、硬山、悬山、卷棚等。每种屋顶的外部形态均与其内部屋架结构密切相关,下面介绍各类屋顶形态与结构的关联及其营造方法。

5.2.1 屋顶的营造方法

1)硬山顶

硬山顶是由前后两坡组成的双坡屋面,两端有山墙封砌。其营造方法是:依据平面柱网设置立柱,沿进深方向的立柱与其上梁架构成一榀屋架,每面宽处各一榀,相邻两榀屋架的梁头或柱顶上搁置纵向的檩(桁),从脊柱上的脊檩(脊桁)到檐柱上的檐檩(正心桁),桁依次降低,两侧山面处砌筑墙体将檩(桁)端头与山面梁架封裹在山墙内,山墙顶端高出屋面,前后墙垛突出屋檐(图5.26、图5.27)。相邻两檩(桁)上横向铺设椽条,檩(桁)与椽条形成纵横交错的屋面骨架,其上再进行屋面构造处理,最后铺设屋瓦,形成整体的屋面(图5.28)。硬山顶前后两坡结构相同,屋面坡度一致,最终形成硬山的两坡屋面。硬山顶在园林建筑中较为常见,如苏州狮子林入口门厅与荷花厅(图5.29、图5.30),屋顶均采用硬山顶形态。

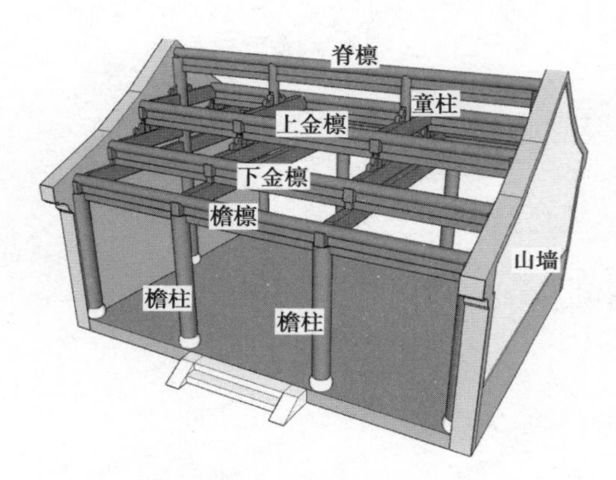

图5.26 硬山顶构架

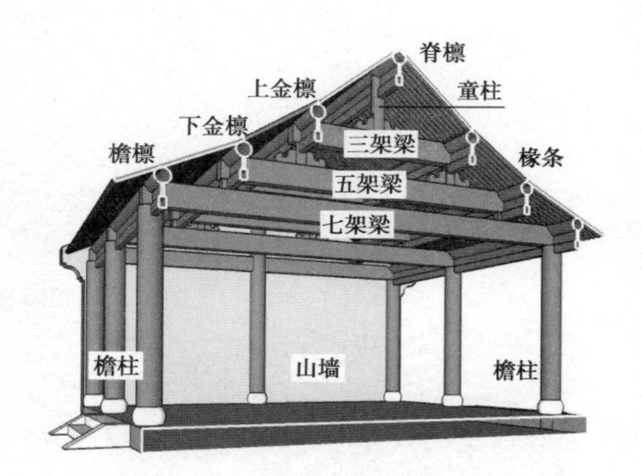

图5.27 硬山顶构架剖透视

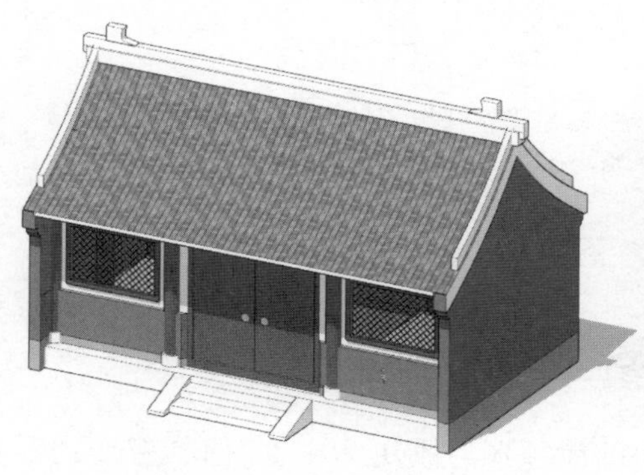

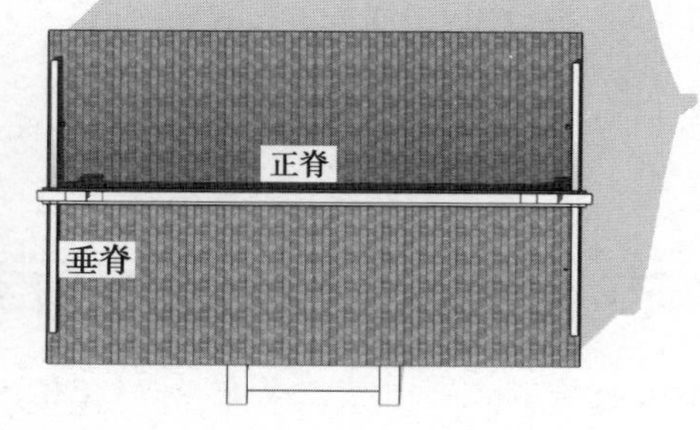

图5.28 硬山顶

图 5.29　狮子林入口门厅的硬山顶

图 5.30　狮子林荷花厅的硬山顶

2）悬山顶

悬山顶也由前后两坡屋面组成，但两端屋面挑出山墙。其营造方法与硬山顶基本相同，仅在两侧山墙处，屋架中纵向的檩（桁）端头挑出山墙，并用木板（称为博风板）封住出挑檩（桁）的端头（图 5.31、图 5.32）；屋面两端伸出山墙，随檩（桁）一同出挑（图 5.33）。

悬山顶在园林建筑中时常使用，如颐和园苏州街中的建筑（图 5.34），西蜀地区较为多见，如成都杜甫草堂入口（图 5.35）。

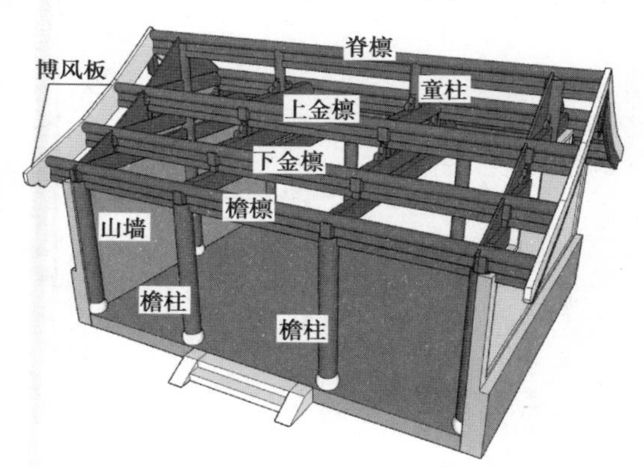

图 5.31　悬山顶构架

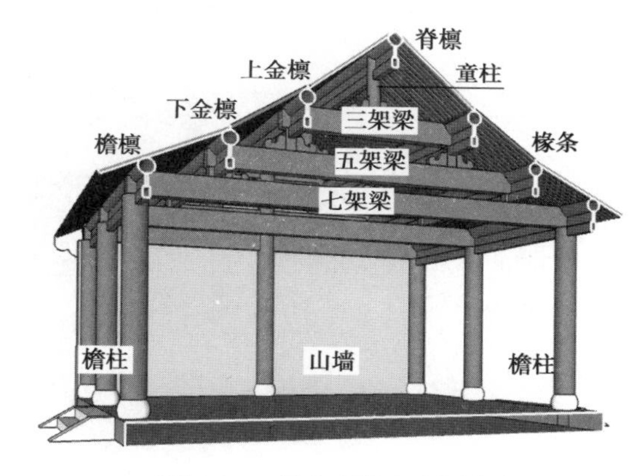

图 5.32　悬山顶构架剖透视

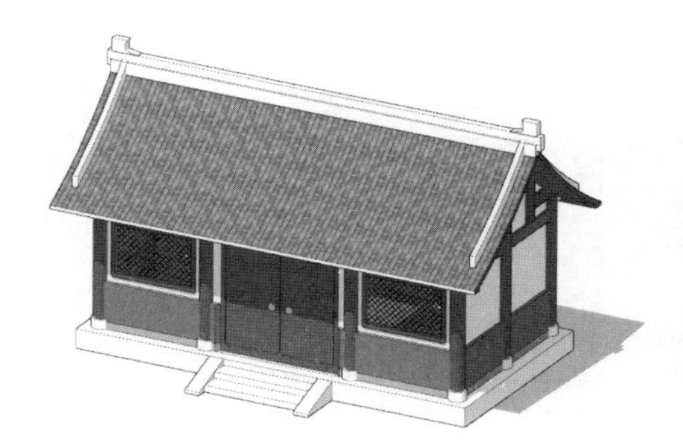

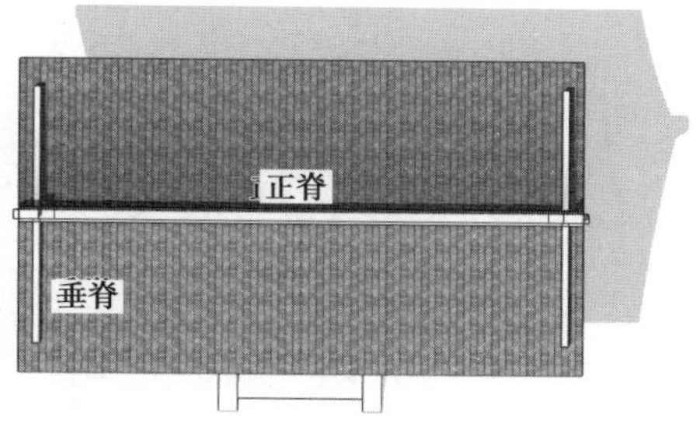

图 5.33　悬山顶

图5.34　颐和园苏州街中的悬山顶建筑

图5.35　成都杜甫草堂入口的悬山顶

3）庑殿顶

庑殿顶又称四阿顶，由前后及两侧四坡屋面组成，四坡相交处的四条屋脊交会于正脊两端。其营造方法在前后两坡屋顶的结构上与硬山顶或悬山顶相同，不同之处在于两侧屋面：硬山顶与悬山顶两侧用墙封砌，而庑殿顶两侧是坡屋面，因此庑殿顶可看作将硬山顶或悬山顶构件山面处的各檩条收进一定长度后，搭接在其内一榀屋架的立柱或童柱上，收进距离从上至下依次递增，其上平行山面置檩（桁），正背两面檩（桁）与山面檩（桁）相交，交点自上而下连接成一折线，也就是四坡屋面转角处的分界线（图5.36、图5.37），檩（桁）上置椽，形成四坡屋顶（图5.38）。

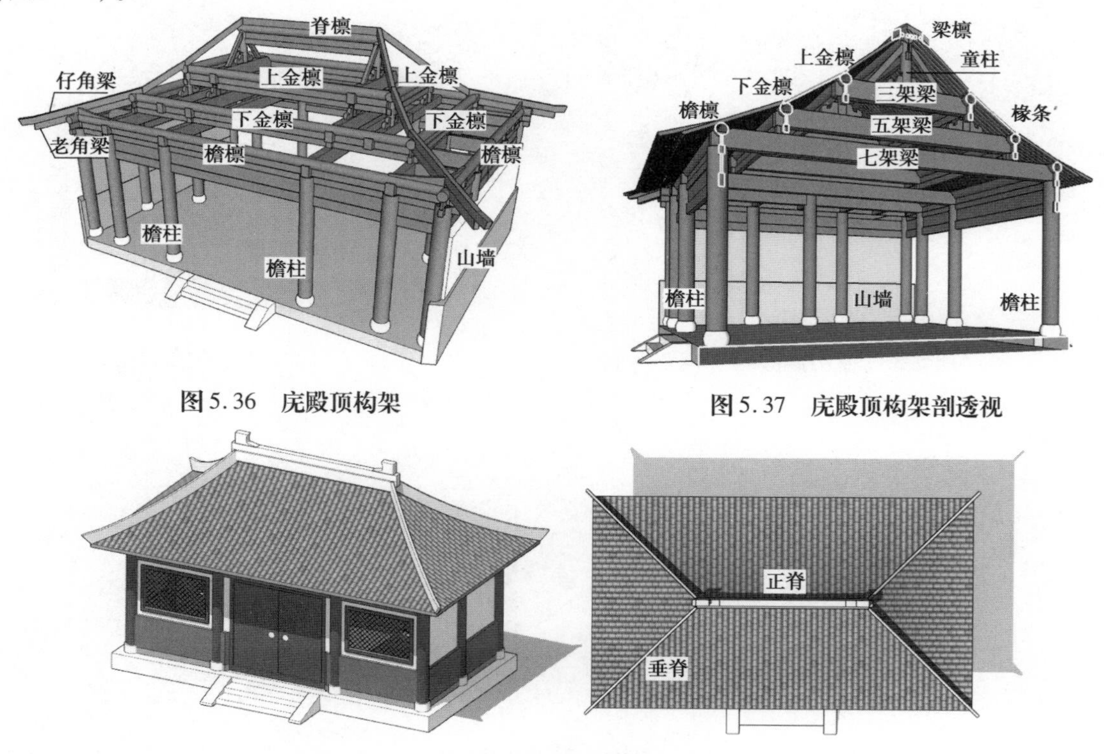

图5.36　庑殿顶构架

图5.37　庑殿顶构架剖透视

图5.38　庑殿顶

庑殿顶是中国古代建筑中形制最高的屋顶类型。这种屋顶形式常用于宫殿、坛庙一类皇家园林建筑上，是轴线上主要建筑最常采取的形式，如北京天坛皇乾殿（图 5.39）。更为重要的建筑则有两重屋顶，如太庙前殿就是重檐庑殿顶建筑（图 5.40）。庑殿顶在寺观园林建筑中也较为常见，一般是寺观之中最为重要的殿堂，如山西芮城永乐宫无极之殿（图 5.41）、北京潭柘寺大雄宝殿（图 5.42）。

图 5.39　天坛皇乾殿

图 5.40　太庙前殿

图 5.41　山西芮城永乐宫无极之殿

图 5.42　北京潭柘寺大雄宝殿

4）歇山顶

歇山顶，又称九脊顶，由前后两侧四坡与两侧的山花面组成。其营造方法与庑殿顶大体相同，差异在于山面屋顶的结构上：屋架的脊檩（脊桁）、金檩（金桁）挑出排架一定长度，端头搭在其外一榀屋架的童柱之上，出挑距离相等，各檩（桁）端头在同一垂直面上，在山面形成三角形墙面，称作山花，山花搁置在连接前后两坡金檩（金桁）端头的梁上，梁下是构成山面下部屋顶的椽条；前后两坡屋面左右端头塑垂脊，前后屋顶与山面屋顶转角处塑戗脊（图 5.43—图 5.45）。

歇山顶是古典园林建筑中用得最多的屋顶形式之一。皇家园林中的主要殿宇、寺观园林中的主要殿堂、私家园林中的主次厅堂均可采用歇山顶。例如颐和园排云殿、二王庙李冰殿、拙政园远香堂（图 5.46）、留园清风池馆（图 5.47），采用的均是歇山顶。

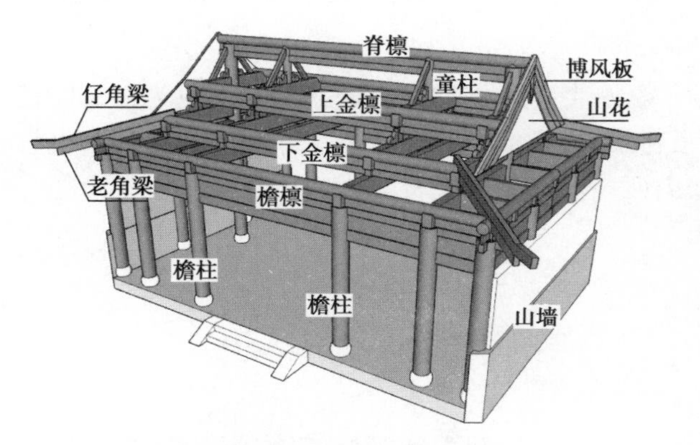

图 5.43　歇山顶构架

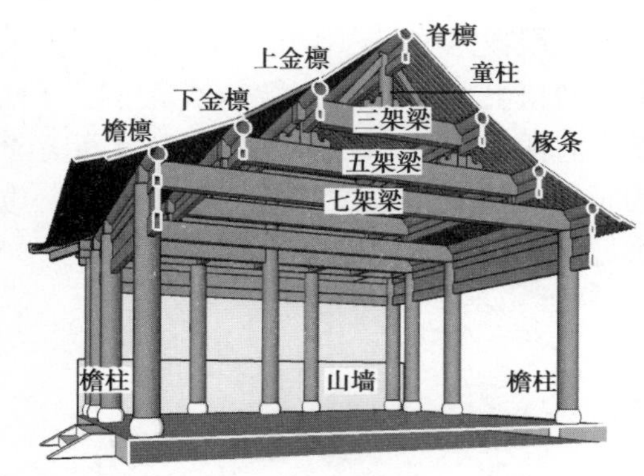

图 5.44　歇山顶构架剖透视

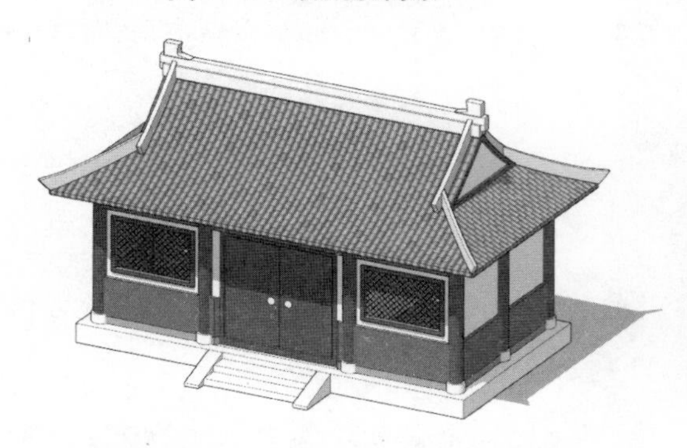

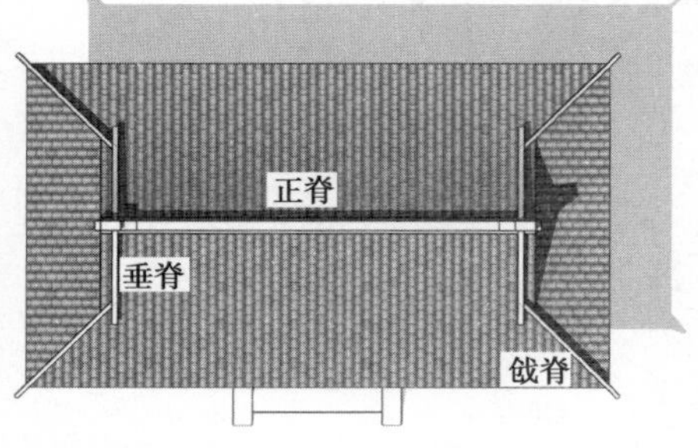

图 5.45　歇山顶

图 5.46　拙政园远香堂

图 5.47　留园清风池馆

5) 卷棚顶

卷棚顶与硬山顶、悬山顶相近,也是由前后两坡屋面组成,但两坡相交处是一段弧形屋面,因此没有正脊。其营造方法与硬山顶或悬山顶基本相同,仅在屋架顶端有所不同:后两者正脊下方的脊桁多用一根脊柱(或脊童柱)支撑,而卷棚屋顶则没有正脊,此处的弧形屋顶由前后两根脊檩(脊桁)支撑,其上搁置一弓形椽条,称作顶椽,以连接两坡屋面,前后两脊檩(脊桁)分别由两根童柱支承(图 5.48、图 5.49);屋脊以下的结构与硬山顶、悬山顶相同(图 5.50)。

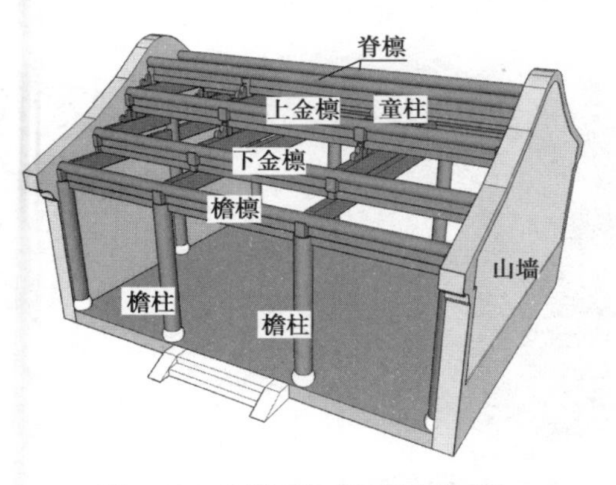

图5.48 卷棚顶构架(硬山卷棚)

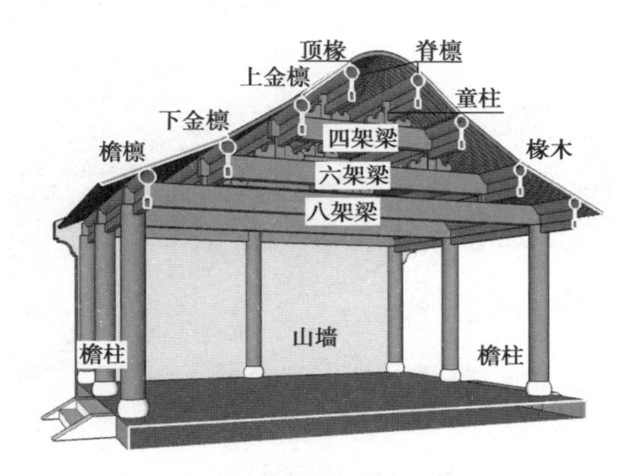

图5.49 卷棚顶构架剖透视(硬山卷棚)

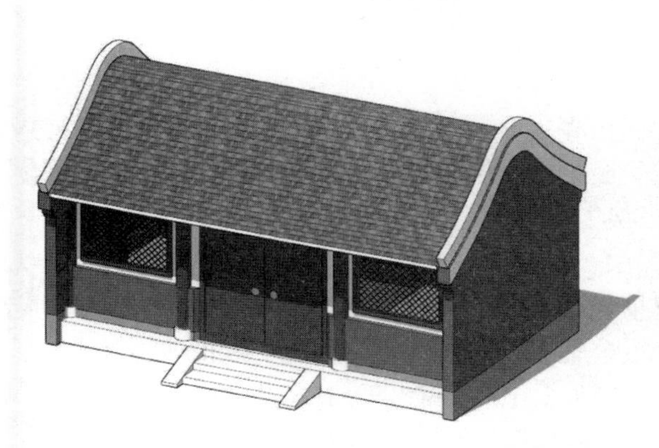

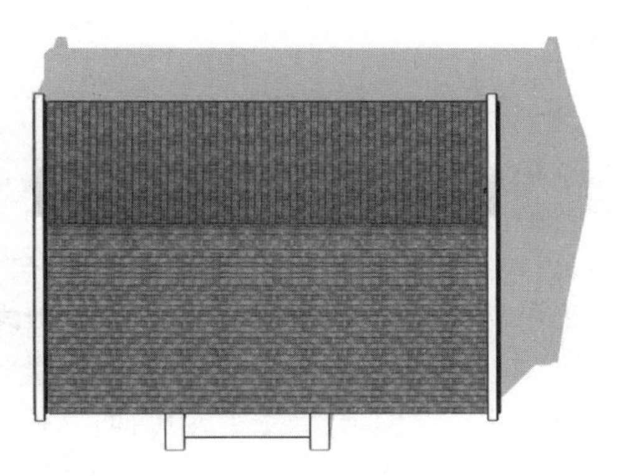

图5.50 卷棚顶(硬山卷棚)

卷棚顶一般与硬山顶、悬山顶及歇山顶相结合,形成硬山卷棚顶、悬山卷棚顶及歇山卷棚顶等组合屋顶,在园林的大、中、小型建筑中均有使用,如承德避暑山庄文津阁(图5.51),外观两层、内部三层,为七开间硬山卷棚顶形式;颐和园中的夕佳楼(图5.52),为三开间双层硬山卷棚顶。此外,卷棚顶也是敞厅、游廊中较多使用的屋顶类型,如颐和园玉河斋为三开间悬山卷棚敞厅(图5.53);颐和园中的暖廊、留园中的爬山廊屋顶,拙政园中的小飞虹均为卷棚顶(图5.54)。

图5.51 承德避暑山庄文津阁

图5.52 颐和园夕佳楼

图 5.53　颐和园玉河斋

图 5.54　拙政园小飞虹

6）攒尖顶

攒尖顶看似一个正锥形，其营造做法是：在正多边形平面的角点上立柱，相邻两柱间上搁置一层梁枋，形成完整的正多边形，方法一是于一层梁枋上搁置二层梁枋，上层梁枋两端多搭接在下层梁枋的中点上；方法二是在对角梁枋上搭接上层梁枋，若屋顶坡度较大，则在上层梁枋下设立童柱，以承接上方梁架；如此向上叠加，每层梁枋不断向上收进，形成下大上小的锥形，再以正多边形中心为顶点，在角点搭设角梁，角梁数量与角点数量相等，角梁成放射布置，上端汇集在多边形中心，共同支撑一根垂直的木柱，称为雷公柱（也称灯芯柱），下端出挑形成屋檐；相邻角梁间放射状布置椽条，椽条上作屋面，铺设屋瓦，角梁上塑戗脊，戗脊上端相交于一点，其上覆顶，称作宝顶（图 5.55—图 5.57）。

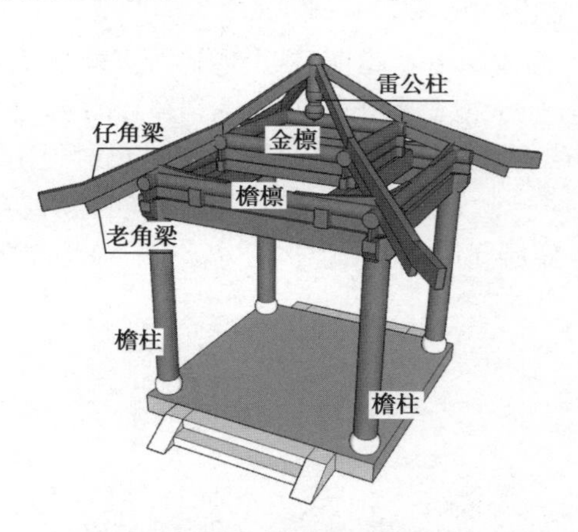

图 5.55　攒尖顶构架（四角攒尖）

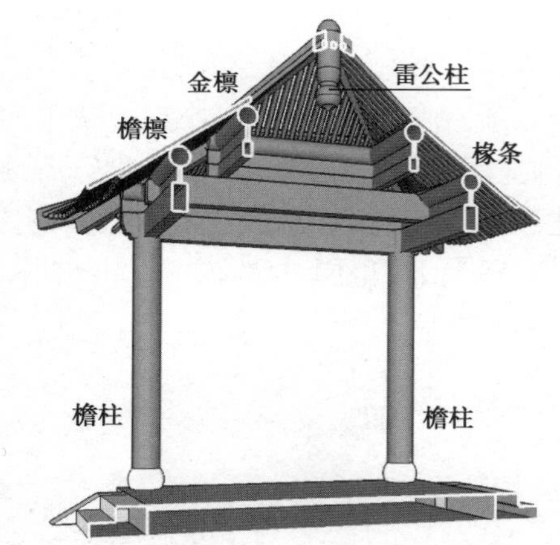

图 5.56　攒尖顶构架剖透视（四角攒尖）

攒尖顶在亭、阁等中小型建筑中较为常见，如苏州狮子林湖心亭（图 5.58）、东莞可园可亭（图 5.59）都采用的六角攒尖顶。而在中大型建筑中也有攒尖顶形式，如颐和园佛香阁采用的是内三层外四层的八角攒尖顶（图 5.60）、成都青羊宫八卦亭则采用的是重檐八角攒尖顶（图 5.61）。

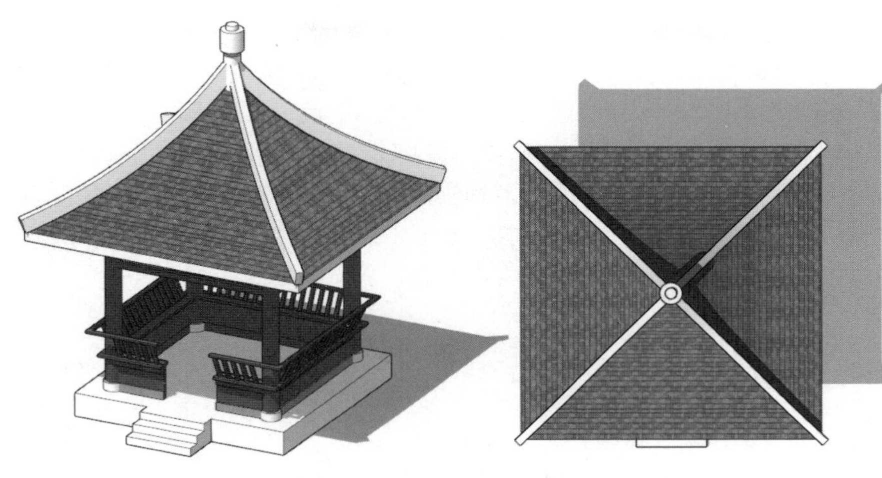

图5.57 攒尖顶(四角攒尖)

图5.58 苏州狮子林湖心亭

图5.59 东莞可园可亭

图5.60 颐和园佛香阁

图5.61 成都青羊宫八卦亭

以上几种屋顶的结构形式虽不尽相同,但其中部构架的结构却大同小异。其中,庑殿顶、歇山顶、卷棚顶、硬山顶与悬山顶在山面构架有一定差异。例如,庑殿顶与歇山顶的前后两坡构架形式基本相同,而在山面上,歇山顶两侧设置有竖直的山花面。又如,硬山顶与悬山顶的差异也在于屋顶与山墙面的高低,硬山屋面山墙面比屋面高,屋顶两端并不突出山墙,屋顶被其包裹在两山墙中,而悬山顶的屋面比山墙面高,屋顶端头悬挑突出山墙面。卷棚顶与硬山顶构架的不同在于脊檩数量、顶椽形态及脊部形态不同。

7)屋顶组合

庑殿顶、歇山顶、卷棚顶、硬山顶与悬山顶是中国古典园林建筑中常见的屋顶形式。由这几种屋顶组合、变换而形成的屋顶形式更为丰富,形态美观多变,结构也更为复杂。两种基本的屋顶形式可以相互组合,形成新的屋顶形态,这在古典园林建筑中颇为常见,如耦园的织帘老屋采用硬山卷棚顶、网师园的濯缨水阁(图5.62)采用歇山卷棚顶。

图5.62　网师园濯缨水阁

图5.63　留园中的明瑟楼与涵碧山房

更有紧邻的两栋建筑出现多种的屋顶形式的做法,如留园中部景区的主体建筑明瑟楼与涵碧山房(图5.63),两栋建筑相依而立:明瑟楼在东,背靠涵碧山房东侧山墙,一层为面阔三间敞厅、二层为三面和合窗形式,正面为歇山卷棚顶、背面为硬山卷棚顶,与涵碧山房共用一堵山墙[图5.64(a)]。涵碧山房紧靠明瑟楼西侧,面阔三间,为单层硬山卷棚屋顶[图5.64(b)]。东侧的明瑟楼保留了重檐歇山卷棚顶构架的左侧一半,右侧与硬山卷棚顶的涵碧山房相接,相接处用一堵山墙分隔,两侧构架搭接在紧靠山墙两侧的构架之上。一组建筑,两层屋顶,高低错落,采用歇山顶、卷棚顶、硬山顶多种屋顶形式,这在古典园林中也较为难得。还有拙政园的卅六鸳鸯馆屋顶,中部采用硬山顶,四角采用四角攒尖顶,屋顶整体感强,但不失灵动(图5.65)。

由于古代建筑屋顶的样式有一定的规格等级,园林建筑也如此,因此,也可通过建筑屋顶的形制,得知建筑的等级性质。而且这种形制在皇家园林建筑中表现得非常明显,如天坛中的祈年殿为三层重檐圆形攒尖顶,是天坛中最为尊贵的建筑物(图5.66),而同处的皇乾殿虽为庑殿顶(图5.67),但只是单檐,因此等级次于祈年殿,但高于天坛中的单檐圆形屋顶建筑皇穹宇(图5.68)。又如颐和园中的排云殿,面阔七间,四周回廊,为重檐庑殿黄色琉璃屋顶(图5.69),等级明显高于同园中的乐寿堂(图5.70),后者虽也面阔七间,但屋顶为单檐歇山灰瓦卷棚顶。

(a)明瑟楼

(b)涵碧山房

图5.64 明瑟楼与涵碧山房屋顶形态

图5.65 拙政园卅六鸳鸯馆屋顶形态

图5.66 天坛祈年殿

图5.67 天坛皇乾殿

图5.68 天坛皇穹宇

图5.69　颐和园排云殿

图5.70　颐和园乐寿堂

5.2.2　翼角构造

翼角是中国古典建筑屋顶中相邻两坡屋面的转角部分,因形似羽翼,故名翼角。庑殿顶、歇山顶与攒尖顶均有翼角,而硬山顶与悬山顶没有翼角。中国古代文学作品中多有对翼角的描写:"如跂斯翼,如矢斯棘,如鸟斯革,如翚斯飞"(《诗经·小雅》);"廊腰缦回,檐牙高啄"(《阿房宫赋》);"层峦耸翠,上出重霄;飞阁流丹,下临无地"(《滕王阁序》);这些描写均反映出了翼角轻巧玲珑、精巧美观的形态特征。古典园林建筑形态因翼角别致的形态而锦上添花,可以说翼角是中国古典园林建筑的点睛之笔。

翼角的形态因地域不同而存在一定差异:北方地区建筑的翼角曲线平直有力(图5.71),从而使整个建筑形态显得庄重沉稳(图5.72);南方地区建筑的翼角曲线轻盈高翘(图5.73),从而形成了建筑轻巧灵动的形态(图5.74)。

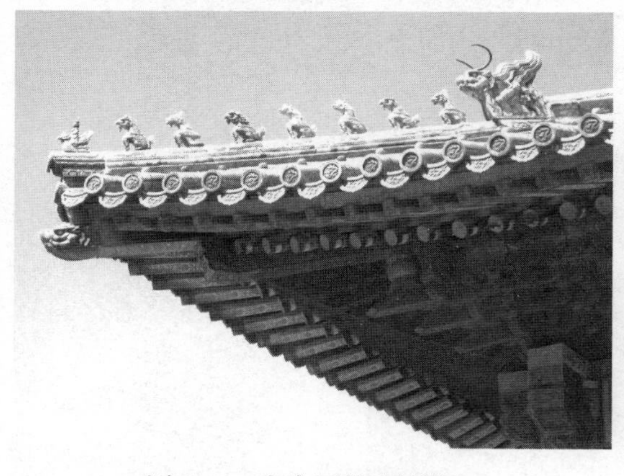

图5.71　皇家园林建筑翼角

图5.72　皇家园林建筑

翼角形态的差异是构造不同造成的。园林建筑中最常见的翼角做法:一是以北方皇家园林建筑为代表的营造做法;二是以江南园林建筑为代表的营造做法。

图5.73 江南园林建筑翼角

图5.74 江南园林建筑

以皇家园林为代表的北方园林建筑沉稳而庄重，建筑的翼角在戗脊、檐口处的曲线较为平直、力度感强。《清式营造则例》中记载了翼角的构造做法（图5.75）：翼角主要的结构构件是老角梁与仔角梁。老角梁是一根斜梁，后尾与金桁（金檩）或内层金柱搭接，前段搁置在正面与山面正心桁（檐檩）的交点上。若正心桁（檐檩）外还有挑檐桁（挑檐檩），则老角梁前端也会搁置在正面与山面出挑檐桁交点上。因正心桁（檐檩）低于金桁（金檩），所以老角梁前端低后尾高，与水平面成一定角度。从平面上看，老角梁平分正面与山面的正心桁（檐檩）所形成的夹角，因此对于矩形平面建筑而言，角梁与两面均成45°角。仔角梁也是一根斜梁，平行搁置在老角梁上，其后尾仍与金桁（檐檩）或内层转角柱搭接，前端突出老角梁，且微微向上翘起，与老角梁成一角度。在正心桁（檐檩）与挑檐桁（挑檐檩）上搁置枕头木，以衔接正心桁（檐檩）与仔角梁之间的高差[图5.76(a)]。枕头木是一块长形木条，上有凹槽，能固定上方椽条，确定椽条起翘的角度与搁置的方向。有了枕头木的辅助，就可以铺设上方椽条，形成出檐椽与仔角梁平滑的过渡，使翼角处屋面平缓上翘。铺设上方椽条时，以正面与山面的金桁交点为界，交点之前的椽条均为平行铺设，交点之后的椽条呈放射状铺设，这部分椽条称为翼角翘椽。椽条以金桁交点为顶点，从金桁处向角梁处呈放射状布置。靠近角梁处的翼角翘椽长度大，端头与老角梁端头平齐；金桁处的翼角翘椽长度小，端头与出檐椽端头平齐。翼角翘椽端头在平面上的投影呈一条弧线。翼角翘椽上搁置飞椽，称为翘飞椽，增加屋檐挑出的长度。靠近角梁处的翘飞椽长度大，端头与仔角梁端头平齐；金桁处的翘飞椽长度小，端头与飞椽端头平齐。翘飞椽端头在平面上的投影也呈一条弧线。

从立面上看，翼角翘椽与翘飞椽端头均呈一条平缓弧线，使翼角处的檐口缓缓向上抬起[图5.76(b)]。翼角翘飞椽铺设完成后，翼角屋面的形态基本定型，再于檐口处设连檐，椽条上铺设望板[图5.76(c)]，望板上做苫背，于仔角梁上塑脊，铺屋瓦，完成翼角处屋面营造[图5.76(d)]。

南方地区，以江南园林为代表的建筑翼角在戗脊、檐口处的曲线轻盈高翘、秀丽而柔美，建筑形态因此也显得轻巧而灵动。江南地区称翼角的营造为“发戗”，“戗”有反向之意，两坡屋面转角处相交的屋脊称作戗脊，即反向向上翘起的屋脊，因此翼角具有反宇向阳的形态特征。江南建筑翼角的主要结构构件是老戗、水戗与嫩戗。老戗与水戗的作用分别与北方翼角结构中的老角梁、仔角梁类似，嫩戗则是位于老戗端头的一根斜向上的构件，起到稳定戗脊、翼角造型的作用。

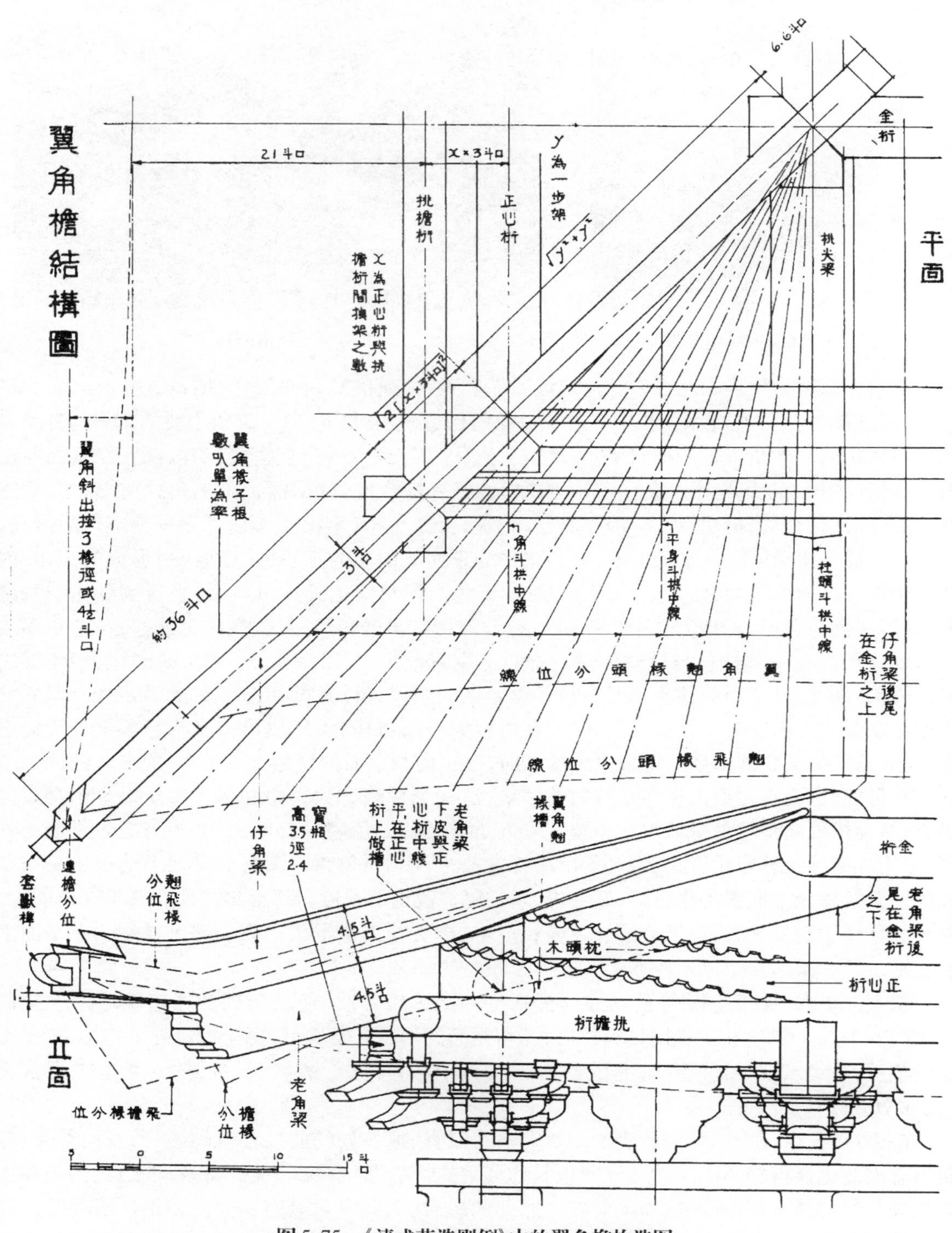

图5.75 《清式营造则例》中的翼角檐构造图

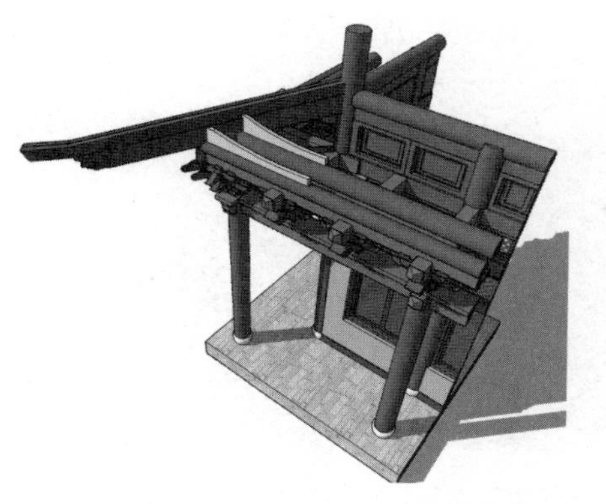

(a)搭设老角梁、正心桁、仔角梁、枕头木

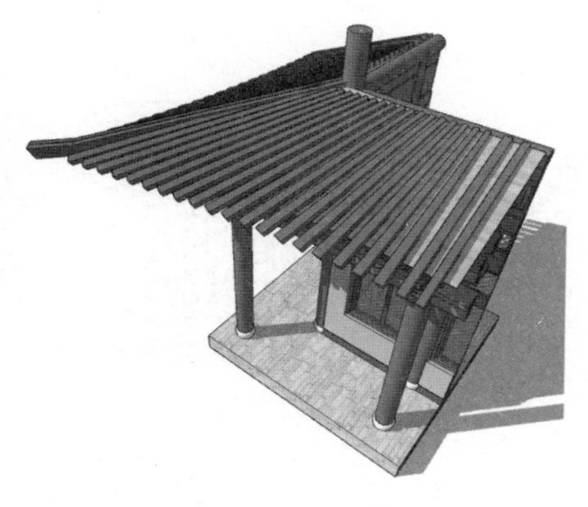

(b)布置翼角翘椽、翘飞椽

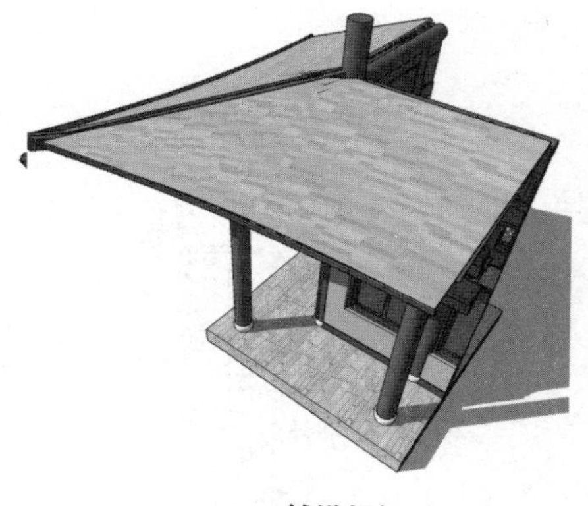

(c)铺设望板

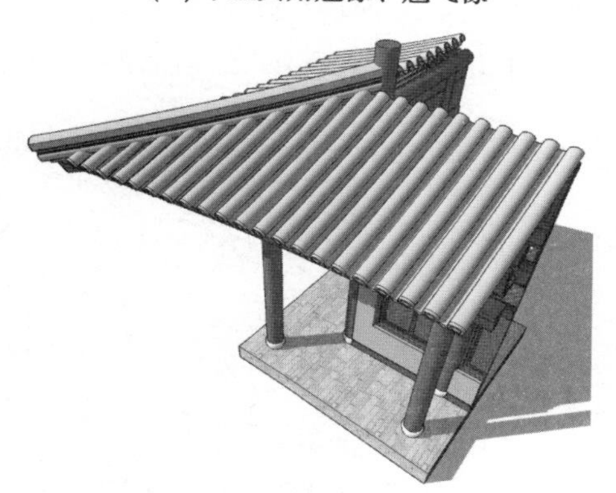

(d)塑脊、铺设屋瓦

图5.76 皇家园林建筑中的翼角构造

江南园林建筑的翼角构造做法分为水戗发戗与嫩戗发戗两种。①水戗发戗中，水戗与老戗平行搭接，翼角起翘是水戗前段起翘及戗脊脊端塑脊使然。这种手法是利用屋脊构造手法使翼角上翘，起翘曲度较小、高度较低。采用水戗发戗的做法，翼角檐口趋于水平，仅戗脊上翘(图5.77)。②嫩戗发戗中，嫩戗与老戗成一角度搭接，而使翼角向上翘起。这种手法利用结构构件使翼角上翘，起翘曲度较大、高度较高。采用嫩戗发戗的做法，翼角檐口曲度较大，檐口与戗脊均向上翘起(图5.78)。如拙政园中的见山楼、与谁同坐轩、卅六鸳鸯馆的耳房等，翼角均采用水戗发戗形式；而拙政园中的远香堂、留园中的明瑟楼、狮子林中的湖心亭等，翼角则采用嫩戗发戗形式。

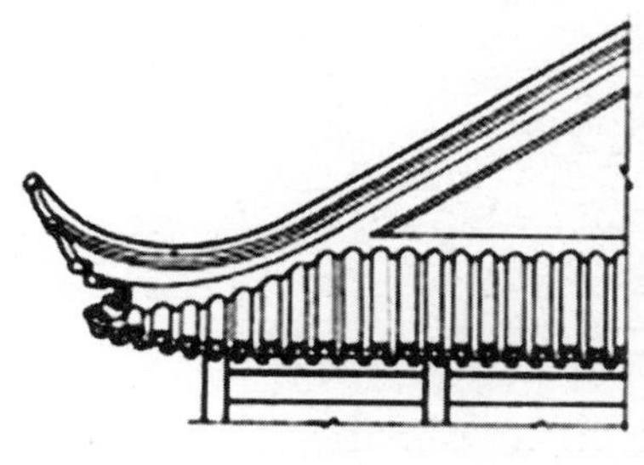

图5.77 水戗发戗翼角形态

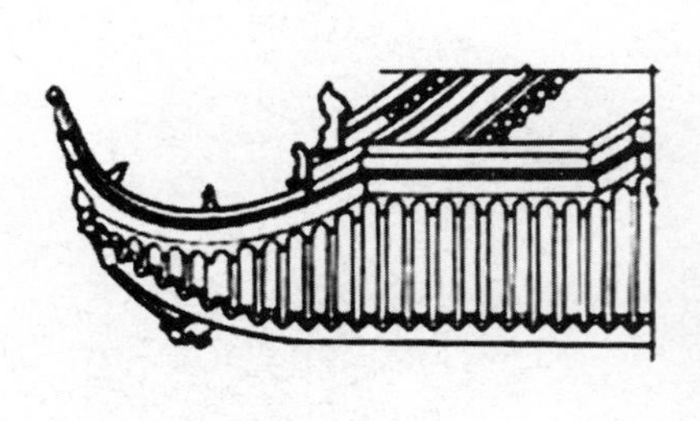

图5.78　嫩戗发戗翼角形态

水戗发戗的营造手法与北方类似，可参照北方园林建筑的翼角构造方式。而嫩戗发戗的营造手法则异于北方，在此依照《营造法原》（图5.79）的记载详述如下。

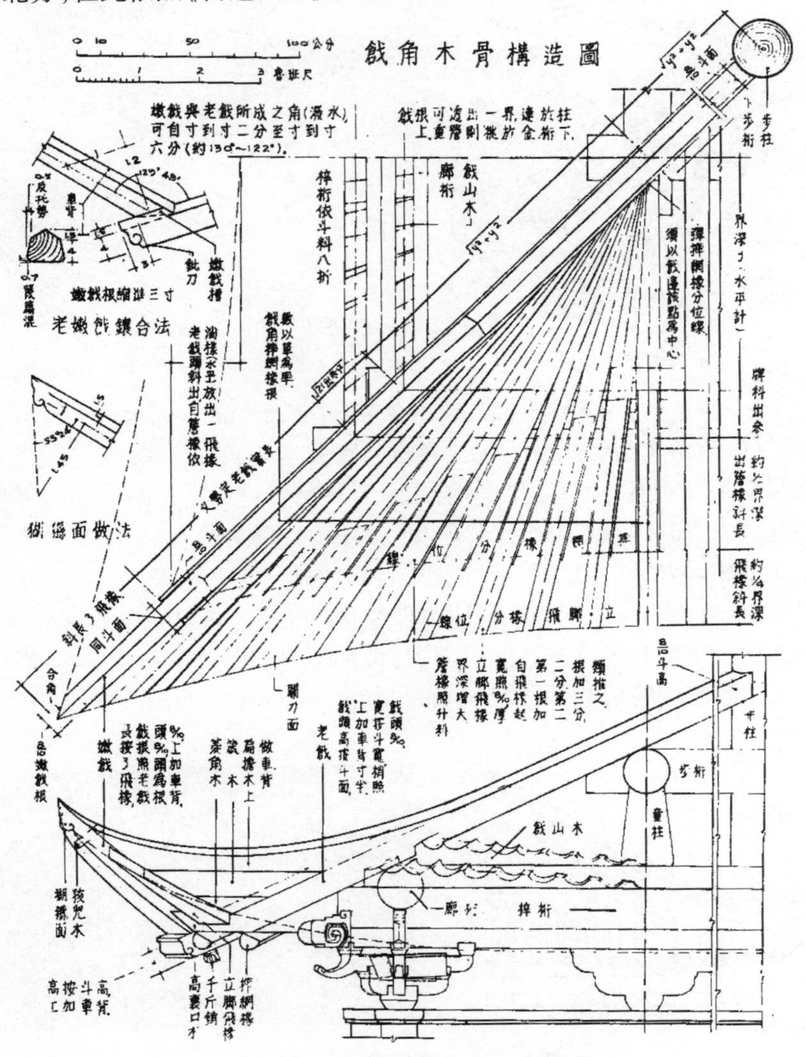

图5.79　《营造法原》中的翼角构造图

在建筑转角处的构架中，老戗后尾与步桁或内层转角柱搭接，前端搁置在正面与山面处的廊桁相交点上，若廊桁外还有梓桁，则老戗前端也会搁置在正面与山面处出梓桁交点上。因廊桁低于步桁，所以老戗前端低后尾高，与水平面成一定角度。从平面上看，老戗平分正面与山面的廊桁所形成的夹角，对于矩形平面建筑而言，角梁水平投影与正面、山面均成45°夹角。嫩戗根部搁置在老戗前端，戗尖反向向上翘起，与老戗成一定角度，其间用菱角木、箴木拉结，稳固嫩戗，并在最上层用扁担木连接，使老戗与嫩戗表面形成光滑曲线，形成自然过渡。在廊桁与梓桁上搁置戗山木，其形态及作用均与北方建筑翼角构造中的枕头木相同，形成出檐椽与嫩戗平滑的过渡，使翼角处屋面平缓上翘。[图5.80(a)]

铺设上方椽条时，与北方建筑的翼角构造相似，仍以正面与山面的步桁(《清式营造则例》称金桁)交点为界，交点之前的椽条均为平行铺设，交点之后的椽条呈放射状铺设，这部分椽条在江南地区称为摔网椽(《清式营造则例》称翼角翘椽)。椽条以步桁交点为原点，从步桁处向角梁处呈放射状布置。靠近角梁处的摔网椽较长，端头与老戗端头平齐；步桁处的摔网椽较短，端头与出檐椽端头平齐。摔网椽端头在平面上的投影呈一条弧线。摔网椽上搁置飞椽，称为立脚飞椽(《清式营造则例》称翘飞椽)，增加屋檐挑出的长度。靠近角梁处的立脚飞椽长度大，端头与嫩戗端头平齐。立脚飞椽端头在平面上的投影也呈一条弧线。从立面上看，摔网椽与立脚飞椽端头均呈一条圆滑弧线，使翼角处的檐口向上翘起[图5.80(b)]。立脚飞椽铺设完成后，翼角屋面的形态基本定型，再于檐口处设瓦口板，椽条上铺设望板[图5.80(c)]，望板上做苫背，于扁担木上塑脊，铺屋瓦，完成翼角处屋面构造[图5.80(d)]。

(a)搭设老戗、嫩戗、菱角木、箴木、扁担木及戗山木

(b)布置出檐椽、摔网椽、里口木与立脚飞椽

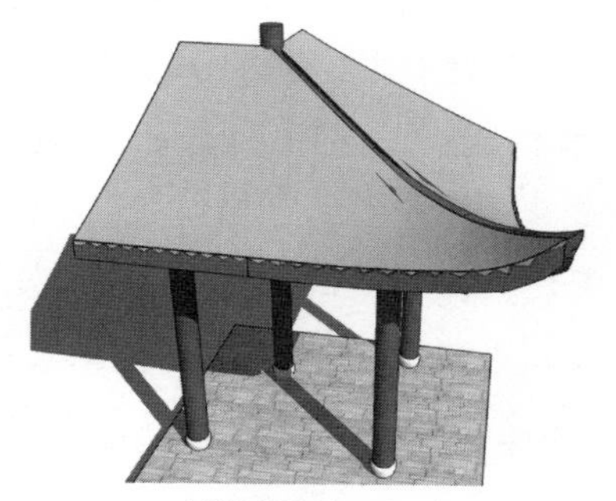

(c)铺设望板与瓦口板

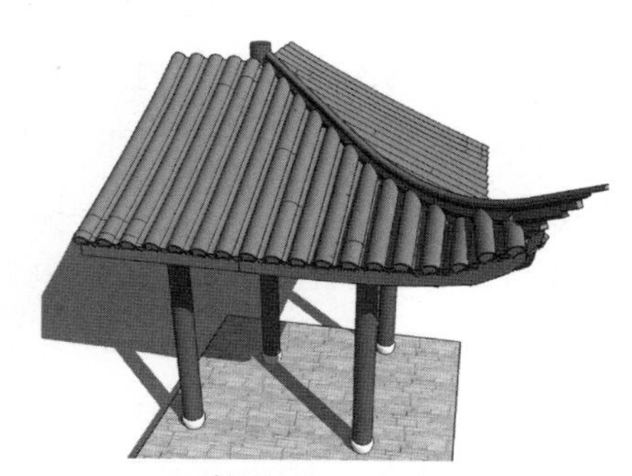

(d)铺设屋瓦、塑脊

图5.80　江南园林建筑嫩戗发戗的翼角构造

5.2.3 屋面构造

古典园林建筑的屋面与檐口是最容易被雨水渗透与侵蚀的部分,因此,建筑的屋面构造需防止雨水渗漏,且与屋架做到紧密结合。建筑在檐口处,屋檐出际深远,构造应避免檐下立柱受潮以及雨水对木构件的侵蚀。建筑屋顶的椽条及以上就属于屋顶构造部分,其构造层次从下至上分别为椽条、望板(或望砖)、苫背、屋瓦(图5.81)。

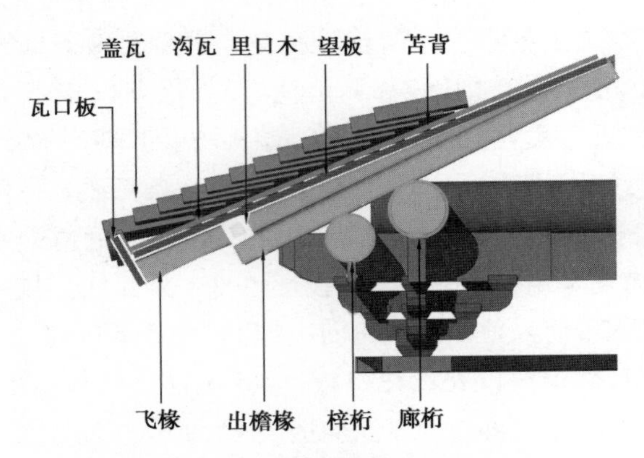

图5.81 园林建筑屋面构造层次

檐口的出檐椽挑出正心桁(或廊桁),在其端头钉上里口木(《清式营造则例》称小连檐),里口木截面为方形或直角梯形,联系所有出檐椽。里口木上有企口,与其上飞椽位置相对应,起固定飞椽的作用;其上搁置飞椽,飞椽挑出出檐椽一定距离,进一步加深了屋檐出挑长度。在飞椽与其他椽条上,纵向铺设木板(称为望板),也有铺设薄砖(称为望砖)于其上的。再于望板或望砖上做苫背层。苫背层是一层由泥灰等组成的构造层次,其作用在于填补望板或望砖之间的缝隙,并对屋面找平,同时黏结上方屋瓦。苫背层因地域不同做法也有差异,北方地区多采用琉璃瓦锡背、灰背屋面的做法,而南方地区多采用青瓦灰背屋面的做法。瓦垄通过钉在飞椽端头的瓦口板固定,瓦口板是一块通长的薄板,薄板上缘加工成凹凸相间的弧线,与其上屋瓦形态结合,起定位瓦垄的作用(图5.82)。屋面最上层是屋瓦,建筑的屋瓦按形式分为筒瓦与板瓦两种(图5.83、图5.84)。筒瓦屋面由筒瓦、仰瓦、瓦当与滴水构成;板瓦屋面由盖瓦、沟瓦、瓦当与滴水构成,两者区别在于筒瓦是半圆截面,盖瓦是弧形截面。筒瓦屋面在檐口处,为防止屋瓦松脱,在筒瓦的顶部还有固定筒瓦的瓦钉。筒瓦屋面运用在等级较高的园林建筑中,如皇家园林与寺观园林建筑;板瓦屋面运用在一般园林建筑中。屋瓦按材质分为琉璃瓦与灰瓦(图5.85、图5.86),琉璃瓦屋面一般用在皇家园林建筑或寺庙建筑之中,等级较高;而青瓦屋面在各种类型的园林建筑中广泛使用。

(a)在廊桁与梓桁上铺设出檐椽

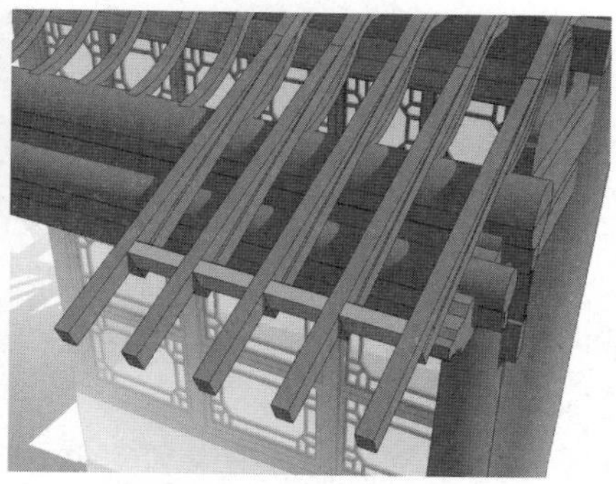

(b)出檐椽端头置里口木，其上铺设飞椽

(c)铺设望板与瓦口板

(d)做苫背层，铺设屋瓦

图5.82　园林建筑屋面构造层次

图5.83　筒瓦

图5.84　板瓦

图5.85　琉璃瓦屋面

图5.86　灰瓦屋面

5.2.4 屋面装饰

1)脊饰

屋脊是古典园林建筑外部造型中重要的装饰部位。在建筑的正脊、垂脊、戗脊上都可以施加精美的装饰。

屋脊就虚实而言,有实体屋脊与镂空屋脊两种:实体屋脊没有孔洞,立体感强,形象突出,大中型的厅室较为常用;而镂空屋脊则是将屋脊下半部分镂空,在屋脊上形成通透的效果。镂空部分多是有一定规律的格栅,具有装饰效果,并且镂空屋脊能够减小自重,避免给屋架带来过大的荷载。这种镂空屋脊在中小型园林建筑中较为常见(图5.87)。在南方部分地区,这种镂空屋脊不仅具有装饰作用,且具有一定的实用价值,如在西蜀与岭南地区的园林建筑中,这种镂空屋脊利于导风,避免屋脊因过高而被风吹垮塌。有时,镂空屋脊与实体屋脊同时使用在一根正脊上,往往于正脊中部镂空,既实用又富装饰性,正脊两端则采用实体屋脊,起到一定的稳定效果(图5.88)。

图5.87 园林建筑的镂空屋脊

图5.88 岭南园林建筑的镂空屋脊与实体屋脊

建筑正脊两侧的正吻处多有装饰,皇家园林中多以“龙凤”等祥瑞作为装饰,正脊中央也有不同类型的装饰。庑殿与歇山屋面的戗脊上也多施以装饰,如皇家园林建筑的戗脊端头部分一般有仙人灵兽之类的琉璃脊饰,而南方园林建筑中则多为水纹、云纹等式样。此外,在歇山的垂脊端头也施有宝瓶、人物等琉璃或泥塑装饰。(图5.89、图5.90)

图5.89　南方园林建筑的脊饰

图5.90　皇家园林建筑的脊饰

2)瓦饰

屋瓦在使用上多为一色,但也有部分园林建筑采用2~3种不同色彩的屋瓦铺设,屋瓦在屋面上镶嵌成一定图案,以装饰屋面。如在皇家园林、寺观园林建筑的屋面上常见以黄、绿、蓝等色彩的琉璃筒瓦拼合成的图案。

屋面装饰还体现在瓦当与滴水的纹样上。瓦当是盖瓦端头的一片屋瓦,瓦当正表面的形态多种多样:筒瓦一般是正圆形,而板瓦则有扇形、蝶形等。滴水是沟瓦端头的一片屋瓦,滴水正面形态多为三角形,也有蝶形等。瓦当与滴水表面上一般装饰有精美的纹样。纹样有图案与文字两种类型:图案中一般以灵兽、祥瑞等为主;文字则以祈福类居多。如皇家园林建筑中有龙纹、凤纹瓦当,其他地域的园林建筑中有蝙蝠、菊花等图案,也有“福”“禄”“寿”之类的文字式样。(图5.91)

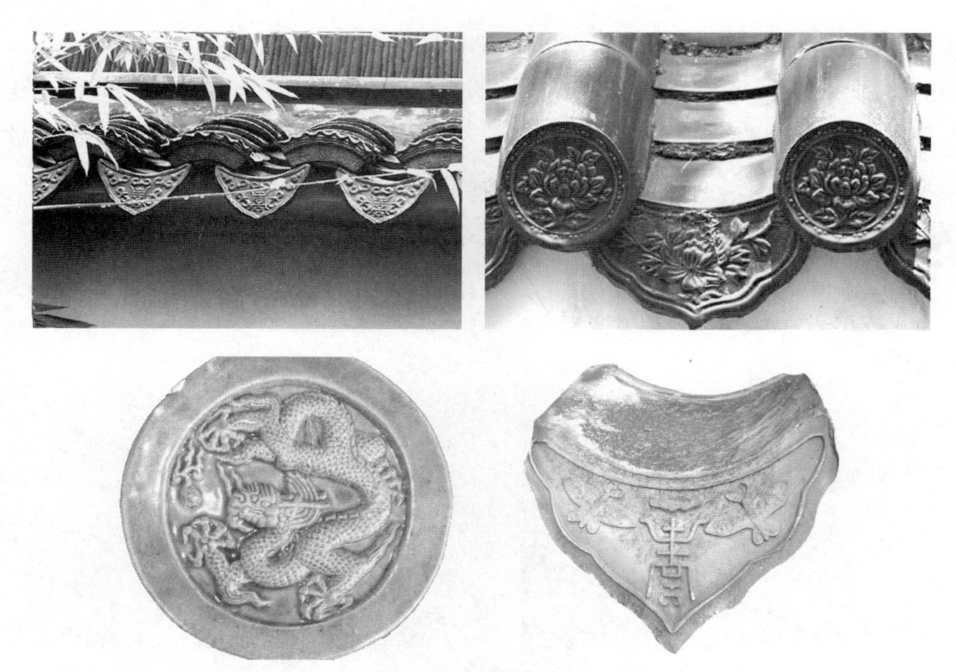

图5.91　园林建筑中瓦当与滴水上的装饰

5.3　古典园林建筑的外檐装修

中国古典园林建筑蕴含着深刻的文化内涵,其美学价值不仅体现为屋顶样式的多样、翼角曲线的优雅,还体现在建筑精美的装修、有序的家具陈设、丰富的色彩搭配上。

古典园林建筑的装修,按部位分为外檐装修与内檐装修。外檐装修位于建筑室外的檐下部分,包含建筑屋檐之下的各种装饰和实用构件,其分布位置从檐口到地面,分别有挂落(楣子)、廊轩、门窗、栏杆等,使用的材料多为木质,也有砖石材质。内檐装修位于建筑室内空间,包含室内屋顶之下的各种装饰和实用构件,室内各处均有分布,从屋架到地面有天花、花罩、隔扇、博古架、屏风等,使用的材料多为木质,用料较外檐装修考究,装饰图案也更细腻精致。

5.3.1　门　窗

古典园林建筑中的门窗,一般较其他类型建筑通透。特别是私家园林中,常用落地长窗代替传统门扇,使建筑室外景致渗入室内,将室内外空间与景观融为一体。古典园林建筑中常见的窗有长窗、半窗、支摘窗、横风窗之分。

(1)长窗

长窗又称落地长窗(《清式营造则例》称隔扇)。就形态而言,与日常所见的门扇并无区别。在江南园林建筑中,为使室外景观尽收厅堂之中,建筑立面需空灵而通透,内外之间不宜封闭,因此建筑立面上的门扇大面积为镂空窗格,仅在腰线以下设裙板,因镂空较多、通透感强而被称为长窗。长窗常用在规模较大的厅堂和轩馆的正面与背面,对于景致极佳、视野开阔的厅堂,甚

至还有在立面的明间、次间与稍间满设长窗的情况。

长窗安装在廊柱(檐柱)之间,充满整个开间,若前后有廊,则安装在步柱(金柱)之间,数量一般为六扇,也称六合门(图5.92)。营造之时,在开间两侧立柱上设方木,称抱柱,在廊枋(檐枋)下与地面上设上下槛,在抱柱与上下槛之间设长窗。长窗与抱柱连接处上下有摇梗(即转轴),插入上下槛的上下楹中,可绕轴旋转,因而可向内或向外开启。

图5.92 六合门

每扇长窗由窗框、心仔、夹堂板、裙板等组成(图5.93)。窗格中的心仔按照一定纹样排列,有宫式、葵式、如意、菱花之分,丰富而富有文化内涵。窗格或镂空,或以透明或有色玻璃填充,为室内采光更为纳景之用。精心设计的窗格通常能与室外的景物形成完美的景框关系(图5.94)。裙板上多刻有花卉、器皿、祥瑞、典故等内容,以浮雕方式雕凿。

(2)半窗

半窗又称短窗,高度仅为长窗的一半,因而得名。半窗一般位于建筑的稍间或尽间,其下槛位于柱间的矮墙上,形成的立面通透性不及长窗。除下槛位于墙体之上外,半窗的营造方法与长窗类似。因半窗只有长窗一半,所以没有裙板,但窗格上的式样类型丰富,与长窗相同(图5.95)。对于一栋园林建筑而言,长窗与半窗的式样一般类似或相同,形成的建筑立面也和谐统一。

(3)地坪窗

地坪窗是设置在半墙上或栏杆之上的半窗。其下为木质栏杆或栏板,栏杆镂空时,内外视线通透,轻盈灵巧(图5.96)。若在栏杆后衬一垫板,既能挡风,又美观大方。地坪窗一般设置在前后廊的廊道处。安装时,窗下槛一般与扶手处栏杆一同设置,其他安装方法同半窗。

(4)支摘窗

支摘窗又称和合窗。与其他门窗不同的是,支摘窗开启方式是窗框上槛处设置转轴,窗扇一般有上、中、下三层之分,一般窗呈长方形,上面两层窗扇为开启扇(亦有三层或只有顶层可开启的支摘窗),开启时向上推启并以两侧窗棂处的木棍或铁钩支撑,下面一层为固定扇,必要时可拆卸。这种窗在园林建筑中,一般用在画舫、水榭等中小型建筑上,如怡园画舫斋、网师园濯缨水阁、艺圃的延光阁、留园明瑟楼及远翠阁、拙政园的香洲、承德避暑山庄、退思园石舫(图5.97)。

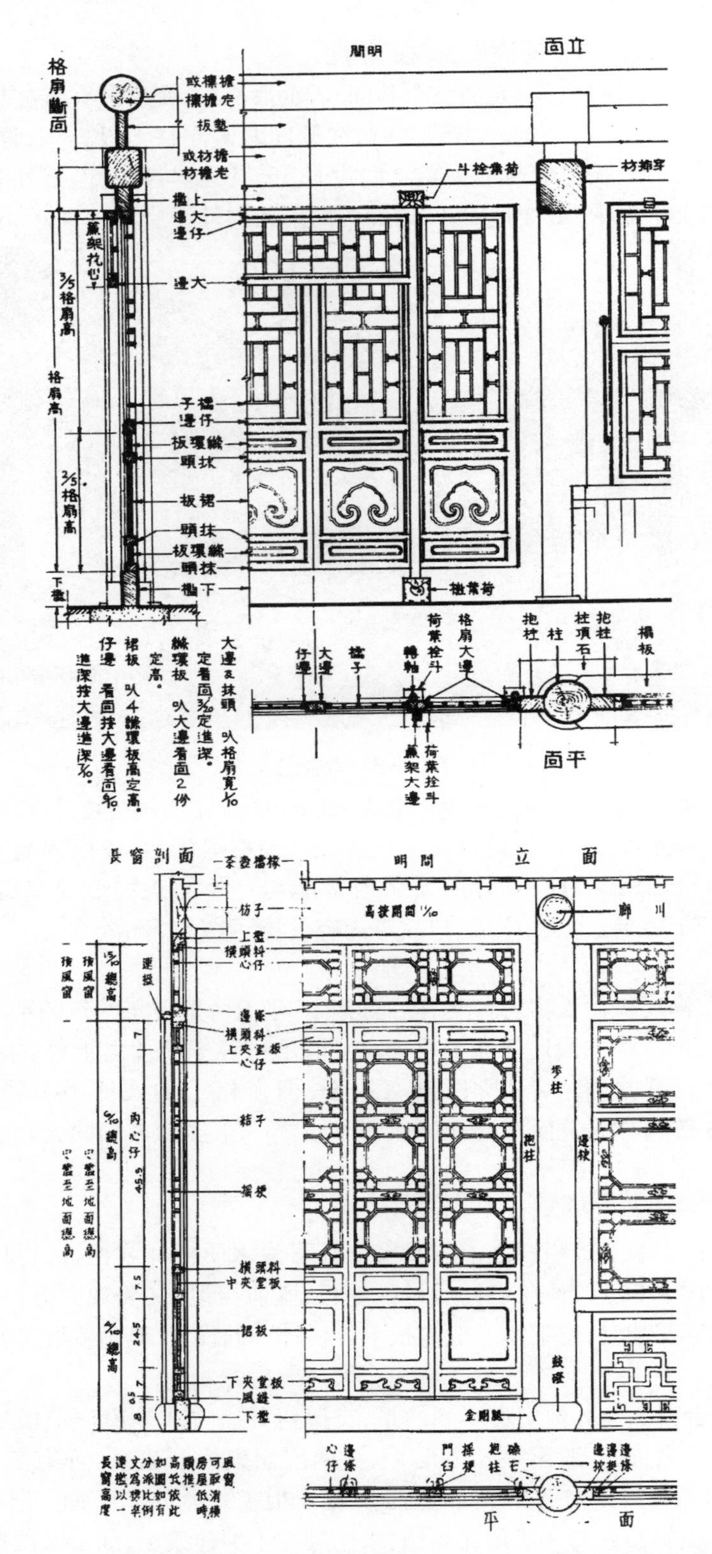

图5.93 《清式营造则例》(上图)与《营造法原》(下图)中的隔扇与长窗构造

图5.94　园林建筑中的长窗纳景作用

图5.95　园林建筑中的半窗

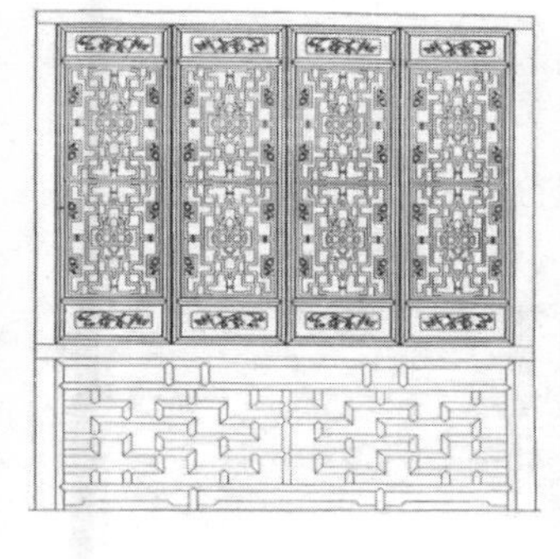

图5.96　园林建筑中的地坪窗

(a)承德避暑山庄中的支摘窗

(b)江苏同里退思园石舫支摘窗

图5.97　园林建筑中的支摘窗

(5)横风窗

横风窗位于门窗上方,其宽度较大,而高度较小,立面呈扁方形,高宽比例不一(图5.98)。在建筑高度较大、有廊的厅堂立面上多有使用。横风窗为镂空窗格,因此不宜安置在外立面上,一般安装在有廊建筑的步柱之间。步柱处的长窗一般达不到步枋高度,为衔接两者之间的空隙,在长窗或隔扇上施加横风窗是最常见的做法。镂空的横风窗既增加了室内采光,也便于室内外空气流通。安装时,在长窗上设置一道中槛,横风窗就安装在上槛与中槛之间,与其他门窗共同构成立面的分隔。

图5.98　园林建筑中的横风窗

(6)景窗

景窗多用于园林的院墙上或是靠墙廊道中,或单个出现,或成组出现,如留园古木交柯临水的景窗。景窗在单体建筑中一般位于山墙面上,或是建筑边间的砖墙上,如网师园的看松读画轩边间山墙处的景窗。在单体建筑中使用的景窗,一般采用木材或瓦石制作,嵌于墙体之中,景窗一般与建筑旁的景物相对应,形成框景。院墙上的景窗多用砖石砌筑,形状有圆形、六角、八角及方形等,窗扇多固定不能开启,窗格镂空,将环境景致纳入其中。(图5.99)

图5.99　园林建筑中的景窗

5.3.2　栏　杆

在檐下有廊的园林建筑中,多有使用栏杆的做法。在两柱之间,用通长扶手或座椅以榫卯方式连接,其下设置镂空花格,于木柱间以抱柱连接。花格样式较多,常见的有万字、菱花等形状。园林建筑栏杆既有围护作用,又有装饰作用。栏杆有高低之分,较高的栏杆可供人凭栏远眺,高度一般在80厘米左右;较低的栏杆可供人小坐休憩,高度一般在50厘米左右。部分栏杆内侧还有栏板遮挡镂空的缝隙,避免虫、鼠之类侵入。如在步柱处和合窗下的栏杆一般会设置可拆卸的栏板,以防止虫、鼠,同时还有利于室内的保温。

园林中的围栏可制作得非常简洁,在部分次要建筑或是廊道两侧的柱间,用砖石砌筑成矮墙,高40厘米左右,直接用木板或石板搁置其上,供游人停留休憩。柱间或以扶手相连,可依靠赏景,或不做任何形式的栏杆或扶手,倚坐在室内也不会有视线阻隔,形成更为通透的观景效果。

美人靠又称吴王靠、鹅颈椅，是园林中常见的栏杆形式（图 5.100）。在园林中廊道两侧、建筑檐下、楼层阳台处较为多见。制作时在两柱间搁置通长的一块木板，供人坐息，木板外沿密布曲木，曲木向上连接扶手，并向外倾斜一定角度，供人依靠。美人靠的扶手因向外倾斜，不能直接连接在立柱之上，因此在栏杆与柱对应处或转角之处，多有横向木条或铁搭拉结木柱与扶手，以增强其牢固性。

图 5.100 园林建筑中的美人靠

5.3.3 挂 落

挂落是设置在梁枋下的装饰性构件，衔接立柱与梁枋（图 5.101）。常见的挂落形式有两种：柱间通长的挂落和占据梁柱间一角的挂落。南方部分地区对檐下挂落有特定的称谓，例如在西蜀地区将通长的挂落称为过江花牙，占据梁柱间一角的挂落称为花牙。挂落在南北地区的古典园林建筑中，形式也有不同。江南园林建筑挂落多为镂空，用材比较纤细，多用浮雕或镂雕；北方挂落多实体，用材比较浑厚，多用圆雕。挂落的形式除常见的万字纹、回纹外，还有正纹、冰纹、藤纹等众多纹样。挂落以榫卯安装在两柱的抱柱之间，上部与梁枋连接。

图 5.101 园林建筑中的挂落

5.3.4 廊 轩

古典园林建筑中，多有环绕建筑四周的廊道，便于驻足赏景，廊道顶面一般会施加装饰构件，加以美化（图5.102）。前后有廊的园林建筑在廊柱与步柱之间，加设一层椽条与望板，形成廊道顶面的曲线屋顶，称作轩顶或轩棚。在园林建筑中，经常利用轩顶的形态进行修饰，达到美观实用的效果。如苏州园林中，常以椽条弯曲的形态来命名轩顶，如弓形轩、船篷轩、菱角轩、鹤颈轩等。其构造做法是在廊柱与步柱之间的穿枋（廊川）或梁上设斗或童柱支撑纵向木枋，木枋上承轩棚椽条，其上拼叠望板，形成完整的弧形顶棚，亦有将穿枋制作成曲线，直接承接椽条的形式。

图5.102　园林建筑中的廊轩

5.4　古典园林建筑的内檐装修

内檐装修是指在园林建筑室内装设，起装饰及分隔作用的构件，有花罩、纱槅、屏风等类型。

5.4.1　花　罩

花罩是安装在室内屋架以下，位于前后两个空间中，起过渡与美化作用的装饰性构件（图5.103）。花罩既可以安装于廊下，也可以安装在室内两进之间，可横向布置在梁枋下，也可纵向布置于桁檩之下，位置灵活、形态多变。部分花罩设于梁枋之下止于立柱之上，称为飞罩；部分花罩沿立柱落于地坪之上，称为地罩。飞罩尺寸相对较小，形态轻巧，在建筑室内均可使用；地罩尺寸相对较大，形态浑厚，主要用在主体厅堂的入口或宽阔的前廊处，又或是两个主要空间的分隔处。

花罩的雕刻精细，制作精美。地罩的中部形成的门洞有圆形、方形、八角等形态，使室内的空间及轮廓富于变化，充满文化艺术气息。安装花罩时，边框与上部梁枋或门洞上槛相连，两侧以榫卯与立柱或抱框相接，若是地罩，则落地处置于地面墩座上，而地罩中央一般不设下槛，以便于通行。

图5.103 园林建筑中的花罩

5.4.2 纱 槅

纱槅是在建筑室内分隔空间的装饰性构件,形态与长窗相似(图5.104),一般安装在屋架梁枋之下,可横可纵,按使用功能灵活划分。其排布方式也与长窗类似,一般以四扇、六扇为一组,其中的两扇或多扇可以灵活开关,以便人员出入。纱槅的安装方式也与长窗类似,上下左右各处分别与上、下槛与边框相连,下槛的高度上不及长窗,便于日常通行,固定扇下端与底座相连,开启扇通过摇梗与抱框相连。纱槅隔扇镂空处或用花色玻璃或刺绣纱帘镶嵌,充满浓郁的文化气息。

图5.104 园林建筑中的纱槅

5.4.3 屏 风

屏风是分隔室内空间的装饰性构件,在厅堂明间、次间两侧,或是明间靠后位置多有设置,用于分隔公共与私密空间,另外,在多进院落的建筑厅堂中设置屏风,还有利于形成空间层次与过渡。屏风有单扇与多扇之别(图5.105),单扇屏风面积较大,多扇屏风以双扇或四、六扇为一组,折形布置,高过一人。风格与装饰类似长窗,边框内侧多以心仔塑造成各种形态,或配以镂空雕花加以修饰。边框中部空间或用大理石薄板嵌框,石板上多奇异纹理以供观赏,或在其间绷以刺绣绸缎,又或在其间镶嵌有色花纹玻璃,形成内外似透非透的视觉效果。屏风或用木支座支撑,便于移动;或将屏风底座插入地面墩台,固定稳当。

图 5.105　**单扇与多扇屏风**

思考与练习

1. 中国古典园林建筑中常见的结构形式有哪几种？每种结构形式有何特点？在建筑营建过程中如何使用？

2. 举例说明南北古典园林建筑中抬梁构架的形态及构造差异。

3. 中国古典园林建筑的屋顶有哪几种常见类型？其结构关系如何？有何相似与不同之处？

4. 中国古典园林建筑的翼角在南北地域有何差异？其屋顶形态各有何特点？

5. 中国古典园林建筑的外檐装修与内檐装修分别位于建筑中的哪些位置？各自的形态与构造特点如何？

6 园林建筑实录

本章导读　本章节主要介绍中国现代园林建筑创作实例。这些实践作品不但保留了中国古典园林建筑的精髓，并且继承创新，延续了传统园林建筑的生命力。本章通过对作品的梳理，将现代园林建筑创作划分为三种主要类型，即古典园林建筑的复原和重建、仿古型现代园林建筑和古典园林建筑语汇的现代演绎。通过本章学习，可以更好地认识古典园林建筑的当下意义和发展方向，为风景园林专业的设计教学提供案例参照。

风景园林事业在我国蓬勃发展，一方面营建了许多性质不同、规模不一、类型多样的园林绿地，在总体规划、园林布局、空间组合、植物配置等方面推陈出新，取得了丰硕的成果；另一方面，按照新的使用功能需要和艺术审美追求，运用新材料、新技术，产生了不少符合大众物质和精神生活需要的优秀园林建筑作品。

中国古典园林建筑作为中国传统文化的优秀成果之一，在近现代园林建筑的创作中起着积极的作用。不少优秀的现代园林建筑体现了对古典园林建筑的继承和发展，其创作划分为三种基本类型：一是古典园林建筑的复原与重建，这是对一些有代表性的古典园林或园林建筑加以修复或恢复重建，相比而言是最为忠实地再现古典园林建筑的方式；二是仿古型园林建筑，其主要目的是通过此类建筑的创作，营造特定的历史氛围和协调历史环境；三是古典园林建筑语汇的现代演绎，其主旨是突出特点，重在对古典园林空间精神充分理解的基础上，结合时代的要求，探索一种古为今用的创作道路，创建一种崭新的、有古典园林意蕴的建筑形象。

6.1　古典园林建筑的复原和重建实例

复原型建筑和重建型建筑大都将历史建筑的遗迹或残存部分进行修复或恢复重建。两者有联系但也有明显的区别。

复原主要针对有特殊历史意义和景观价值的古典园林建筑，对其予以“重现”，力求保存历史的原真性。此方法通过维修或建造手段，以恢复或重现历史建筑曾经在历史上某个特定时期中存在过的面貌的完整性和审美价值为目的。复原必须根据确切的历史图片、文献资料等，在原址上以传统材料和手法准确再现历史建筑的外观和技术手法。从这个意义上来说,复原涉及历史建筑或文物建筑保护的基本原则问题。

重建是对一些已经消失或正在消亡的有较高历史价值的建筑物,在相对缺少足够原始资料的情况下,参照该地区、该时代的营造技术或通用的形式推测其外观和所采用的技术,或者采用现代的技术和材料在原址或其他地点新建历史建筑物,使原有的景观环境得以继续保持。重建后的建筑沿用原历史建筑的名称,在一定程度上使历史建筑的象征价值、情感价值得以延续。重建所反映的建筑风貌的真实性是有限的,事实上是当代文化、社会心理和现代技术的写照。

6.1.1 武汉新黄鹤楼

1)历史沿革

历史上最早的黄鹤楼始建于三国时期,位于地势险要的夏口城,即今天的武昌城西南面朝长江处。该楼在群雄纷争、战火连绵的三国时期是一处“军事楼”,“凡三层,计高九丈二尺,加铜顶七尺,共成九九之数”。随着三国归于一统,黄鹤楼逐渐失去了其军事价值,演变成官商行旅“游必于是”“宴必于是”的观赏楼。然而战火频仍,黄鹤楼屡建屡废,仅明清两代,就被毁 7 次,重建和维修了 10 次。清代最后一座黄鹤楼(以下简称“清楼”)建于同治年间,毁于光绪年间,此后百年未曾重修。

黄鹤楼作为山川与人文景观相互倚重的文化名楼,享有“天下绝景” 之美誉,与湖南岳阳楼、江西滕王阁并称为“江南三大名楼”。历代文人墨客到此游览,留下了不少脍炙人口的诗篇。唐代诗人崔颢一首“昔人已乘黄鹤去,此地空余黄鹤楼。黄鹤一去不复返,白云千载空悠悠。晴川历历汉阳树,芳草萋萋鹦鹉洲。日暮乡关何处是? 烟波江上使人愁”已成为千古绝唱,更使黄鹤楼名声大噪。李白一首“一为迁客去长沙,西望长安不见家。黄鹤楼中吹玉笛,江城五月落梅花”更是为武汉“江城”的美誉奠定了基础。

2)区位特点

1957 年建武汉长江大桥武昌引桥时,占用了黄鹤楼旧址,重建的黄鹤楼于 1981 年破土开工,1985 年落成,新址在距旧址约 1 千米的蛇山峰岭上。新黄鹤楼坐落在蛇山之巅,背倚万户林立的武昌城,面临汹涌浩荡的扬子江,刚好位于长江和京广线的交叉处,即东西水路与南北陆路的交汇点上(图 6.1)。

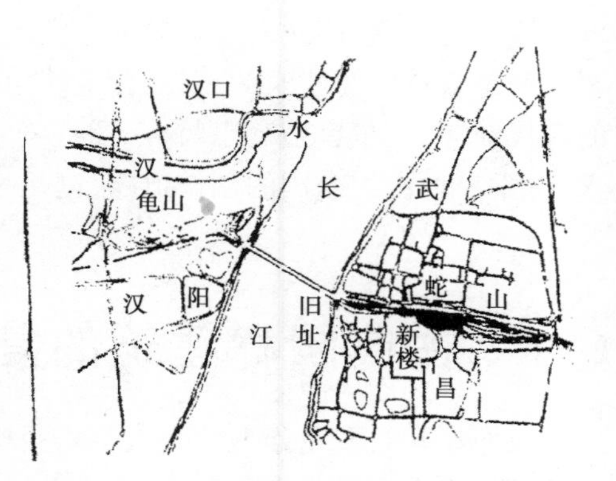

图 6.1 新黄鹤楼位置示意

登上黄鹤楼,武汉三镇的旖旎风光尽收眼底。新黄鹤楼不仅成为登高望远、观赏武汉市城市景观的极好观景点,还与龟山、蛇山、长江大桥等构成了武汉市城市意向的中心,成为武汉市城市景观的重要标志。如今,新楼所处的蛇山一带已被辟为黄鹤楼公园,这是由主楼、配亭、轩廊、牌坊、南楼、诗碑廊等构成的建筑群,建筑群沿山脊走向布置,天然形成一条东西向的中轴线,轴线制高点为新黄鹤楼

(图6.2—图6.4)。两侧的亭廊轩榭将主楼烘托得更加壮丽,同时增加了空间层次和纵深感(图6.5)。由于新楼较清楼发生了位移,为了在视线上继续和大江保持联系,只能以增加建筑高度的办法来换取距离的缩近。另一方面,蛇山两侧已被高大的建筑包围,黄鹤楼作为城市轮廓的重要组成部分,也有必要增加其体量。这样的处理方式体现出对整体环境的观照。

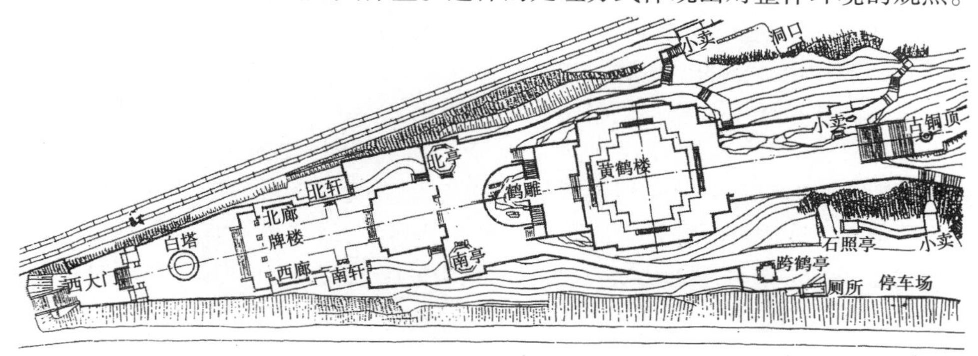

图6.2　新黄鹤楼总平面示意图

图6.3　新黄鹤楼建筑群鸟瞰

图6.4　新黄鹤楼与城市

图6.5　新黄鹤楼的建筑群体关系

3)建筑设计特点

新黄鹤楼的总设计师向欣然,以清朝的同治楼为蓝本,在传承明清黄鹤楼建筑风格的基础上,对黄鹤楼的外观和内部设计做了大胆创新。新黄鹤楼主体建筑占地1 200平方米,建筑面积4 000余平方米,楼高51.4米,坐东朝西。建筑为钢筋混凝土框架仿木结构,运用现代建筑技术施工。整座楼于雄浑之中不失精巧,富于变化的韵味和美感。从形态上看,新黄鹤楼与清代黄鹤楼既有联系又有区别(图6.6、图6.7):新楼的平面形式与同治楼相仿,为正方形四面各出一抱厦,即四边套八边形,谓之“四面八方”,这些数字透露出古建筑文化中数目的象征和伦理表意功能。新楼外观保持“下隆上锐,其状如笋”的形体特征和地方风格细部;改三层为五层,比清楼高出两层,使楼体更加高大;将上下一样粗的清朝黄鹤楼,改为底层大、顶层小,中间三层一样粗,具体处理为底层层高最大,并将抱厦拓宽构成“基座”;顶层抱厦取消以产生“颈缩”,并与屋顶一起构成建筑的“收头”;中部各层直通向上,保持清楼独特的形体特征;其中二楼的平座挑出,构成“束腰”,使楼层的节奏更富于变化。为了便于凭栏远眺,每层都设有外廊。各层飞檐出挑深远,起翘陡峻,翼角昂然向上,与清楼完全相同。在建筑细部处理上也尽可能地仿照清楼的做法:如葫芦形的宝顶,高4米,底径4.4米,基座为荷叶卷边,宝顶尖端装有直径80厘米的红色球形航空障碍灯。翼角上的脊饰为倒悬的鳌鱼,清楼檐下有撑拱,但有无斗栱及斗栱是什么形式已经无法查明,因此按地方晚清建筑的传统做法,在补间用斗栱、角科与柱头科一律以撑拱代之。(图6.8、图6.9)

图6.6　清朝黄鹤楼(同治楼)

图6.7　新黄鹤楼

图6.8　新黄鹤楼檐角细部(一)

图6.9　新黄鹤楼檐角细部(二)

6.1.2 绍兴柯岩风景区普照寺

1)历史沿革

绍兴柯岩风景区是绍兴久负盛名的传统旅游胜地,历代誉柯岩为绝胜之地。曾经的采石场经历代匠人不断采石,鬼斧神工般地造就了姿态各异的石宕、石洞、石潭、石壁等石景。此处在宋代已成为著名的旅游胜地,著名诗人陆游曾有《柯山道上》等咏柯岩的诗作;明代文人雅士在这里建有别业亭园;到了清代,形成了著名的柯岩八景。但由于历代战火和人为因素,柯岩胜景遭到严重破坏,到近代就主要剩下柯岩石佛和云骨造像两块造型奇特的巨石矗立在稻田中央。石佛开凿于隋开皇年间,原是露天的佛龛,内刻高约 10 米的弥勒佛一尊,是宗教文化的象征。明代创建普照寺依岩峰将佛龛覆盖。云骨峰上大下小,婷婷袅袅,如云出岫,俊秀挺拔,似石中傲骨。峰壁有清光绪年间镌刻的隶书"云骨"二字,使石峰的形象与意义得到升华,成为石文化的精神象征。清代寺庙毁之后,石佛峰与云骨相呼应,成为柯岩著名的石景。

2)普照寺与柯岩风景区

绍兴柯岩风景区由东南大学建筑学院杜顺宝教授主持设计(图 6.10)。景区总规划面积 6.78 平方千米,以古越文化为内涵,古采石遗景为特色,始于汉代,距今已有 1 800 多年的历史。设计者根据史料,通过实地考察和比较研究,依托原有的景点,将云骨、石佛作为柯岩景区的文化意象予以表现,并使其成为景区的精华部分。云骨和石佛的四周原是采石宕口,后来被土填没,成为平地,盖了寺庙;寺庙毁后,又变成农田。绍兴是水乡,一般废弃的采石宕口均会积水成潭,形成动人景观,因此,最终将石佛和云骨的周围辟为大水面,用水来烘托主题。辽阔的水面营造出以云骨和石佛为中心的主空间形态,开朗而有序,又为石峰以及水池四周的峭壁、山林和建筑增添了动人的倒影,符合新的时代精神和审美要求。

景区的景观设计蕴含了中国传统的园林意象,引人入胜。整个景区以云骨、石佛为核心的水体空间,经过轴线的转折形成有序而开朗的空间形态。强烈的主轴线将人们的视线引向云骨,不仅入口广场的道路、石桥和大门的轴线正对云骨,景区内起始于"一炷烛天"照壁的主轴线也对着云骨,突出表现了石文化的精神象征。主轴线经过圆形的莲花广场转而导向石佛,才过渡到宗教文化意象的表现。石佛和云骨以孤石形态存在已历百年,其空间效果和审美形象远胜于将佛龛置于殿宇覆盖之下。因此,将重建的普照寺迁到石佛背面的山崖之下,且使山门与石佛仍保持在同一轴线上。由于地形制约,寺庙其他殿宇的轴线折而向东,沿柯山东麓依山势展开,层层抬升,颇有气势。(图 6.11)

3)建筑设计特点

明万历年间曾于大佛前建有寺庙名曰普照寺,后来毁于战火。在 20 世纪 90 年代建设风景区时,普照寺作为重要景点要求重建。原有的普照禅寺,外部环境较为单调。考虑到如按明代布局恢复,寺庙将遮盖大佛,整个景区可能将无法呈现出如今开阔大气的面貌,柯岩市文化的主题也无法得到充分展示。经过综合考虑,设计师杜顺宝先生将重建的寺院建筑群置于石佛和云骨之后的柯山东麓，成为大佛峰的背景，突显柯岩风景区的主景。重建后的普照寺建筑群采用唐代风格、现浇钢筋混凝土结构。建筑群依山而建，曲折延伸，山门、钟楼、天王殿、大雄宝殿、观音阁等渐次升起，依势而建，并由罗汉廊连接（图 6.12、图 6.13）。其中大雄宝殿屋顶造型似展翅欲飞的雄鹰，翘首于柯山。整座寺院规模宏大，建筑总面积达 8 600 平方米，但体量分散，隐于山中，既是大佛、云骨的优美背景，自身又具备复杂、丰富的韵味。

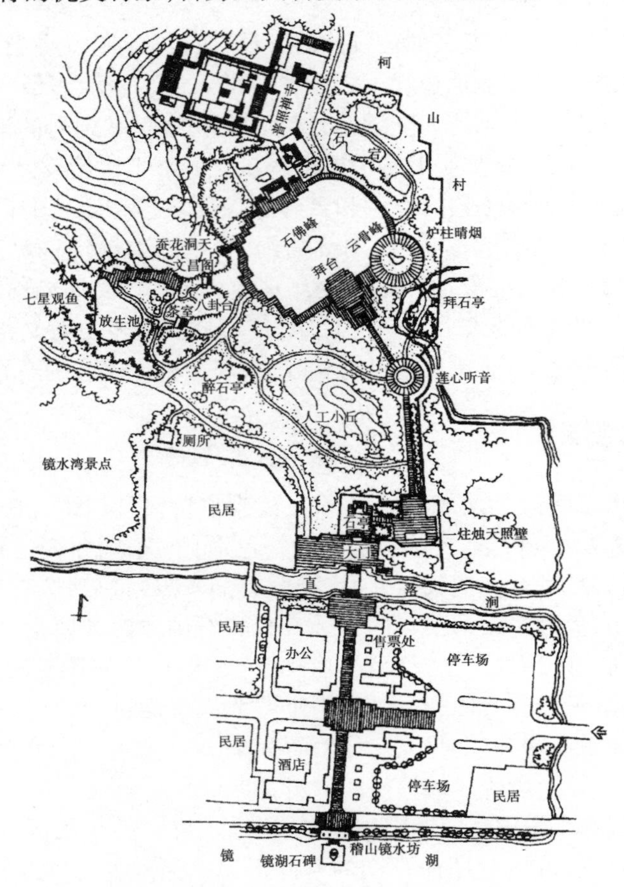

图 6.10　柯岩风景区总平面示意图

图 6.11　普照寺建筑群与绍兴柯岩风景区景观融于一体

图6.12 普照寺临水建筑景观

图6.13 渐次升起的罗汉廊

6.1.3 南京瞻园静妙堂[①]

1)瞻园历史沿革

瞻园位于南京秦淮区，是江南著名园林。据王世贞《游金陵诸园记》所载，该园明代时为徐达七世孙徐鹏举在其府邸所创之西圃。自清代起成为布政使衙署，乾隆皇帝第二次南巡时将其命名为“瞻园”，更命人在北京长春园中仿其形制修建“如园”。此外，《江南通志》更将此园称为“金陵园亭之冠”，由此可见，在乾隆年间瞻园达到了鼎盛。太平天国定都南京期间，瞻园曾先后作为府邸与衙署，1864 年这座江南名园毁于天京保卫战中，其后虽在同治、光绪年间偶有修葺，然终难挡渐趋颓败之势。

2)瞻园整修计划概况

20 世纪 60 年代，著名建筑学家刘敦桢先生主持了对瞻园的整修。在对瞻园及其他江南名园做出严谨考证与广泛调研的基础上，刘敦桢先生制订了详细而周密的整修计划，该方案兼具继承与革新两个方面，大致分为两个阶段，第一阶段即在保持瞻园原有山水格局的基础上，重点对南北假山以及主体建筑静妙堂进行整修，包括将静妙堂南部水池由原有之扇面形态改为不规则形态，重新叠构南部假山，修整北池湖石岸以及对静妙堂做出整修等(图 6.14)；第二阶段则为扩大瞻园范围的远期规划设计。

3)静妙堂的整修方案及其实施

静妙堂为瞻园主要厅堂，刘敦桢先生在《瞻园的整治与修建》中对该建筑评价为：“主厅静妙堂体型过于庞大，与周围环境颇不协调”并在对该建筑做出详细评估的基础上，于 20 世纪 60 年代制订出了对该建筑的修整方案，到 2013 年修整得以实施。修整主要包括恢复鸳鸯厅的形制，降低静妙堂南部水榭屋面高度，将原有悬山式屋面改为歇山式，使之与主体厅堂比例协调，

① 本节关于瞻园及静妙堂的整修资料与图片，均出自叶菊华的著作《刘敦桢 · 瞻园》。

降低水榭地平高度以改善其与水面的亲和度等。其重点在于改造鸳鸯厅时在明间金柱间设长槅扇，两次间设落地罩，其上方夹堂板改为横风窗，使得南北空气与景物保持互动。南厅观赏瞻园南部山水，北厅为主厅，观赏北部山水。（图 6.15、图 6.16）

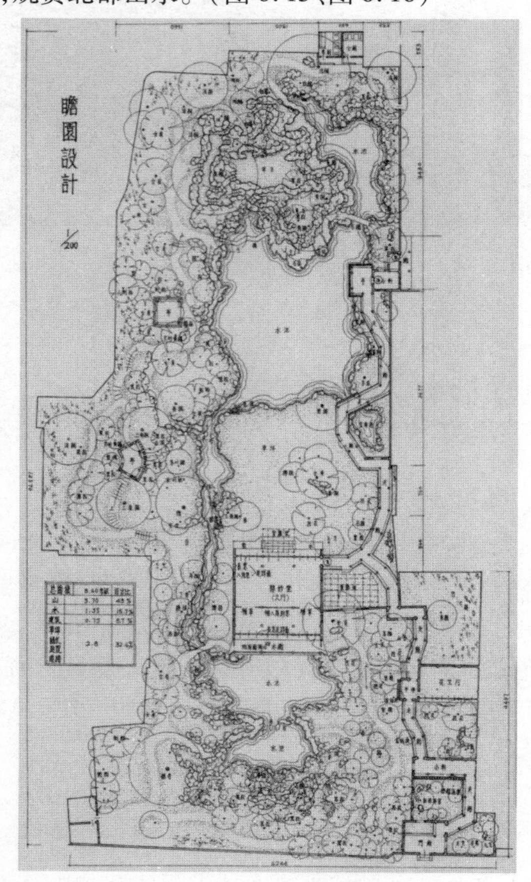

图 6.14　瞻园整修一期总平面图

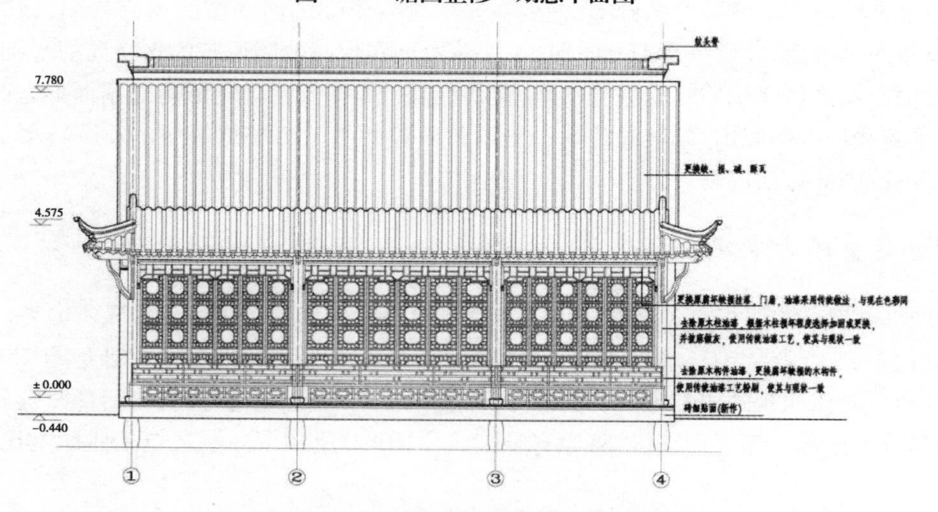

图 6.15　静妙堂立面图(修缮设计)

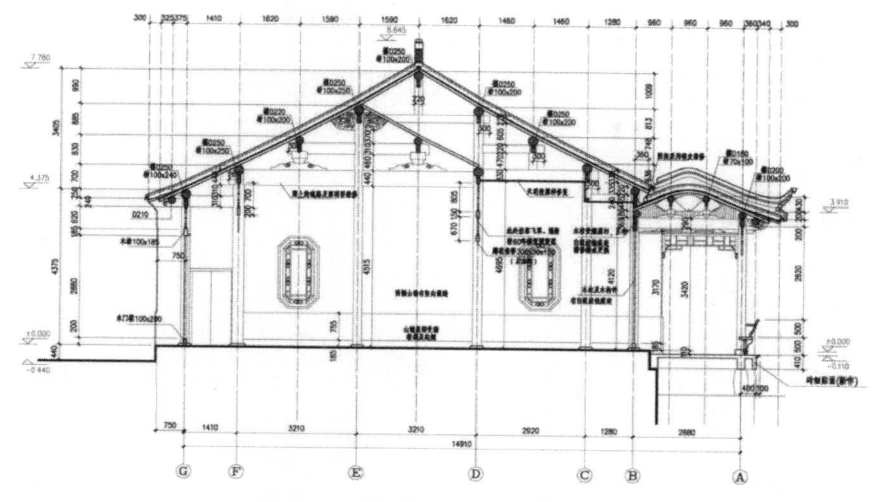

图 6.16 静妙堂剖面图(修整设计)

6.2 仿古型现代园林建筑实例

仿古型园林建筑是设计师根据场地环境或者建筑的历史主题,基于自身对古典园林的立意、布局和对建筑的构造法式、比例尺度、细部结构的认识而创作的建筑。其创作方式主要有两种:一是借用或模仿传统形式,追求园林建筑与自然环境、人文环境的协调、融合,从传统建筑空间形态、结构形式、构件特征、色彩运用等方面汲取精华,从而表达园林建筑所需表达的景观意象。二是利用地方或现代材料表现,既保持了传统园林建筑的特征,又具有现代的内容和技术特性,体现了新的时代精神。无论哪一种表现形式,通常都是为了满足历史纪念的需要或者是在历史氛围浓郁的风景环境中再现传统风貌特色。

6.2.1 扬州鉴真纪念堂

1)纪念堂与大明寺

扬州是鉴真的故乡,鉴真纪念堂是 1963 年为纪念鉴真逝世 1 200 周年而决定建立的。纪念堂位于古城扬州北郊大明寺内,建成于 1973 年。大明寺坐落在城北蜀冈中峰,山体不高,山上古木参天,南接风景秀丽的瘦西湖。唐朝时,寺内高僧鉴真曾在此住持;宋朝欧阳修、苏轼先后在寺中建平山堂、谷林堂,被誉为文坛佳话;北宋词人秦少游的诗句“游人若论登临美,须作淮东第一观”正是对大明寺的评价,称其为淮东第一胜境。长期以来,大明寺一直在保护中建设,成为唯一一处记载扬州城市建设通史的建筑群。

大明寺内建筑依山而建,错落有致,组合自然,总体布局以大雄宝殿为中心,从空间组合上看,基本是以院落为单位。在各组建筑群中,均有核心建筑。具体而言,中轴线为大雄宝殿,纪念堂位于以大雄宝殿为主体的南北轴线的东侧,由碑亭、鉴真纪念堂等建筑构成平行的东轴线

（图 6.17、图 6.18）。

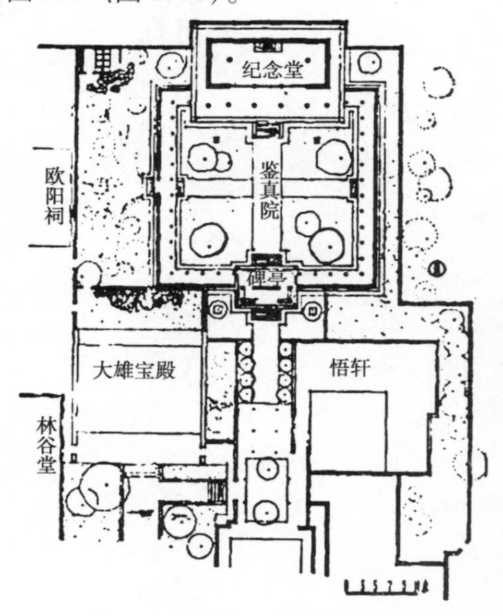

图 6.17　鉴真纪念堂总平面图

图 6.18　鉴真纪念堂鸟瞰

2）建筑设计特点

鉴真纪念堂由梁思成先生设计，包括碑亭（图 6.19）、长廊（图 6.20）和纪念堂（图 6.21）三个部分，总面积 700 平方米。纪念堂正殿与碑亭之间以东西回廊环抱，形成一个古色古香、占地 2 500 多平方米的宽敞庭院，雅静而又壮观。

图 6.19　鉴真纪念堂碑亭

图 6.20　庭院回廊

鉴真纪念堂模仿日本奈良唐招提寺金堂。金堂是以唐开元、天宝时期中国佛殿为蓝本建造的，在总的风格上与中国现存唐代的佛殿极为相似。

由于地形地势的原因，现有的纪念堂平面并没有按照金堂原样式复制，而是因地制宜地将面阔七间、进深四间的金堂，减缩为面阔五间、进深三间（图 6.22—图 6.24）。在体量上，纪念堂次于大雄宝殿及西侧的欧阳祠。金堂原来没有毗邻的廊屋，但为了创造一种唐代佛寺的气氛，并配合扬州当地寺院的风格，故“由纪念堂两侧起，用步廊一周与前面碑亭相连，构成一个庭院”。东西两廊之外与围墙之间的两条狭长地段上种植竹木,使庭院更加清幽。碑亭之前与鉴真院院门之间,一条不宽的夹庭两侧,也种有小树,如扬州许多庭园的手法。这样就可以更自然地过渡到带有唐代风格的“鉴真院”。

图6.21 鉴真纪念堂

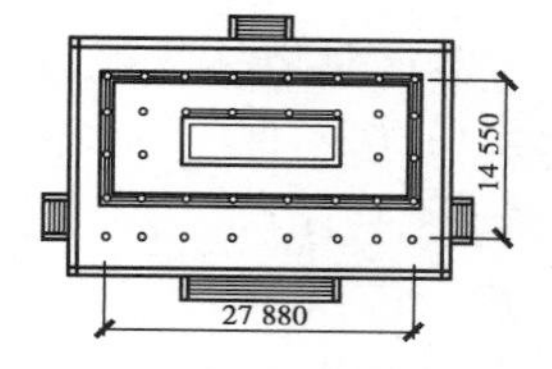

图6.22 日本奈良唐招提寺金堂平面图

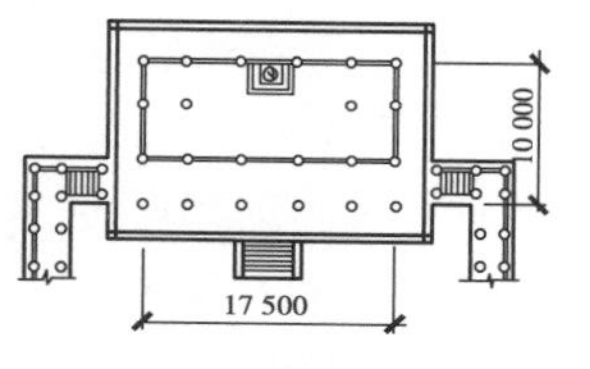

图6.23 鉴真纪念堂平面图

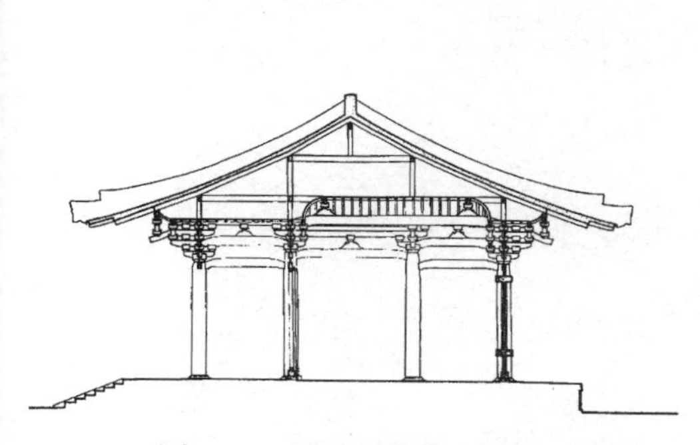

图6.24 鉴真纪念堂剖面图

图6.25 鉴真纪念堂室内透视图

鉴真纪念堂是我国第一个完整的仿唐式木构建筑,屋面为庑殿顶,从立面上看,整体气势恢宏,用材简洁,出挑深远。纪念堂的柱网、斗栱为木结构,而屋架则为钢木结构,这是一种对传统木构建筑的突破(图6.25)。室内色彩简洁,没有仿制金堂的彩画,而是采用扬州地方风格。

6.2.2 苏州承香堂

1)概述

承香堂位于苏州吴中区胥口镇"苏州香山工坊古建文化产业基地"内,是香山帮技艺展示园主要园林古建项目之一,2010年由苏州香山帮营造协会组织、指导,香山工坊建设投资发展有限公司投资建造。"香山帮传统建筑营造技艺"已入选联合国教科文组织"人类非物质文化遗产代表作名录",承香堂全面展示了香山帮建筑以及营造技艺的精华。承香堂项目按照传统手工建造过程原汁原味地再现我国古代工匠的造园手法,力争将传统的造园过程真实再现。施工过程中的一些传统习俗和各类传统仪式也现场再现,并全程拍摄建造过程,保存原始资料作为香山帮技艺的资料存档,作为香山帮传统营造技艺的数字化档案。整个建筑已成为香山帮传统建筑技法的样板实例,供今后教学和研究使用。

2)建筑设计特点

承香堂建筑单体面积230.5平方米,是香山工坊内的地标性古典园林建筑(图6.26),具有香山帮传统建筑的典型特征。因此主厅堂(承香堂)以苏州古典园林拙政园中的远香堂、留园的林泉耆硕之馆和南半园的半园草堂等典型厅堂为蓝本,设计成一座大型的"鸳鸯厅"。承香堂坐西向东,面水而筑,下有平台,平台和侧塘均由金山石砌成。面阔三间,进深约12米,四周有廊,飞檐歇山(图6.27、图6.28),立面形成"三间两落翼"的造型(图6.29)。四周池水旷朗清澈,在池塘的西、北两面有三座造型各异的石桥连通承香堂。厅堂装饰有透明玲珑的落地长窗和花窗,四周景物尽收眼底。室内脊柱间以纱槅和落地罩分隔东西两个厅堂(图6.30);东厅木大梁架用"扁作",雕梁画栋,侧面景窗为长方形;西厅木大梁架用"圆作",素净雅洁,侧面景窗为八角形;并且两厅地面方砖铺砌有正方形和菱角形之别。厅内陈设典雅精致,是江南园林宅第的典型陈设。

图6.26 承香堂效果图

图6.27　承香堂正面

图6.28　承香堂侧面

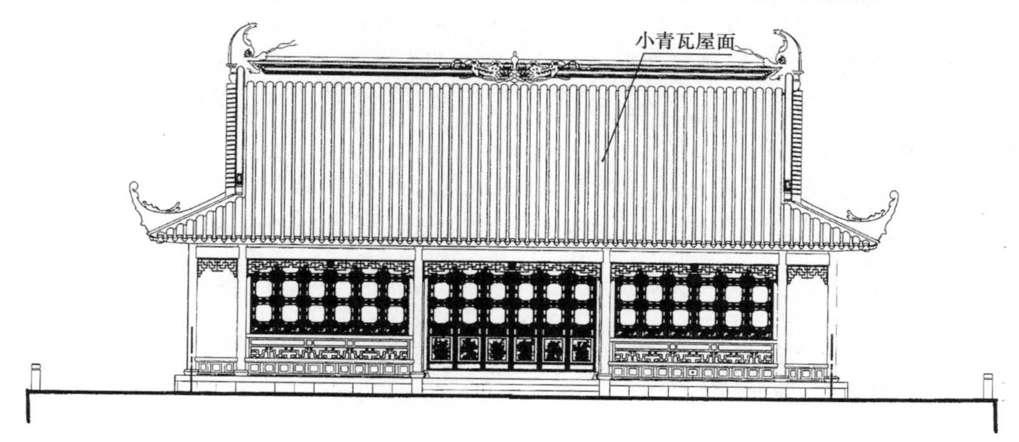

图6.29　承香堂立面图

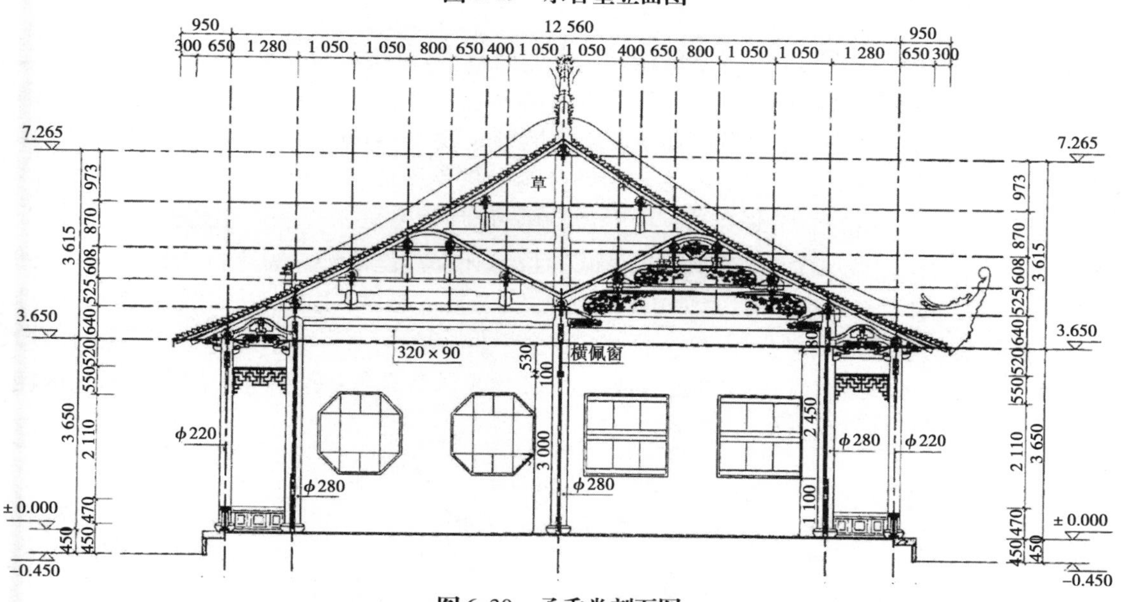

图6.30　承香堂剖面图

图引自冯晓东. 承香录：香山帮营造技艺实录[M]. 北京：中国建筑工业出版社,2012. 图中文字标注本书编者修改.

在承香堂设计中，设计师因地制宜，糅合了香山帮各大技艺工种，包括大木、小木、瓦工、砖细、石雕、铺地等工艺。整个建筑严格按照传统技法和规范建造，做到了无钢筋水泥、无现代型材、无电动工具的使用，再现了传统工艺流程。

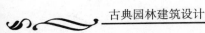

3）承香堂的未来构想与意义

香山工坊以传统工艺流程，实地再现香山帮传统技艺得到了社会各界的支持。不少古建专家认为，当今时代，科学技术已经取得了飞速发展，大量现代技术和工艺已经渗透到各类产业之中，传统的技艺正逐渐淡出人们的视线，成为仅有文字记载的历史。在这样的现实情况下，香山工坊能够原汁原味地再现传统技艺、保护非物质文化遗产，意义深远。

对于承香堂的最终安置，苏州香山工坊建设投资发展有限公司有一个后续的设想：目前将它作为香山帮技艺的实例展示馆向社会公众开放，若干年后，拆除建筑进行重建，拆除后的部分构件可以放入香山帮技艺博物馆进行永久展示，重建承香堂又可获得一次完整的史料记录。以此往复，不间断，从每一次的记录资料来分析香山帮技艺的发展与变化，从而看出技艺的继承与发展之间的演进脉络，使香山帮古建园林博物馆与香山帮古建技艺体验馆形成资料记载与实践操作之间的互动与互补。

承香堂的建造，展示了这样的理念：园林营造既是一门技术也是一门艺术，对于园林的欣赏，如果仅仅停留在景观鉴赏的层面，而不能欣赏其营造过程将是一种缺憾。这也是古典园林建筑的另一层意义所在。

6.2.3 山东曲阜孔子研究院

1）概述

孔子研究院是经国务院批准设立的儒学研究专门机构，是集博物展览、文献收藏、学术研究和交流、孔子及儒学研究信息交流、人才培训等五大功能于一体的综合性学术机构。孔子研究院设在孔子的故乡——曲阜，位于孔庙神道向南的延长线上，与孔庙、孔府南北一线，与“论语碑苑”对应，并融为一体。孔子研究院在继承和弘扬中华优秀传统文化中，坚持古为今用，去粗取精、去伪存真，积极引导儒学研究与时代发展相结合，加强基础研究和应用普及研究。因此，如何运用建筑“语言”表现孔子研究院这一特定内容和使命，是设计者思考的着眼点。吴良镛先生在进行工程规划设计工作时，总体布局以方和圆为基本母题，用隐喻方式充分表达了中国文化的内涵，将儒学中的“仁”“和”观念融入规划之中，借鉴“洛书”“河图”“九宫”格式及风水学说理论，将现有地段进行合理布局、匠心独运。其建筑风格充分表达了孔子的文化思想内涵，体现了民族性、时代性、纪念性。

2）总体布局构思

（1）“洛书”“河图”与“九宫”格式的运用

孔子研究院的空间布局以九宫格为基础，蕴含着深远的文化寓意（图6.31、图6.32）。由于孔子研究院的大门须位于与大成路正交、并面对“论语碑苑”的东西轴线上，而博物馆、图书馆等主体建筑又宜位于用地的中央位置，坐北朝南，面向小沂河，这一基本布局原则正好形成正方形，因此便联想到“九宫格”的布局形式。“九宫”的发展与古代传说中的“洛书”“河图”相联

系，而后者又与孔子及其时代很有关联。孔子谓“凤鸟不至，河不出图”(《论语·子罕》)，凤鸟是先秦古人心目中的祥鸟，从文化心理角度来说，孔子研究院的空间布局以“九宫格”为基础是对孔子文化理想的完形，是顺理成章的。

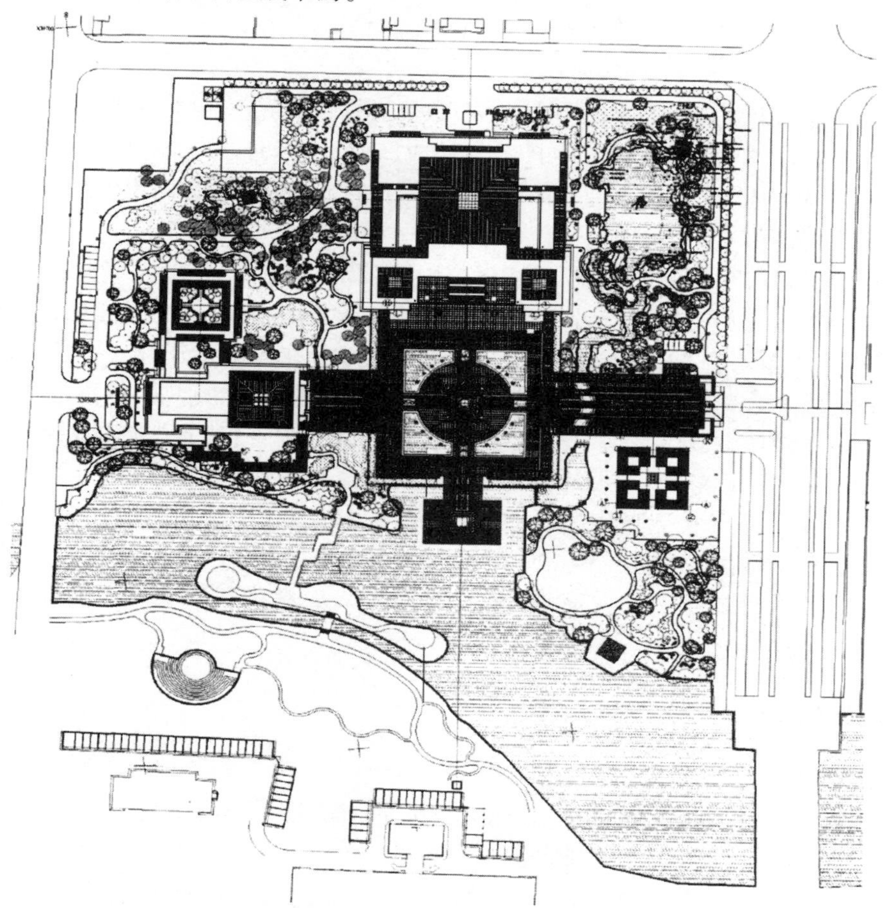

图 6.31 孔子研究院总平面示意图

图 6.32 孔子研究院鸟瞰模型

(2)风水学的理念

中国有谓“人杰地灵”,一向重视人地关系。在设计中参照风水理念,旨在利用传统地景观念,在现实生活中塑造一种相对独立成趣的理想环境。风水认为“人之居处,宜以大地山河为主”,设计构思即利用自然与人工的创造,使孔子研究院这一组纪念性、文化性的建筑群位于“朝阳俊秀之处,清雅之地”。

孔子研究院在“九宫”的基础上,并借鉴风水理论进行布局。北部堆土高起象“坐山”,南部(即小沂河对岸)置“案山”,既用以“障景”,又构成“对景”,基址之左喻青龙山,南部的小沂河喻“九曲水”或“玉带水”。在山水围合的中央,则突出主体建筑博物馆与图书馆所在。

(3)传统书院的借鉴

孔子研究院相当于古代的“书院”,故其设计从书院的规划设计中寻找灵感。“书院”建筑不同于“礼制”建筑,它更注重在严肃的学习气氛之余,营造出亲切的生活气息和诗意的环境,以期在安静平和之中陶冶人的性情。古代书院建筑除部分在城市中外,不少立于山林之中,为的是“山端正而出文才”,也象征孔子名言“智者乐水,仁者乐山”之意。园林营造中亦体现出书院建筑的意境:在设计中以讲堂为中心,进行庭院和天井的组合;整齐严肃的讲堂与鸢飞鱼跃的园林构成互补的文化氛围。在西北位置垒山,象征孔子诞生地尼山,上立“仰止亭”,喻“高山仰止,景行行止”;东北位置理水,象征“洙”“泗”;东南面临小沂河边已建有亭,拟取名“观川亭”[在尼山书院前有一“观川亭”,此处取其意喻“逝者如斯夫,不舍昼夜”(《论语·子罕》)]。可见,孔子研究院中不仅有宏伟的主体建筑,更考虑到亭、廊、小品等因素的烘托作用。

3)建筑设计特点

(1)“明堂辟雍”与“高台明堂”的隐喻

对孔子研究院这一建筑形式的创造,固然要从博物馆、图书馆、会议、研究所等功能出发,另一方面也从古代礼制建筑中找到可能的隐喻与启发。

孔子研究院相当于古代的书院、大学,“明堂辟雍”属于“礼制”建筑,这种类型即强调其纪念性的建筑特征。辟雍是古代天子宣明教化、兼作祭祀典礼的场所,在《诗经》《礼记》中都有提到。据后人解释:这大概是院落的四边有房,正中部分为圆形水面环绕的段堂,象征教化流行之意。“明堂辟雍”这样的格局,可以说象征着古代文教建筑的儒家传统。在研究院的规划设计上,并未完全拘泥于古代的原形,主要是取其方中有圆、圆中有方的手法,形成变化有致而又与众不同的院落景象,借以象征性地表现儒家传统。研究院以规整形态突出其纪念性:采用圆形以示“圆如璧”,比喻“法天”;设计水池,以喻“教化”(图6.33)。设计中还借鉴了战国铜器上所表现的孔子时代的建筑形象及其他有关资料,结合功能要求,以“高台明堂”为原形作为建筑设计母题进行创作。具体而言,即将图书阅览室、书库、文物库等布置在一层平台,作为建筑群宽阔的台基;博物馆造型借鉴“明堂”的形象,立于高台之上,作为新建筑形式创作的基点。把主体建筑立于高台之上,既有突出主体建筑物形象的作用,又可隐喻中国古代修筑高台招贤纳士的故事(图6.34)。

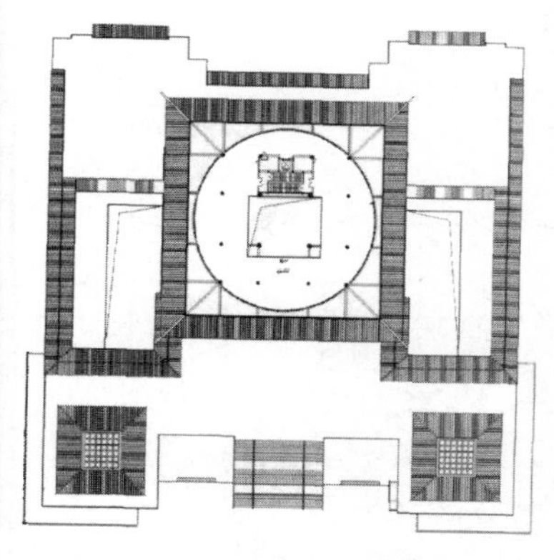

图6.33 方圆结合的主体建筑平面示意图

图6.34 建于高台之上的主体建筑

(2)艺术造型的推敲

在孔子研究院设计中,装饰母题也具有符号和隐喻的作用。在前述“洛书”一节中已述及孔子与凤凰的典故,故而大量采用表征孔子文化的形象符号——凤凰。就屋面装饰而言,正脊上的鸱吻是最主要的装饰构件之一,由此选择“凤凰”作为正脊鸱吻的形象,取比孔子为凤之义。最终完成的凤吻高3.7米,与整个建筑屋顶的尺度和谐,形象空灵、优雅,似静似动(图6.35)。墙身装饰作为与使用者距离最近的部位,设计中也颇为考究。以窗间装饰为例,孔子研究院的窗间树形装饰取材于银杏树的造型。银杏树是山东先民的崇拜物之一,有着悠久的栽植历史。装饰设计运用两株银杏树干雌雄缠绕共生的形象,有的树上有小鸟鸣叫、大鸟盘旋,富于祥和的气氛和生命的活力,是多子多福、长寿富贵的象征(图6.36)。孔子说“君子比德于玉”,因此也宜利用玉的题材作装饰。除了前述辟雍广场“以玉作六器”作铺地装饰外,还利用“玉琮”来装饰灯柱及牌楼基座,利用“玉”“璧”装饰柱头等。此外,还用文字、书法装点建筑。除题字、匾额之外,博物馆的柱廊平台后的圆形磨光红色花岗石壁上刻有《礼记·大同章》,游人观环壁而行,既可读此华章,了解中国古代哲人的光辉思想,又可放眼远眺曲阜风光。

图6.35 孔子研究院建筑凤形脊饰

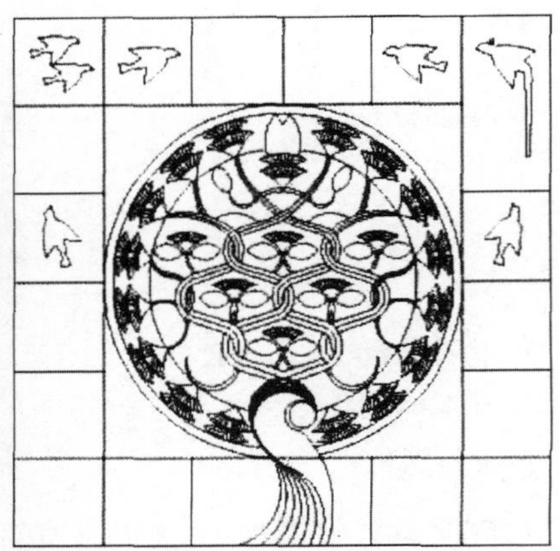

图 6.36　孔子研究院建筑细部装饰

6.3　古典园林建筑语汇的现代演绎设计实例

古典园林建筑所映射出来的空间意境、造型意蕴常常成为现代园林建筑设计的灵感源泉。设计师通过汲取传统建筑文化中的精华,运用现代的手法,抽象并提炼出新的形式,从而创造出一种有古典意蕴的建筑形象。

6.3.1　上海松江的方塔园

1)历史概况

方塔园位于上海市松江城区,园址既是古代文人的会聚地,又是松江遗址的缩影。1974年,按照“修旧如旧”的要求对毁坏严重的方塔(兴圣教寺塔的俗称)动工大修,1977 年竣工,被确认为中华人民共和国成立以来国内古建筑修复得最好的实例之一。同年,上海市革命委员会公布方塔为市文物保护单位。方塔园是 20 世纪 70 年代末由著名建筑学家、建筑师和建筑教育家冯纪忠先生规划设计的园林作品,是一个以方塔为主体的文物公园,全园面积 11.52 公顷。其规划设计目的是,保护基地内遗存的北宋方塔及明代砖雕照壁、宋代石桥和古树等文物古迹,规划后迁入明代楠木厅、清代天后宫等文物建筑,并保留原有大片竹林,适当改造地形,设置构筑物及小品等,为松江城区市民增添了一片休闲游乐的公园绿地。

2)规划设计

全园以方塔为主体建筑,景观布置以松江一带“地势平坦、河湖柳荡交织,局部地带冈峦起

伏”的特点为蓝本，蕴涵了浓厚的地方特征(图6.37)。其周围虽建有墙垣，却打破了采用以墙围合的内向型塔院的传统做法，而用了隔而不围、顺势引导的手法，并引入保留的古树、密植的松林、大片的草地、彩色的花坛、宽阔的水体等自然景色，共同组成丰富的景象。于园内，可以从不同的角度来观赏方塔，并随其远近高低，或隔水而望、或登高而眺，时隐时现，构成多姿的景色画面，以获得深刻的印象。整体营造氛围是在安静的环境中以动态体验式的游历过程来达到观赏文物的目的，反映出自然、空旷、幽静的特色。

图6.37 方塔为全园的主体建筑

设计者通过对园林传统模式的理性思考，采用了中国独特的“园”的文化形式，并且把它发展为一种新的文化格局。这种新的文化格局使得方塔园包容性更大、表现更为丰富多彩、寓意更加深广，给人更多的途径和层次去感受、体验、领悟。在这里，传统的造园手法和基本框架依然存在，水面为全园的中心，绕池筑路，建筑也多依水体而展开。(图6.38)

但历史的古建筑则用现代的园林空间加以展示：新的茶厅、入口门架、亭榭等，以现代结构系统的符号来表现一种新的意境，反映出一种传统与现代的融合，既符合时代的精神，又表现传统的内涵。园中新建筑及围墙多以江南民居的粉墙黛瓦为基调，将传统民居的外形和现代钢结构并置在一起，是对传统形式的转化而非模仿。围墙相对于江南园林较低矮，将传统漏窗转化成带状框洞，使园内外隔而不绝、围中有透。其次，方塔园在空间的规划上，强调空间的“旷与奥”“开与合”“收与放”。如在平面及空间上高低错落的台坛，与较宽阔的广场和方整的塔院形成繁简疏密的对比，从入口空间到中心广场所经历的“石板甬道”或“堑道”的对比等。甬道是指从北门往南进入塔院广场的步行园路，采用不断转换的直线下沉步道(图6.39)，其左侧有曲线形花坛，强调曲折对比，设计目的在于引导游人的视线进入塔院广场时只注重脚下，当抵达广场时，豁然开朗，再抬头仰视方塔，方塔的巍峨感油然而生。堑道位于方塔园北部，是自东门经垂花门往北，再往西进入塔院广场，以花岗岩砌筑两壁的步道(图6.40)。设计意图是遮挡原基地北侧五层高的工房，同时堑道也有高差变化，空间也有收放。冯纪忠先生在《方塔园规划》中解释道，“这是尝试运用我国园林幽旷开合的处理手法”。这类似于古典园林中的“廊”，它层层递进、曲折有致、高低错落，与凹凸有致的花岗岩矮墙、石阶、花台共同围合成空间，并向游人暗示其延伸方向会有所发现，从而将游人引至方塔广场。沿途人们体会到的是幽闭压抑，直到方塔的出现眼前才豁然开朗。

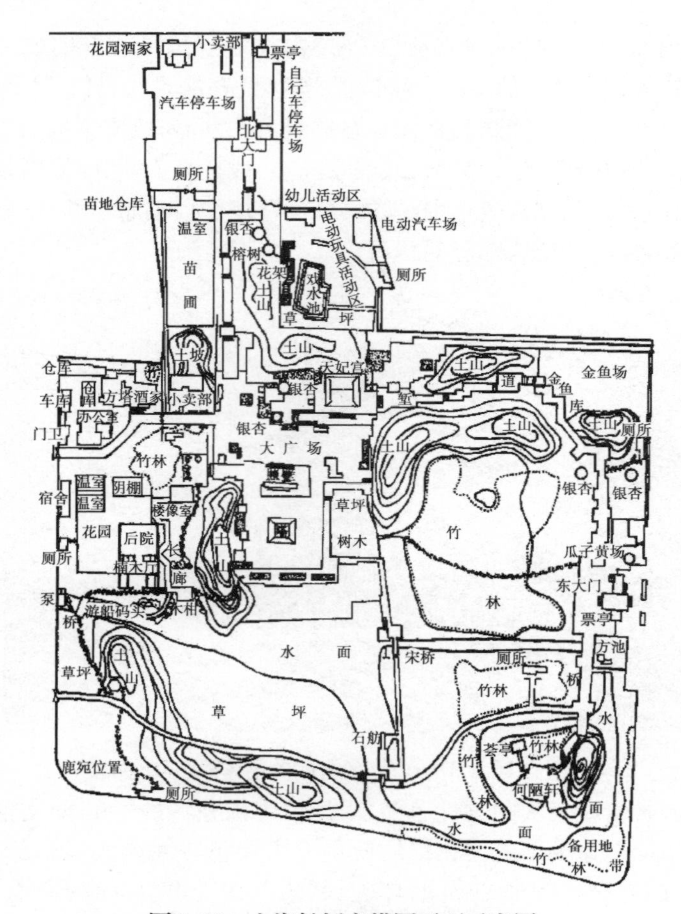

图 6.38　上海松江方塔园平面示意图

图 6.39　甬道为不断转换的直线下沉步道

图 6.40　堑道空间的收放与开合

方塔园主景区布局不同于传统园林主景区常采用的自由、灵活的布局形式，它采用简洁且理性的、由直线或矩形组合的较为规整的平面及空间构图形式。从北、东两入口到方塔所在广场，无论在平面上还是空间上都富有几何感。全园道路硬地地坪均采用方形或长方形石板或石块铺设。这种平面及空间构图与方塔的形制相呼应，可以称为方塔园的几何表情，具有东方文化淡雅静谧的精髓和含蓄内敛的气质。

方塔园用现代的设计手法营造了一种古典的韵味,用质朴与简洁构筑了一种恒久的生命力与历史感。置身方塔园自然产生“思古之幽情”,又能感受到文物公园的肃穆、静谧的纪念性气氛。该园还体现出传统与现代的交织和对话,诠释出古今融合的氛围。

3)建筑设计

冯纪忠先生曾留学奥地利,接受过现代建筑设计理念的洗礼,以自己多年的积累及出众的才华,在建园经费不足的情况下,创新地设计了“经济、适用、美观”的方塔园钢构架的园门及竹构的何陋轩等建筑。它们都是从现代理性的思想和审美出发,追求东方文化的神韵,在材料、结构及形式的表现上,实现了现代理性与中国浪漫精神的融合。

①北大门采用轻钢桁架加横向连杆的屋架,不仅体现出现代结构的美感和力量,还与传统木构建筑展露结构的美感异曲同工(图6.41)。屋顶采用南北两片小青瓦单坡屋面,小青瓦的铺设具有民间传统建造特征,这些使人联想到传统建筑的结构与形象的处理方法,给观者更多的思考和联想:洗练而又丰富,典雅又不乏淳朴。

图6.41 北大门屋顶采用不等坡的钢构架形式

②何陋轩位于园东南角的小岛上,是一座竹构草顶的茶室建筑。设计灵感来自冯纪忠先生对松江到嘉兴一带民居样式的记忆,也来自对宋代“自由、开放”精神的深刻解读。它的落成标志着冯先生完成了对现代建筑的全新超越,也表达出建筑的“意动空间”及“时空转换”。何陋轩坐落在角度相差30°、围绕轴心旋转的三层台基之上,建筑周围以不同圆心的弧形墙自由环绕,目的在于表达自由的意志,同时产生出光影的时空变换,使轴线的“定向”意义表现得更为精彩,在运动变化中,从无序走向有序。(图6.42)

图6.42 何陋轩鸟瞰模型与周围环绕的弧形墙

③茶室处于竹林之中,临水而设,整座建筑几乎全部采用传统材料建造,仿佛是用竹竿编织起来的。以竹子为骨架,竹子之间用钢丝绑扎,它的结构和构造方式顺应了毛竹的力学性能。整个屋架形成了一个空间结构,错综复杂、传力均匀,这和传统的大屋顶概念一致,又与钢结构有异曲同工之妙。用作柱子的毛竹,不管它是支撑高耸的屋脊还是低垂的屋檐,都粗细相仿,以表现均匀受力的效果。竹结构杆件涂白,节点抹黑,一方面强调建筑虽然采用的是传统材料,却传达了现代结构技术理念,表现了结构的全部意义,突出了传统材料的现代意义;另一方面是为了让建筑有飘浮感,使得大屋顶下的内部空间不会显得太压抑。这样的处理体现了结构本身的美,最终取得传统与现代潜在的默契。(图6.43)

图6.43　何陋轩采用传统竹材料

④赏竹亭位于园东竹林南侧,是木构草顶方亭。设计的独特之处在于长条石凳是从亭内延伸至室外,亭内可遮阳避雨,亭外利用竹林提供的绿荫在夏日里纳凉。形式感强烈的长条石凳与亭合为一体,可谓形散而神不散(图6.44)。有学者称冯先生深受现代主义的影响,该亭的设计与密斯的巴塞罗那世博会德国馆有异曲同工之妙,条石坐凳是密斯的墙,亭外的石马是密斯的雕塑,开敞的草亭是密斯的展馆。赏竹亭的设计是一次很有价值的探索与创新,它超越了人们对亭最初的概念。

图6.44　赏竹亭与长条石凳

6.3.2　苏州博物馆新馆

1)建筑概况

作为苏州市“十五”期间的重点项目之一,苏州博物馆新馆建设一开始就受到社会各方面的极大关注。享誉全世界的著名建筑大师贝聿铭先生受邀在其家乡担任苏州博物馆新馆设计。贝聿铭以极大的热情继续了他对中国现代建筑之路的探索。新馆建成后,以“中而新,苏而新”“不高不大不突出”为建筑最大特点。整个博物馆建筑群在现代几何造型中体现了错落有致的江南特色,为一座集现代化馆舍建筑、古建筑与创新山水园林于一体的综合性博物馆(图6.45)。

图6.45　苏州博物馆新馆外观

新馆北倚被列为世界文化遗产的拙政园,东临全国重点文物保护单位忠王府,南对“苏州文化长廊”起点东北街,西接城市干道齐门路,选址对建筑具有特别的挑战性(图6.46)。正如贝聿铭先生所言:在这里设计博物馆既要有传统的东西,又一定要有创新。因此,贝聿铭先生和专家组提出了“中而新,苏而新”的设计思路。

图6.46　苏州博物馆新馆用地示意图

2)建筑布局

贝聿铭将新馆设计为一座园林式博物馆,占地10 750平方米,地面两层,地下一层(图6.47)。其中建筑基底面积约占58%,其余皆为庭院。庭院设计以传统园林为鉴,取其神而遗其形,与建筑互相依托,在有限的范围内营造了丰富多变的视觉空间。建筑总面积16 112平方米,地块分为三个功能区(图6.48):中心部分是入口处、大厅和博物馆花园;西部为博物馆展区;东部为现代美术画廊、教育设施、茶水服务以及行政管理功能等,并同时与东面的忠王府相连。大厅是博物馆的核心,位于入口的前庭与博物馆花园之间。这个拥有八个角的大厅是通过对传统的苏州建筑和中国建筑要素的几何形状转变以及重新诠释设计出来的,它是所有参观者的导向并为去各展区提供通道。博物馆建筑的空间布局沿用了传统的主次轴线、院落空间递进以及平行并置等手段。各展厅均考虑了观景的问题,在与拙政园连接之处，采用粉墙相隔，而水体相连，使空间产生延绵之感。各个内向性庭院空间彼此照顾，层次明晰。主庭院在整个建筑组群中处于空间核心的重要地位，建筑围绕主体庭院铺展开来，高度均为两层，从而在尺度上给予庭院一定的开阔性。该院由新馆建筑围合，是拙政园西花园的延伸部分，水体隔而不断。庭园中石景采用石材切片加以堆砌，“以壁为纸，以石为绘”，高低错落排砌的片石假山，在朦胧的江南烟雨笼罩中，营造出了米芾水墨山水画的意境（图6.49）。

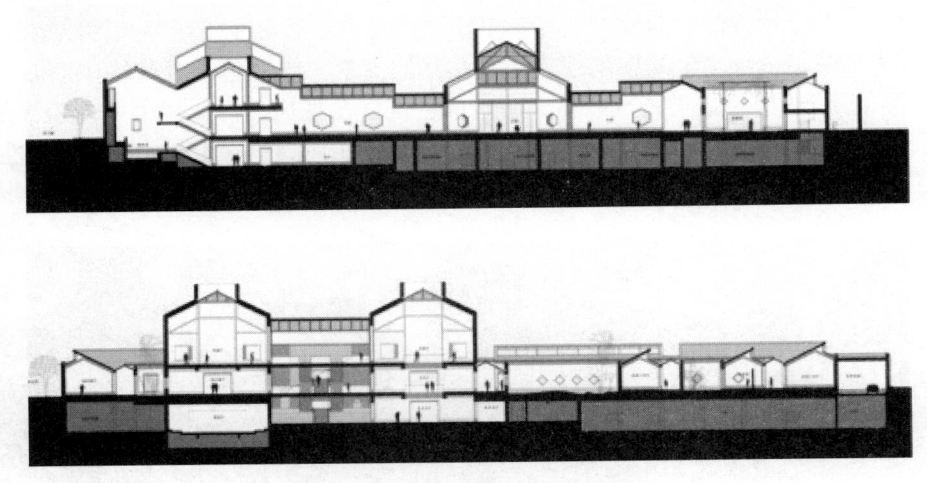

图6.47　苏州博物馆新馆剖面图

图6.48　苏州博物馆新馆建筑空间布局

图6.49 庭院中"以壁为纸,以石为绘"

博物馆新馆的设计结合了传统的苏州建筑风格,把博物馆置于院落之间,使建筑物与其周围环境相协调。新的博物馆庭院、较小的展区以及行政管理区的庭院在造景设计上开辟了新的设计思路:为每个花园寻求新的导向和主题,把传统园林建筑的精髓进行挖掘和提炼,使博物馆新馆成为拙政园的现代延续。

3)建筑处理手法

新博物馆在造型元素和空间构成上,大量吸收了传统园林建筑的处理手法。新馆屋顶设计的灵感来源于苏州传统的坡屋顶形式。然而,新的屋顶已被现代技术重新诠释,并演变成一种奇妙的几何效果:玻璃屋顶使自然光进入活动区域和博物馆的展区,以木贴面的金属遮光条控制和过滤进入展区的太阳光线(图6.50)。首层展厅与廊道由墙隔断分开,步入廊道,展厅的构架、天花使人联想起中国传统园林建筑的语言。廊窗外的一个个庭院,由窗取景,若隐若现;大堂采用宽大的落地玻璃,将园林景观引入室内(图6.51)。在这里,建筑作为庭院的限定及构成元素,承袭了江南建筑粉墙黛瓦的基本特色,朴素干净,突出了庭院景观的丰富绚烂,构成了庭院的背景。

图6.50 苏州博物馆新馆屋顶玻璃采光与遮光条

图6.51 苏州博物馆新馆由窗洞口或落地窗引入景观

思考与练习

请结合自身体验,尝试发现古典园林建筑各方面特征在当代的运用案例。

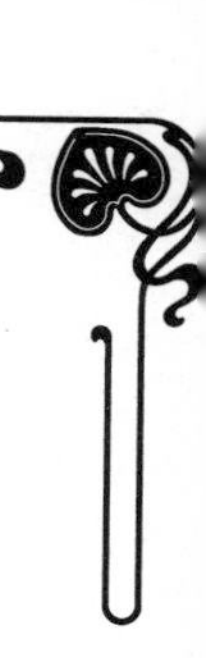

7 学生作业选录

本章导读 本章选录了重庆大学建筑城规学院建筑学及风景园林专业相关教学课题下的部分学生作业,旨在从不同侧面反映和展示该课题在一定时期的教学成果。

7.1 古典园林快题作业

作业名称:致和山房

学　　生:李轩昂

指导老师:孟侠

年　　级:风景园林专业2012级(四年级)

设计时长:4周

设计构思:

致和山房为选址杭州西湖雷峰塔下,取山水和鸣的园林立意,以明末清初江南的园林风格塑造的一处公共服务性质的琴社。设计立足于古琴蕴含的世界观和音乐的起承转合与园林空间意趣相通的特点,以山、水作为主要设计要素,以园林之美呈现音乐之美。

指导老师评价:

本设计在相地和空间模式上借鉴了西泠印社的园林风格。主题清晰,立意巧妙,园林空间营造依山就势,将山、水、草、木和园林建筑有机融合,空间序列得以精心安排。园林中为契合音乐这一主题而对声景的塑造和运用是设计中的一个亮点。

作业展示:

作业如图7.1—图7.3所示。

立意選址

园林功能：琴社（西湖琴社）/ 园林性质：公共服务 / 园林立意：山水和鸣 / 园林名称：致和山庄 / 园林、建筑风格：明末清初江南园林、建筑 / 园林选址：杭州西湖雷峰塔下，毗邻琴社原址半角山房所在。

古琴是古人世界观和山水情节的物化体现，而形成的音乐则是抽象化的重塑。这同园林的草木山石、形成的抽象意境与人的关系是相通的。同时，中国古典园林处处都体现着园林的音乐美法则，两者对美的追求是一致的。

主題演繹

一、空间组织：古琴蕴含的世界观与空间模式同音乐的起承转合结合,反应到园林空间当中。

二、要素运用：山——绵延起伏峰谷洞机可观可游；水——奔流跌宕瀑泉溪池自然之声。

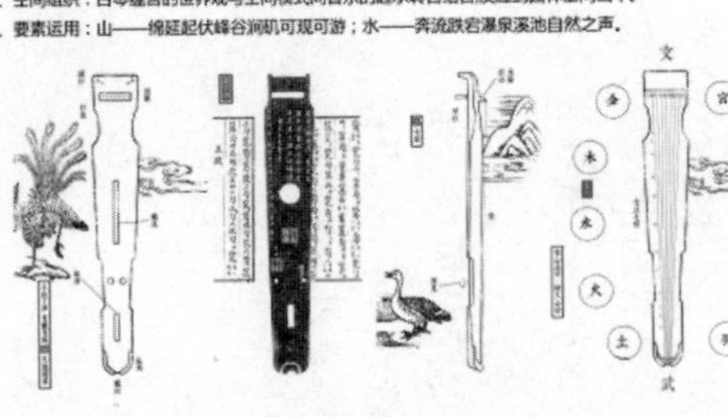

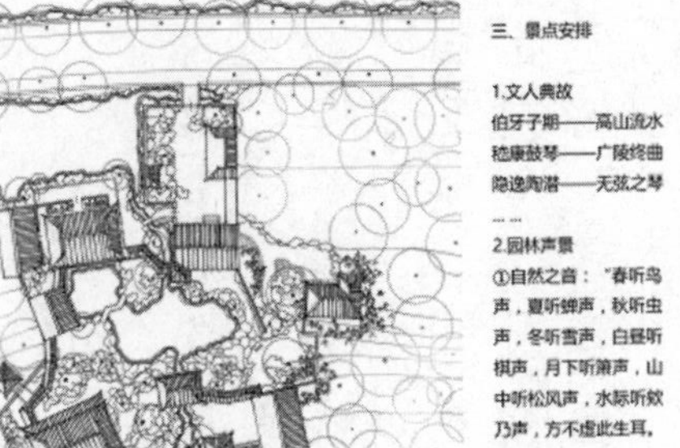

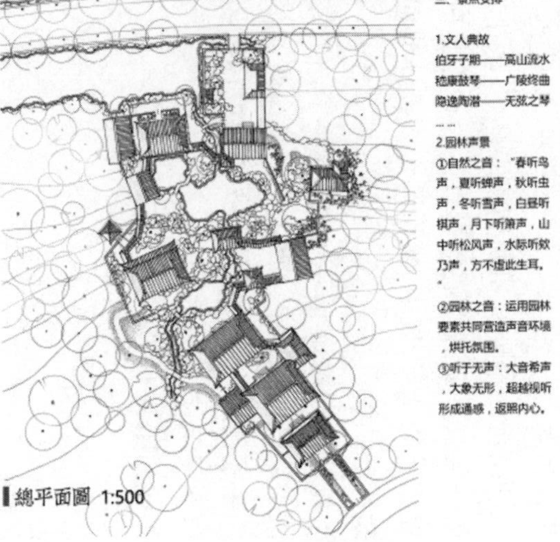

總平面圖 1:500

三、景点安排

1.文人典故

伯牙子期——高山流水

嵇康鼓琴——广陵绝曲

隐逸陶潜——无弦之琴

……

2.园林声景

①自然之音：“春听鸟声，夏听蝉声，秋听虫声，冬听雪声，白昼听棋声，月下听箫声，山中听松风声，水际听欸乃声，方不虚此生耳。”

②园林之音：运用园林要素共同营造声音环境，烘托氛围。

③听于无声：大音希声，大象无形，超越视听形成通感，返照内心。

中國古典園林設計

「致和山房」

彈指一瞬・山水和鳴。

图7.1　致和山房（一）

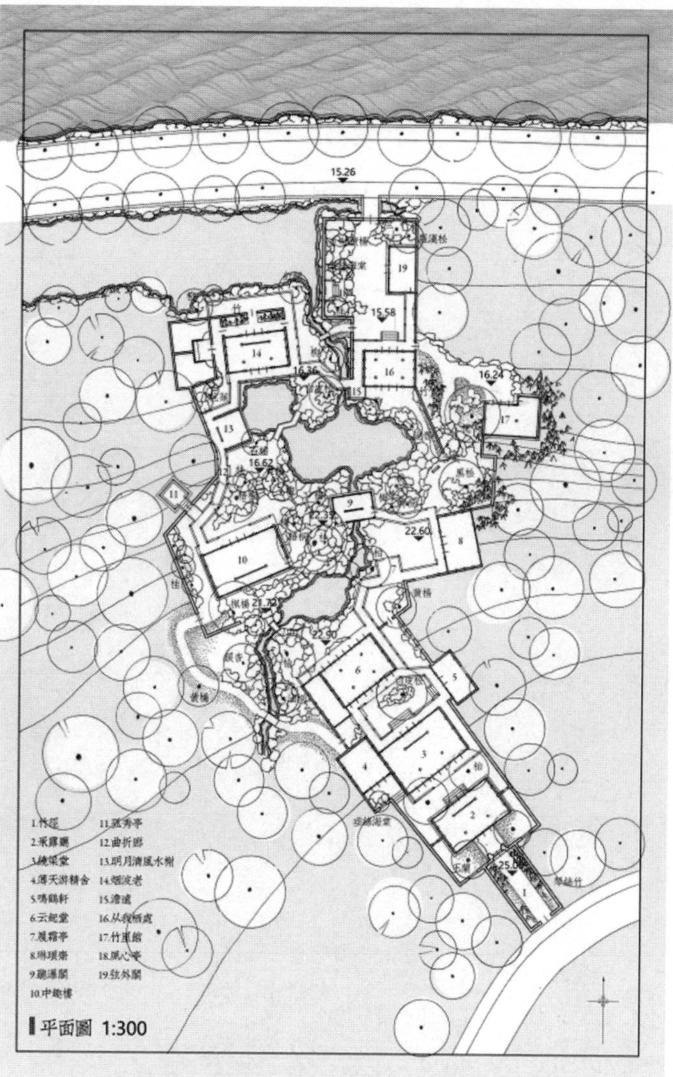

景點游綫

1.竹径：琴丝竹点题。
2.承露厅：承露为古琴图腰七弦的开端部分。
3.绕梁堂：取自余音绕梁，亦为四大名琴之一。
4.潇天游精舍：《琴歌》：眇翩翩兮潇天游……
5.鸣鹤轩：琴鹤相随象征清高廉洁，亦为琴曲。
6.云起堂：“行到水穷处，坐看云起时”，此处云代表假山，表明山水的起止点。
7.履霜亭：范仲淹只弹《履霜操》，暗示冬景。
8.琳琅斋：琴曲《阳春》、《白雪》、“凛然清洁，雪竹琳琅”，寓意春冬之景交替之处。
9.听瀑阁：不见瀑布但闻水声。
10.中趣楼：陶潜弹奏无弦琴：“但识琴中趣，何劳弦上声。”
11.孤秀亭、12.曲折廊：古琴艺术标准“参韵曲折，立声孤秀”，与亭、廊内外空间形式相合。
13.明月清风水榭：“明月别枝惊鹊，清风半夜鸣蝉”，夏景。
14.烟波老：琴曲《醉渔唱晚》，源自《渔家傲》，“意为笑傲烟云，醉乡酣美”，为观湖处。
15.渔远：清微淡远的古琴主流审美，视线最为畅达之处，可观远景西湖，背景雷峰塔。
16.从我栖处：《凤求凰》凤兮凤兮从我栖。
17.竹里馆：王维，“独坐幽篁里，弹琴复长啸……”
18.夙心亭：“余意在山水，闻之谐夙心。”
19.弦外阁：体悟“弦外之音”。

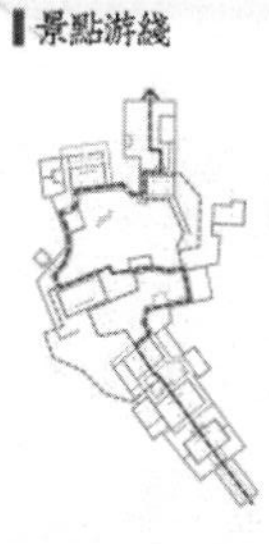

空間序列

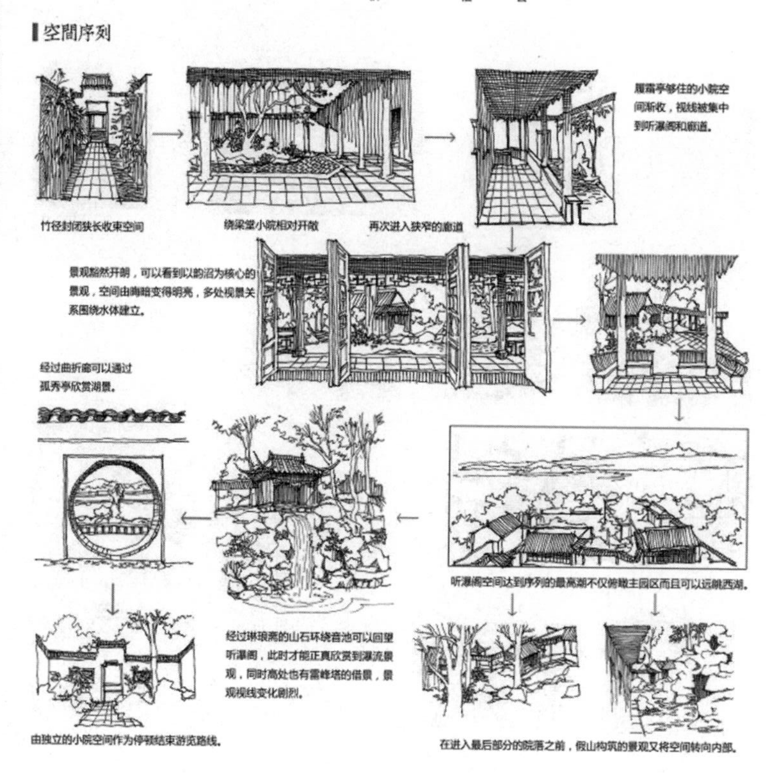

图7.2 致和山房（二）

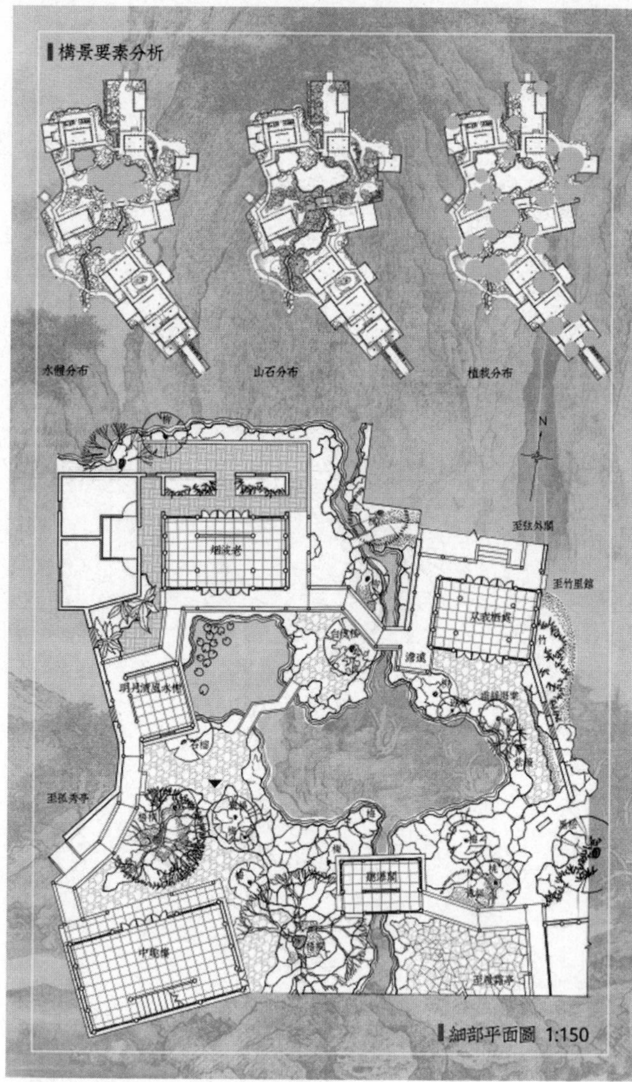
構景要素分析
水體分布
山石分布
植栽分布
細部平面圖 1:150

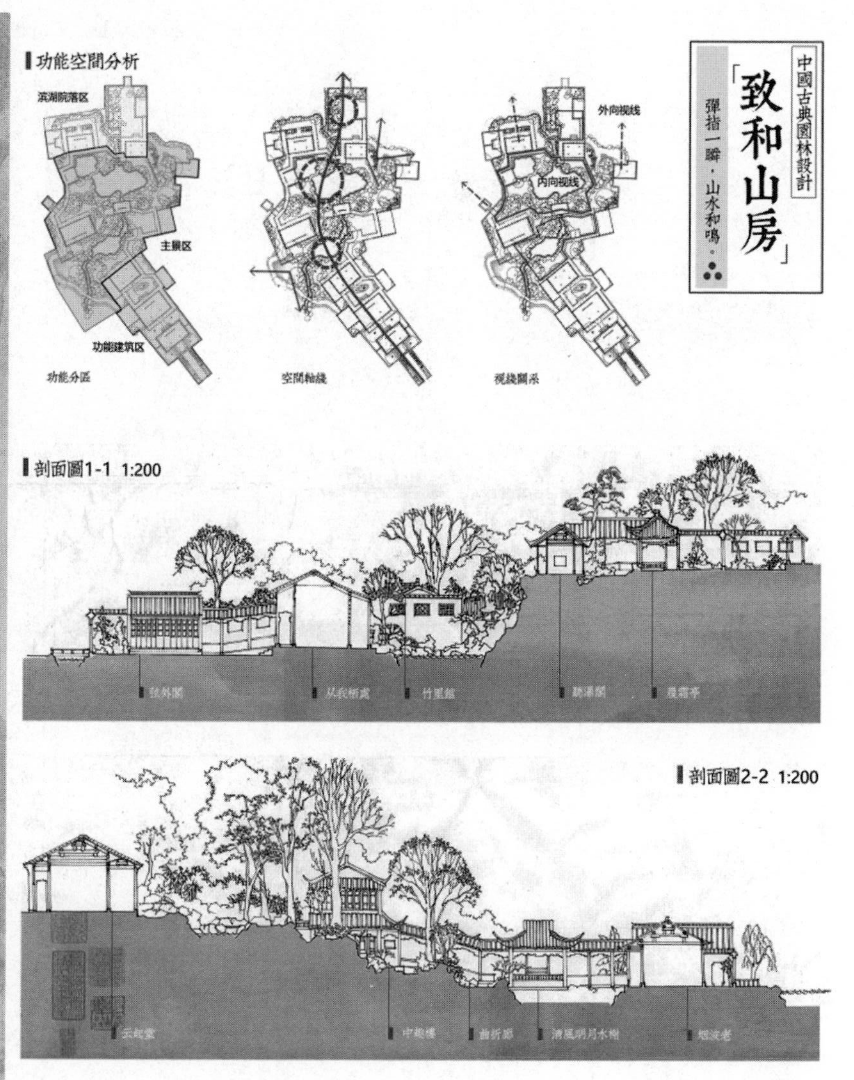
中國古典園林設計
「致和山房」
彈指一瞬·山水和鳴
功能空間分析
滨湖院落区
主景区
功能建筑区
功能分區
空間軸線
外向视线
内向视线
視線關系
剖面圖1-1 1:200
剖面圖2-2 1:200

图7.3 致和山房（三）

作业名称:朴逸浮生

学　　生:李松霖

指导老师:孟侠

年　　级:风景园林专业 2014 级(四年级)

设计时长:4 周

设计构思:

本设计是一假想的私园设计,为主人公沈复返苏州购置旧宅及荒园整修后的自宅,相地于苏州沧浪亭东侧,临河望山。设计以《浮生六记》为参考,通过园林展现沈复历经飘摇坎坷后,仍旧力图以自由的审美意识在残缺的生活现实中寻找人生完美之境的豁达思想。

指导老师评价:

本设计通过对《浮生六记》的研读,揣摩、提炼出主人公在特定经历下承载其生活、思想和审美意趣的宅园营造意向,有理有据且言之有物。园林空间布局得当、疏密有致,细节处理较为精致。园内掇山理水既自成一格又与周边环境浑然一体,景点设置各具特点,路径和空间序列清晰且富于变化,可谓江南私家园林的生动再现。

作业展示:

作业如图 7.4—图 7.6 所示。

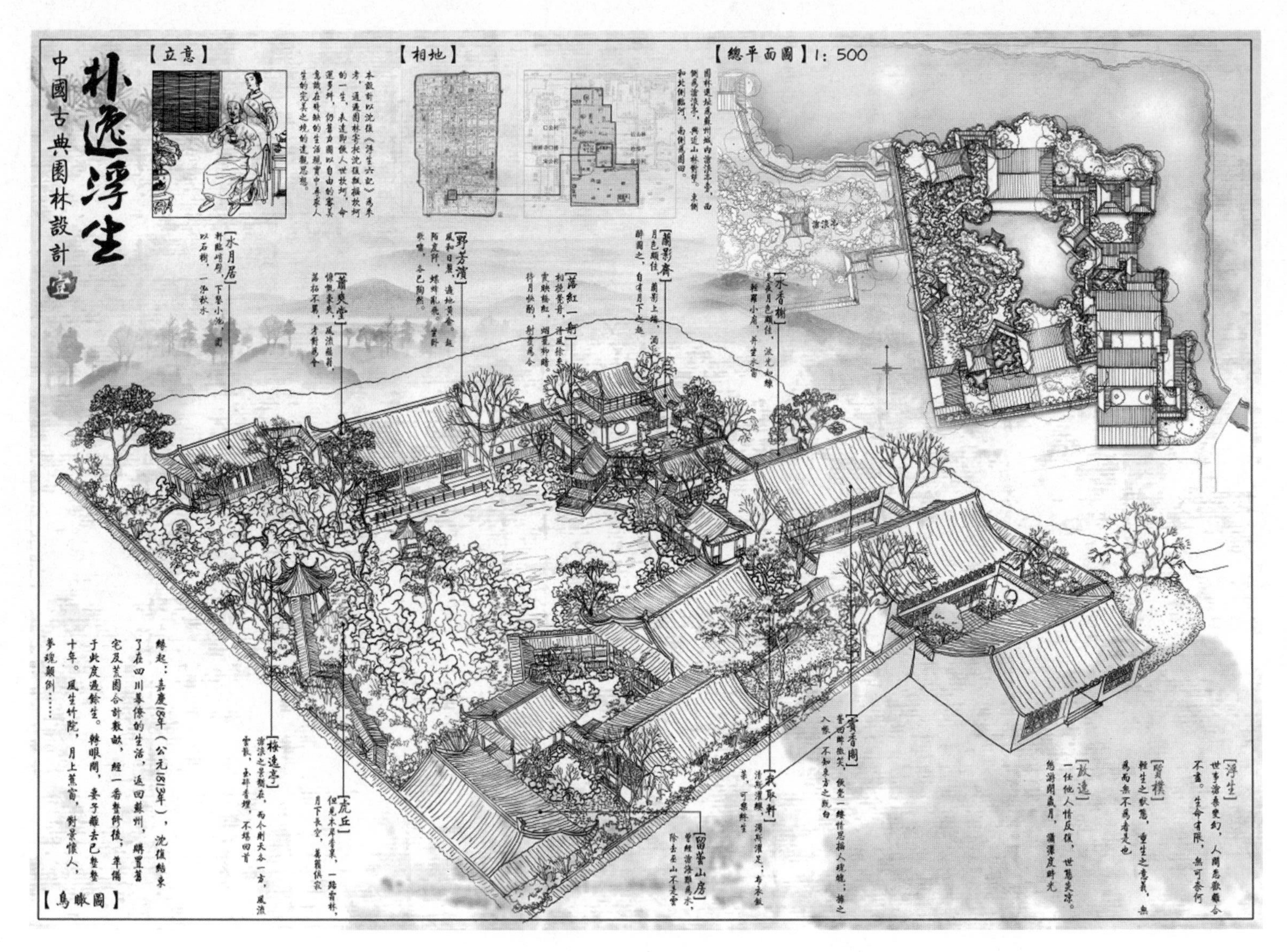

图7.4　朴逸浮生（一）

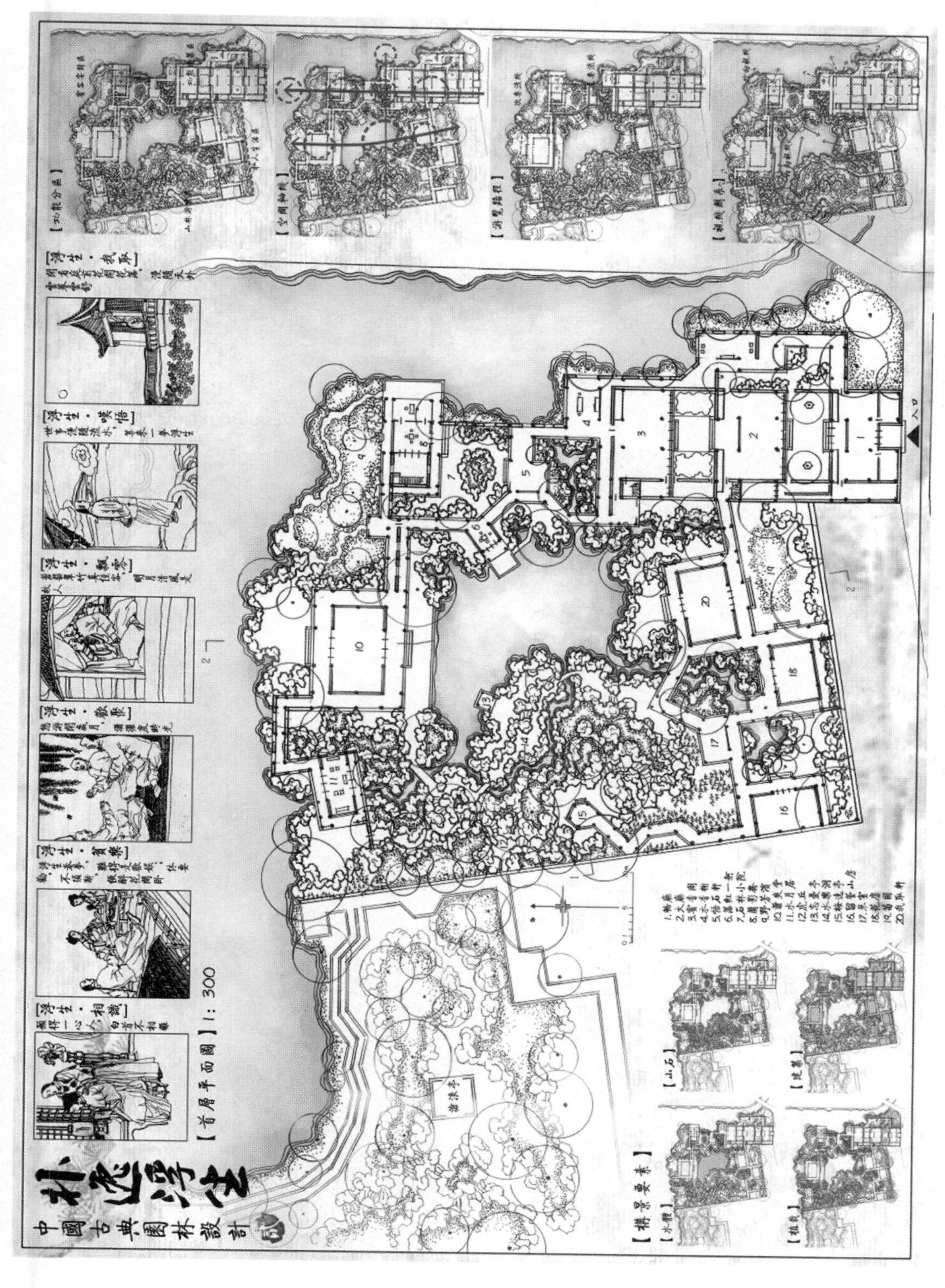

图7.5　朴逸浮生（二）

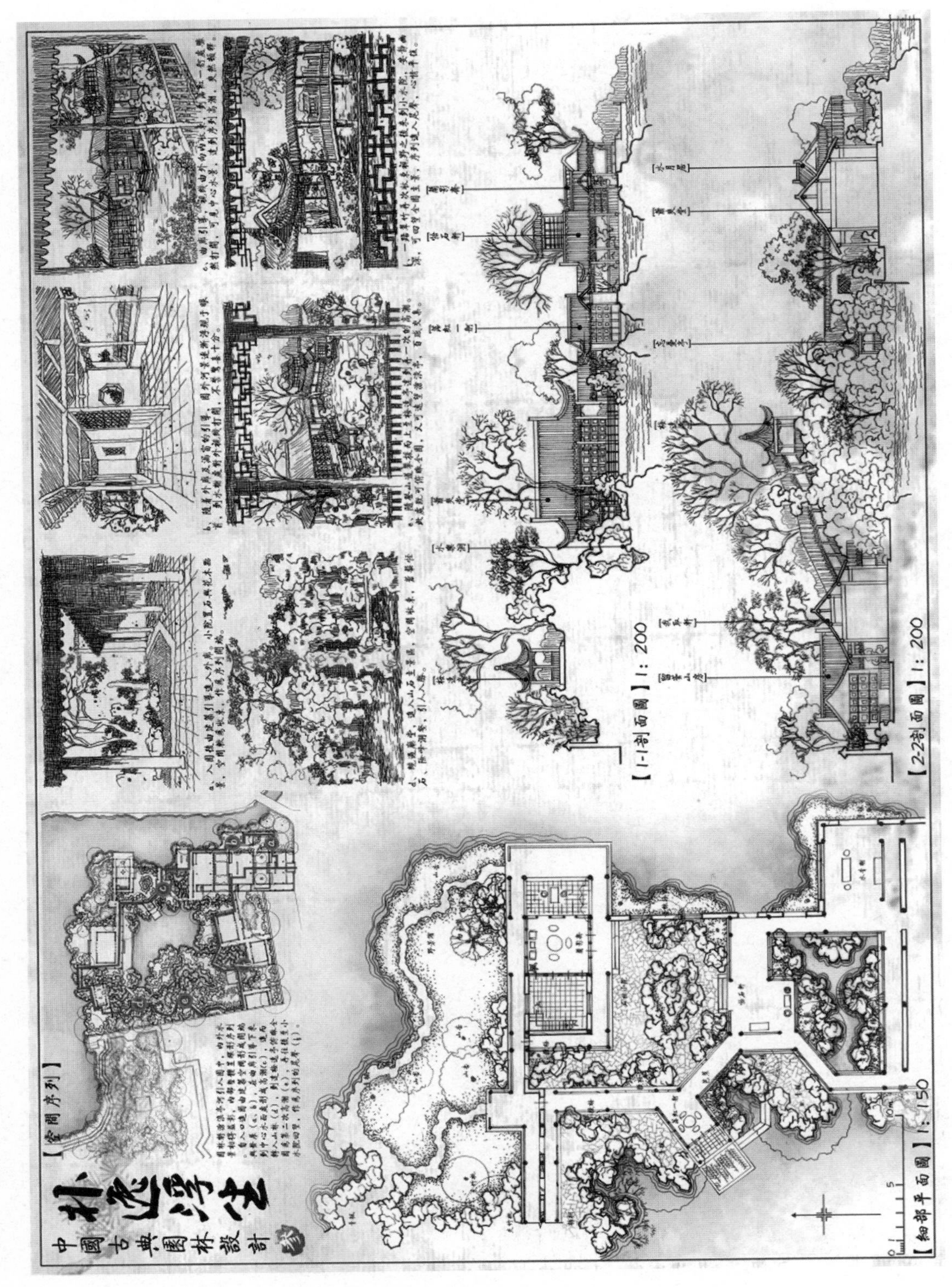

图7.6　朴逸浮生（三）

7.2 古典园林建筑设计作业

作业名称:陶庵园

学　　生:杨于莺、杨午燕

指导老师:戴秋思、汪智洋、焦洋、蒋家龙、熊海龙

年　　级:建筑学专业 2017 级(四年级)

设计构思:

陶庵园是为“陶庵居士”张岱设计的纪念园林,以其生活的明末清初为园林的时代背景,选址于西湖之畔的城市地。园林以张岱的生平经历为叙事游线,其间穿插张岱的轶事典故为点景。园林采用中央开凿水池、四周布置建筑和游廊的格局,运用远借、镜借、障景、对景、框景等多种成景手法,营造出“陶庵十景”——金玉满堂、湖心亭看雪、丝社合弹、禊泉焙茶、琅嬛藏书、蟹会堂宴友、荒园断炊、镜花梦寻、夜航著述、大梦将寤。它们既是园内的主要风景,也是张岱生平十景。设计旨在创造一个充满想象与诗意、富有变化的明清风格的园林空间,纪念张岱非凡的一生。

设计时长:8 周

指导老师评价:

两位同学在“陶庵园”设计中担当起了“能主之人”,倾情投入,从设计构思、文献查阅、相地选址、叙事方式、游线组织、景观营造、建筑选型、模型建构等各个环节,细心揣摩古人的文韵、画意与匠心,通过掇山理水、栽花取势、建筑点睛,复现典故、渐入佳境。设计中,他们以《园冶》与《营造法原》为重要的参考文本,学习传统的营造技艺,令设计有据可依。设计成果较好地在有限的园林里以恰当的主题景观诠释了“陶庵居士”张岱的经典人生,以尺度适宜的建筑形态展现了明清园林的风貌。

作业展示:

作业如图 7.7—图 7.12 所示。

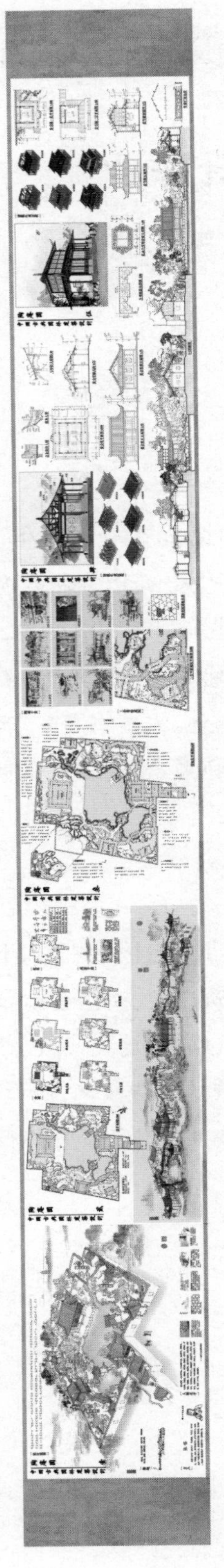

图7.7　陶庵园（一）

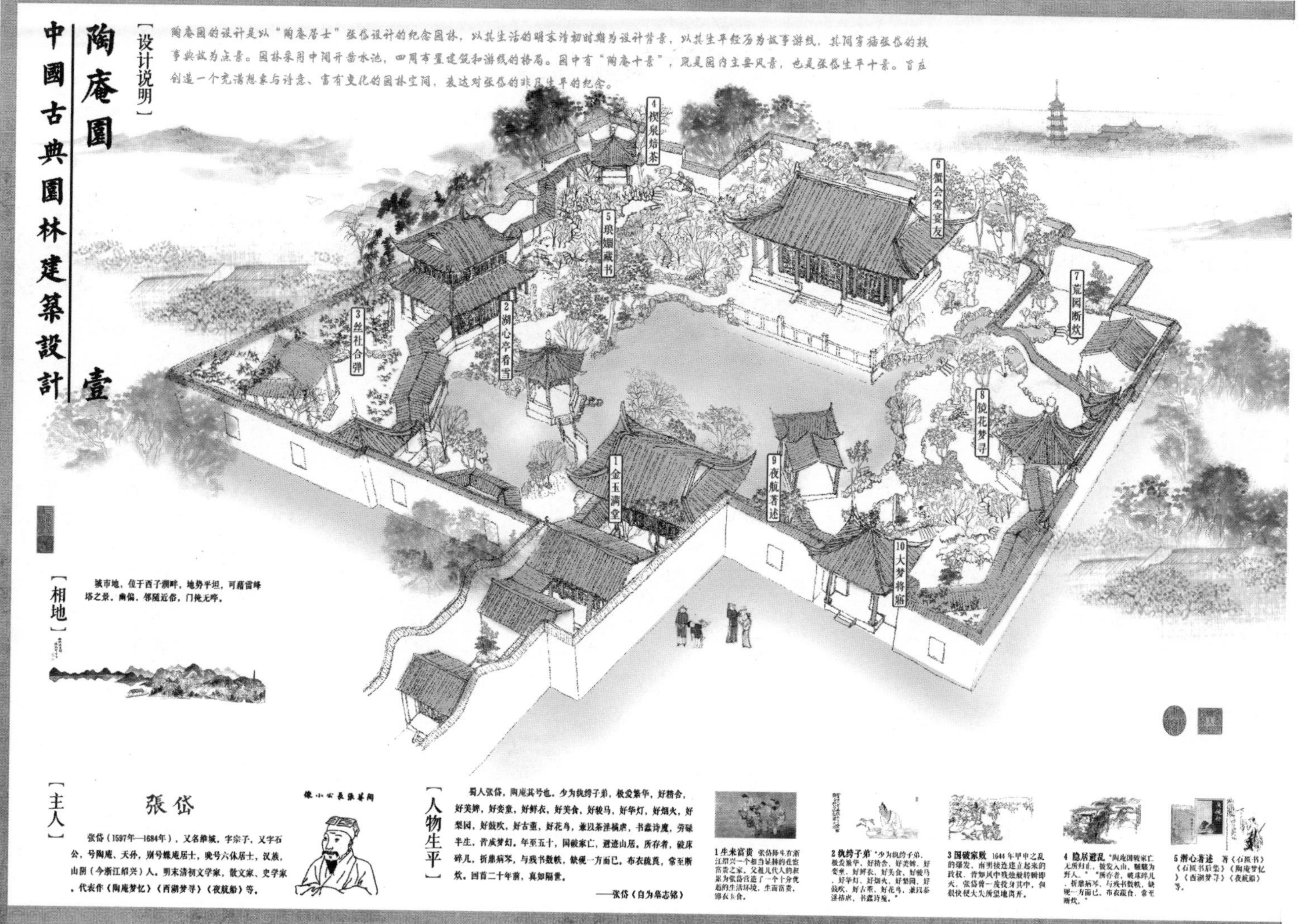
中國古典園林建築設計
陶庵園
壹
【设计说明】
陶庵园的设计是以"陶庵居士"张岱设计的纪念园林，以其生活的明末清初时期为设计背景，以其生平经历为故事游线，其间穿插张岱的轶事典故为点景。园林采用中间开凿水池，四周布置建筑和游线的格局。园中有"陶庵十景"，既是园内主要风景，也是张岱生平十景。旨在创造一个充满想象与诗意、富有变化的园林空间，表达对张岱的非凡生平的纪念。
1 金玉满堂
2 湖心亭看雪
3 丝社合弹
4 楔泉焙茶
5 嫏嬛藏书
6 蟹会堂宴友
7 荒园断炊
9 夜航著述
10 大梦将寤
【相地】
城市地，位于西子湖畔，地势平坦，可藉雷峰塔之景。幽偏，邻随近俗，门掩无哗。
【主人】
張岱
张岱（1597年—1684年），又名维城，字宗子，又字石公，号陶庵、天孙，别号蝶庵居士，晚号六休居士，汉族，山阴（今浙江绍兴）人。明末清初文学家，散文家、史学家，代表作《陶庵梦忆》《西湖梦寻》《夜航船》等。
【人物生平】
蜀人张岱，陶庵其号也。少为纨绔子弟，极爱繁华，好精舍，好美婢，好娈童，好鲜衣，好美食，好骏马，好华灯，好烟火，好梨园，好鼓吹，好古董，好花鸟，兼以茶淫橘虐，书蠹诗魔，劳碌半生，皆成梦幻。年至五十，国破家亡，避迹山居。所存者，破床碎几，折鼎病琴，与残书数帙，缺砚一方而已。布衣蔬莨，常至断炊。回首二十年前，真如隔世。
——张岱《自为墓志铭》
1 生来富贵 张岱降生在浙江绍兴一个相当显赫的仕宦富贵之家。父祖几代人的积累为张岱营造了一个十分优越的生活环境，生而富贵，锦衣玉食。
2 纨绔子弟 "少为纨绔子弟，极爱繁华，好精舍，好美婢，好娈童，好鲜衣，好美食，好骏马，好华灯，好烟火，好梨园，好鼓吹，好古董，好花鸟，兼以茶淫橘虐，书蠹诗魔。"
3 国破家败 1644年甲申之乱的爆发，南明接连建立起来的政权，皆如风中残烛般转瞬即灭，张岱曾一度投身其中，但很快便大失所望地离开。
4 隐居避乱 "陶庵国破家亡无所归止，披发入山，骇骇为野人。""所存者，破床碎几，折鼎病琴，与残书数帙，缺砚一方而已。布衣蔬食，常至断炊。"
5 潜心著述 著《石匮书》《石匮书后集》《陶庵梦忆》《西湖梦寻》《夜航船》等。

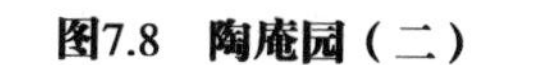

图7.8 陶庵园（二）

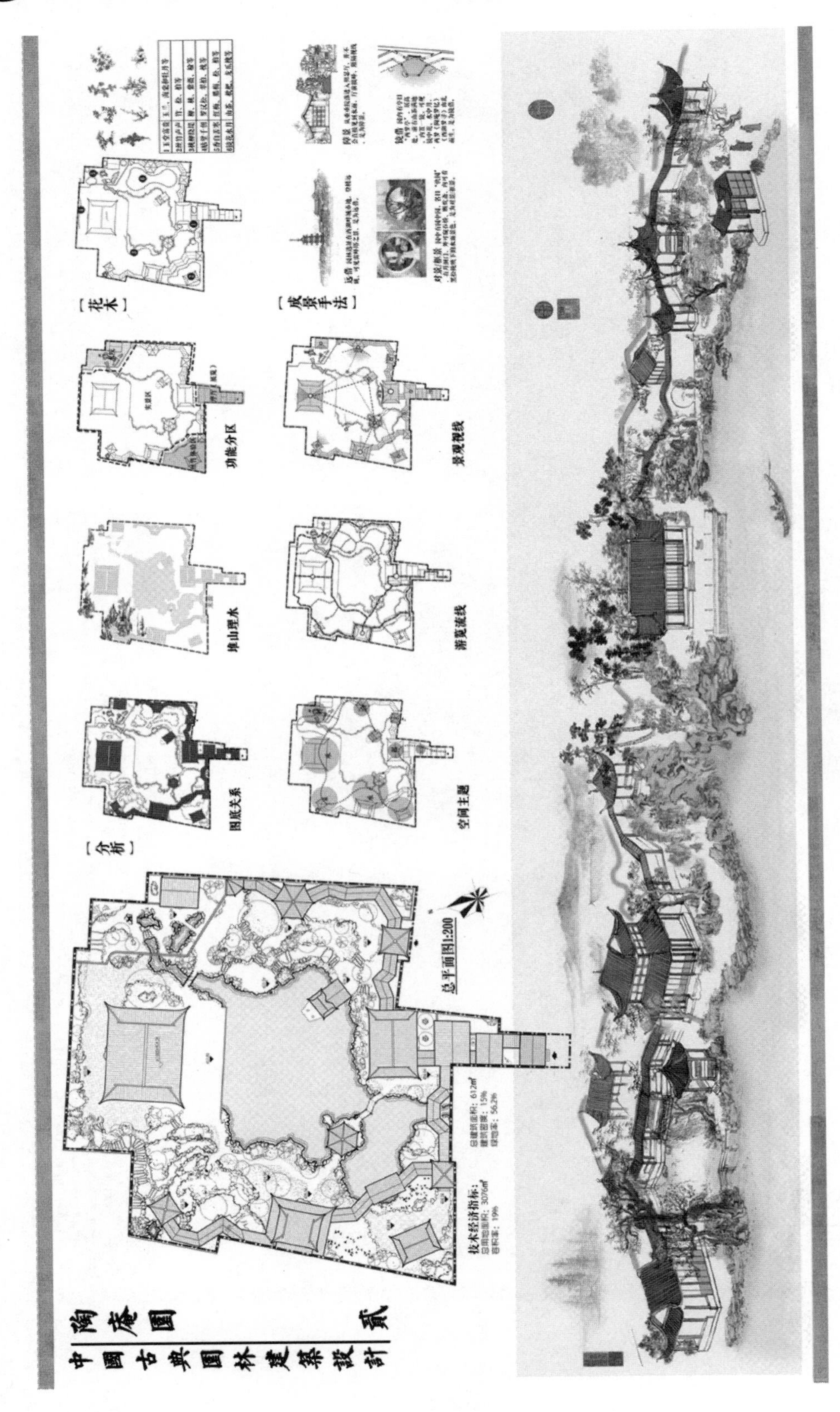
陶庵園 貳
中國古典園林建築設計
总平面图1:200
技术经济指标：
分析
图底关系
堆山理水
功能分区
花木
空间主题
游览流线
景观视线
造景手法

图7.9 陶庵园（三）

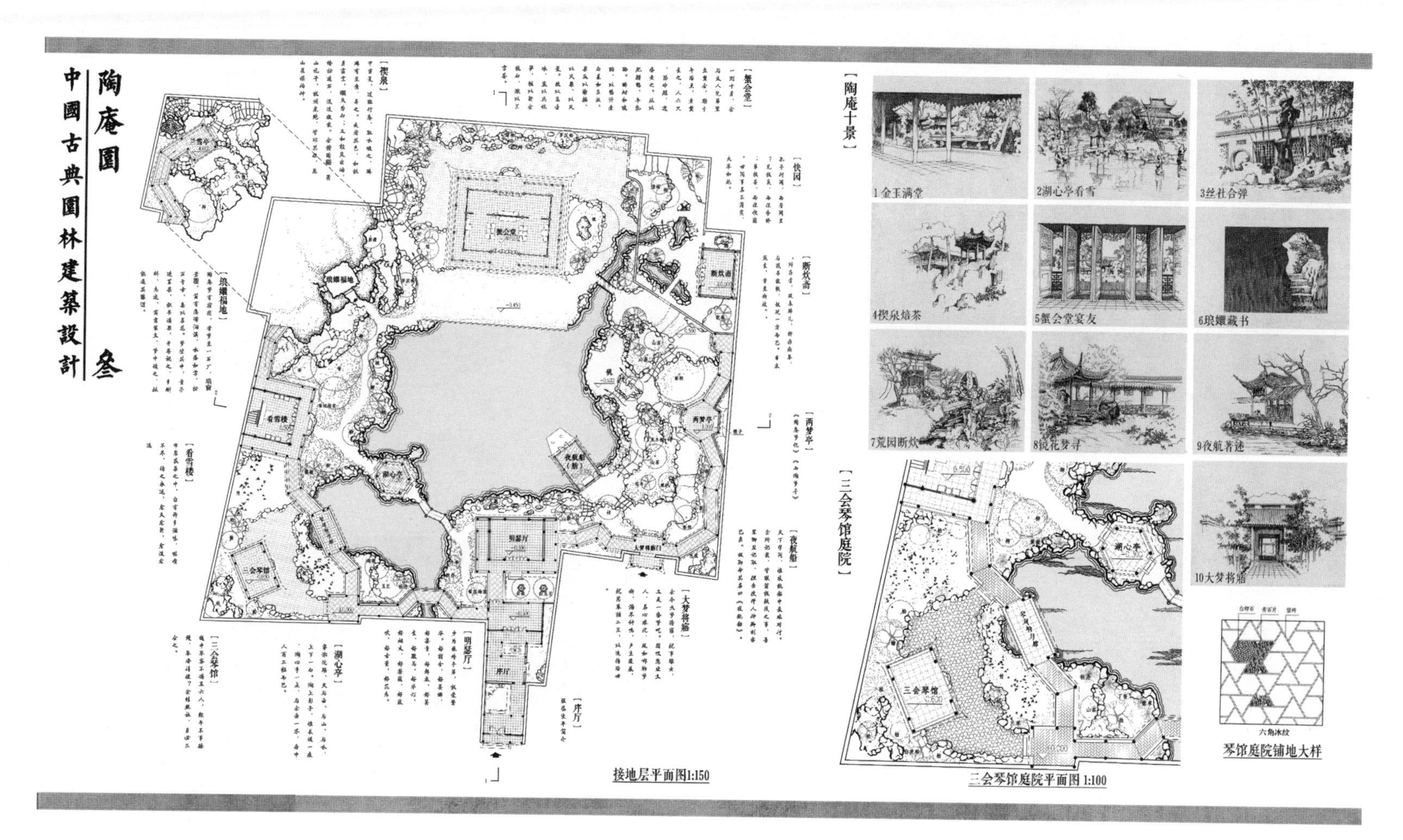

陶庵园
中國古典園林建築設計
【陶庵十景】
1金玉满堂
2湖心亭看雪
3丝社合弹
4禊泉焙茶
5蟹会堂宴友
6琅嬛藏书
7荒园断炊
8镜花梦寻
9夜航著述
10大梦将寤
【三会琴馆庭院】
接地层平面图1:150
三会琴馆庭院平面图 1:100
琴馆庭院铺地大样
六角冰纹

图7.10 陶庵园（四）

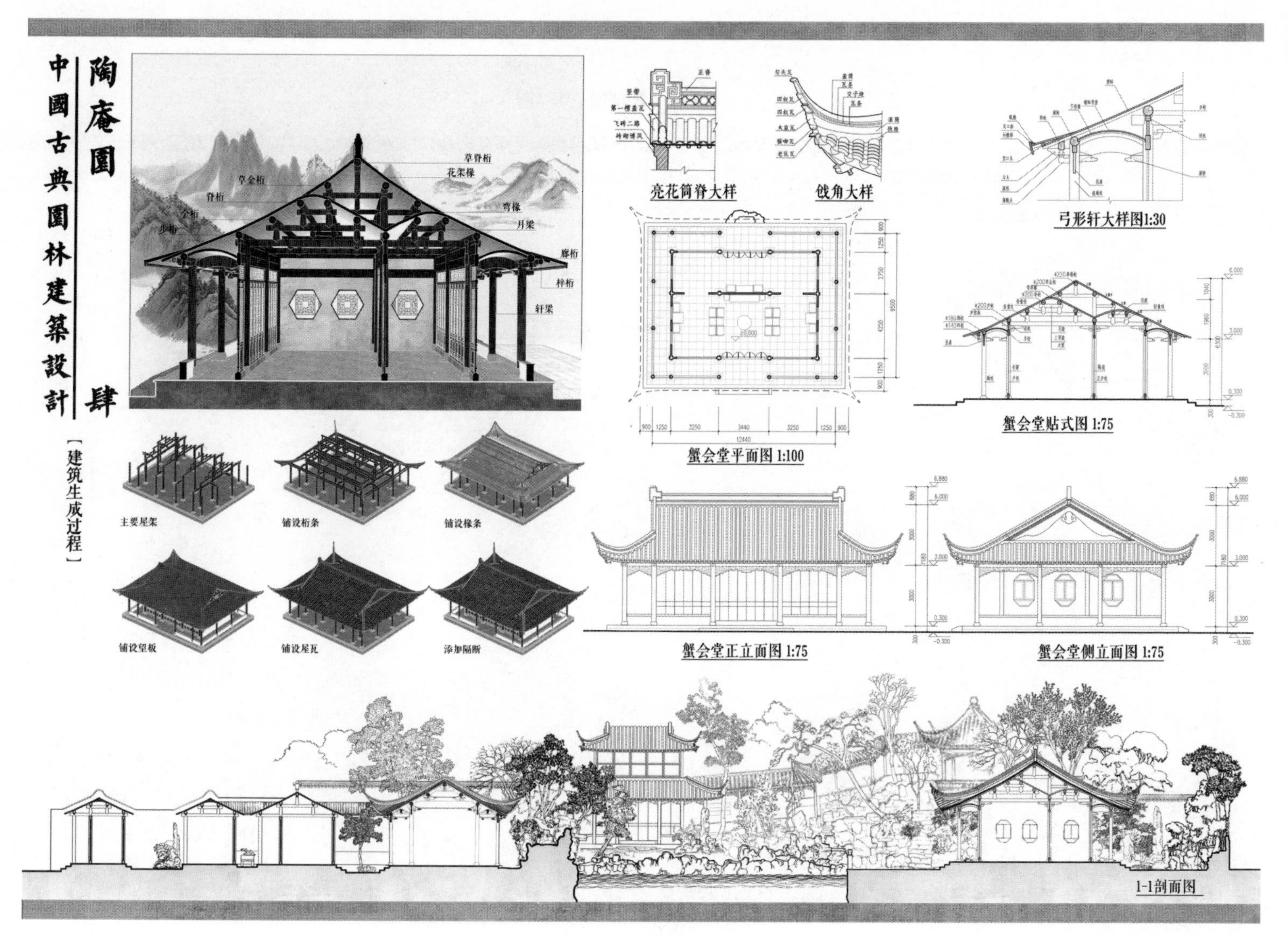
陶庵園 肆
中國古典園林建築設計
[建筑生成过程]
草脊桁
花架椽
草金桁
脊桁
金桁
步桁
弯椽
月梁
廊桁
梓桁
轩梁
主要屋架
铺设桁条
铺设椽条
铺设望板
铺设屋瓦
添加隔断
亮花筒脊大样
戗角大样
弓形轩大样图1:30
蟹会堂平面图 1:100
蟹会堂贴式图 1:75
蟹会堂正立面图 1:75
蟹会堂侧立面图 1:75
1-1剖面图

图7.11 陶庵园（五）

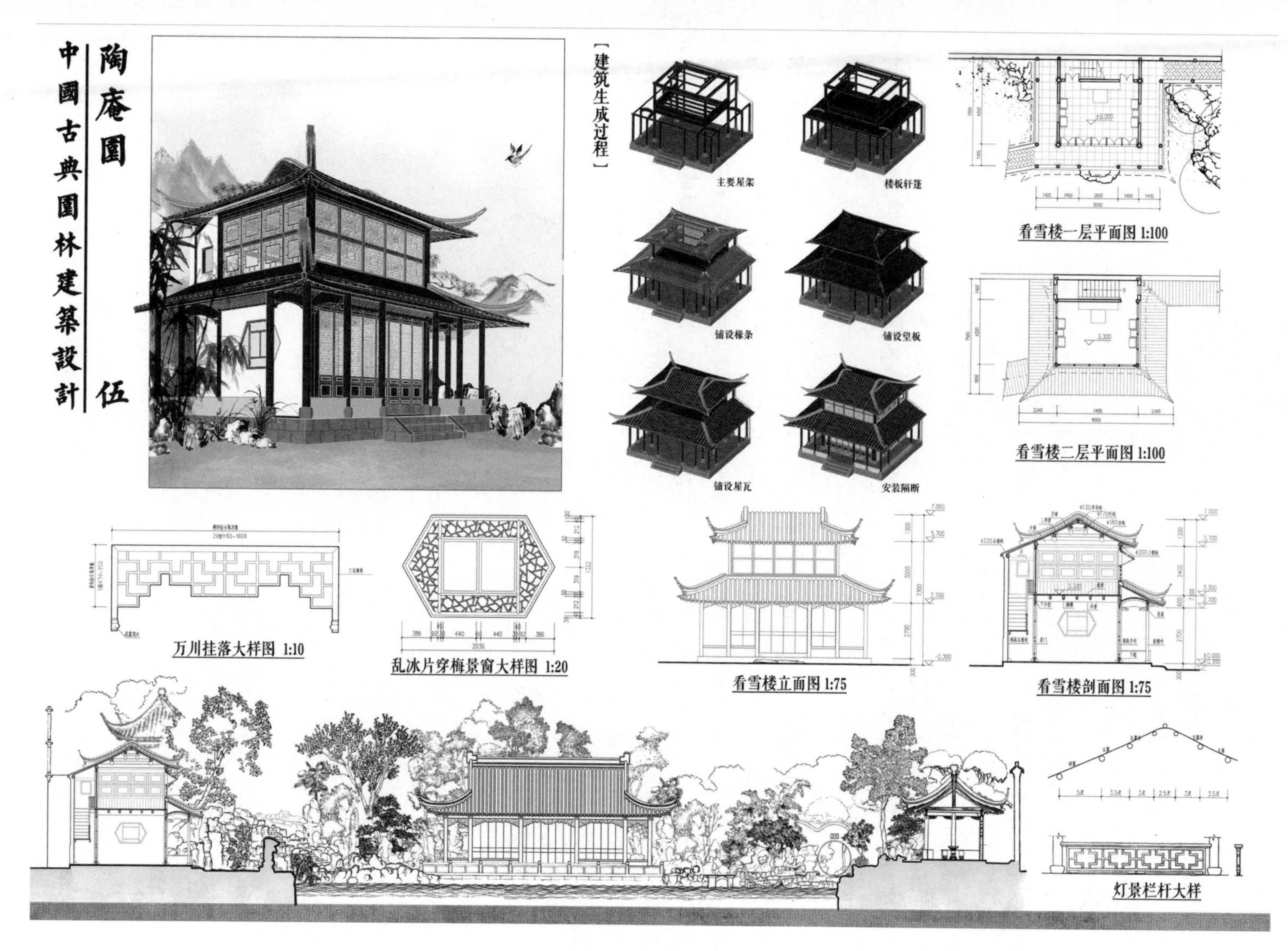

陶庵園
中國古典園林建築設計
伍
建筑生成过程
主要屋架
楼板轩篷
铺设椽条
铺设望板
铺设屋瓦
安装隔断
看雪楼一层平面图 1:100
看雪楼二层平面图 1:100
万川挂落大样图 1:10
乱冰片穿梅景窗大样图 1:20
看雪楼立面图 1:75
看雪楼剖面图 1:75
灯景栏杆大样

图7.12 陶庵园（六）

作业名称:别意园
学　　生:黄佳月、古大炜
指导老师:汪智洋、戴秋思、焦洋、蒋家龙、熊海龙
年　　级:建筑学专业 2017 级(四年级)
设计时长:8 周
设计构思:

别意园为宋代著名画家郭熙所建的私家园林,园林布局取自其画论《林泉高致》中对山水形态的理解与感悟,其文末写到:又岂知古人于画事别有意旨哉。"别意"二字便来源于此。他虽为朝廷画师,却心系自然,这山水画中的别样意趣,只有拥有林泉之心的隐士才能体悟。因此将郭熙对于山的"三远"构图手法、对于水的"水形"姿态描写、对于山水自然随着"时间"的阴晴变化,与古典园林相结合,营造出属于郭熙笔下的"别意"山水。本设计以"四季"为线索,结合山水景观与主人的行为活动,体现四种不同的"别意",即春行怡然之意、夏游畅然之意、秋居悠然之意、冬望安然之意,作为园林中的四个主题。

指导老师评价:

本设计为宋代画家郭熙营造私园。设计构思时,以园主所著画论中对自然山水的所悟所感作为私园营造之价值取向,并提炼园主生平所作画卷中"四季山水"之情景,用于园林表达与意境塑造,取得了较好的"情景相融"的效果。在设计过程中,两位同学通过研读宋代资料、收集宋代画作、归纳宋元特质等,梳理了宋代园林设计可参考的信息,为还原宋式园林风貌起到促进作用;同时,园林建筑设计以宋代李诫的《营造法式》为蓝本,遵循当时建筑特征与营造技艺,较好地还原了宋式建筑的形制,使园林与建筑相映成趣、相得益彰,呈现出"雅致、天然"的宋式园林整体风貌。

作业展示:

作业如图 7.13—图 7.18 所示。

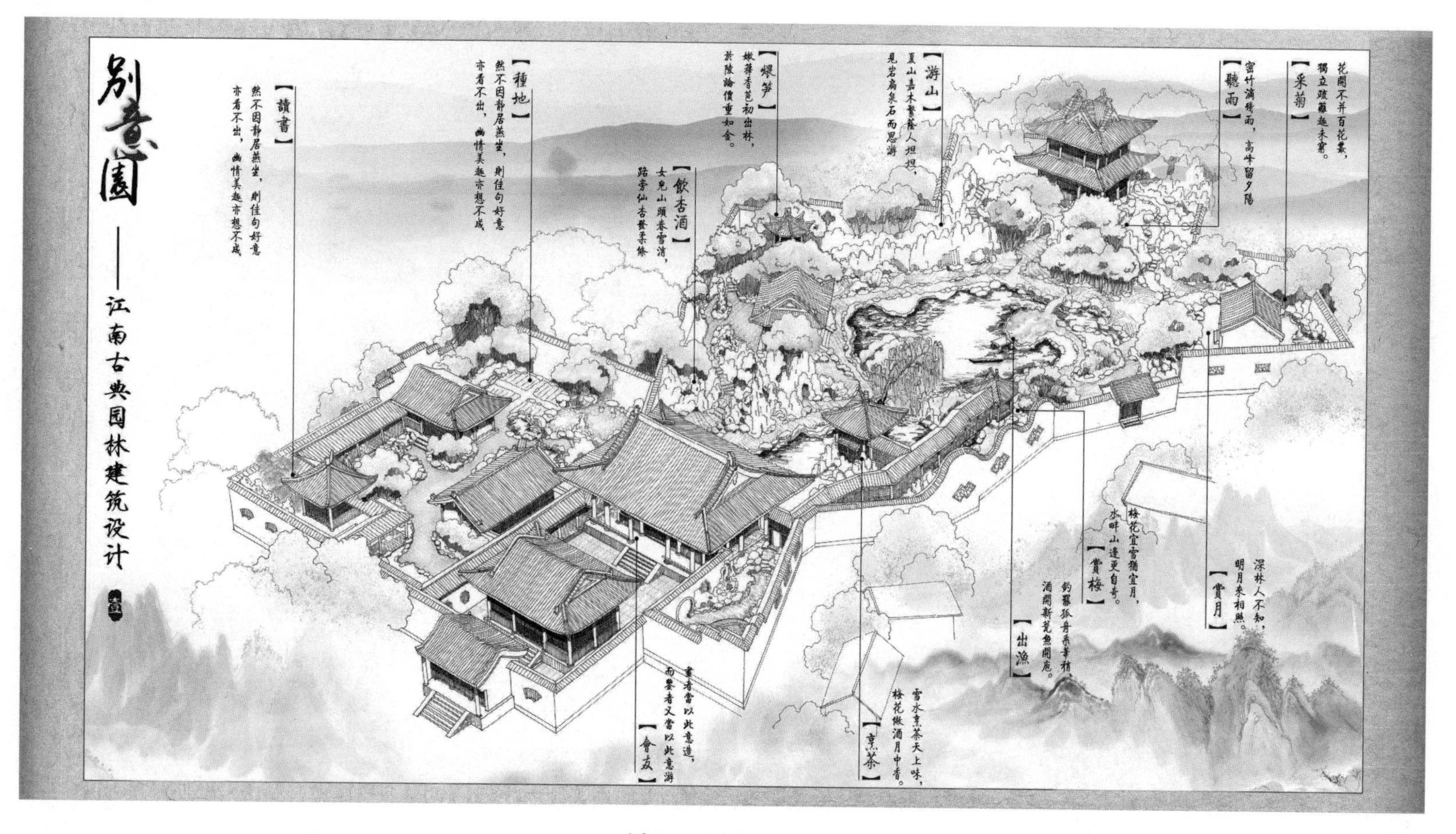

图7.13 别意园（一）

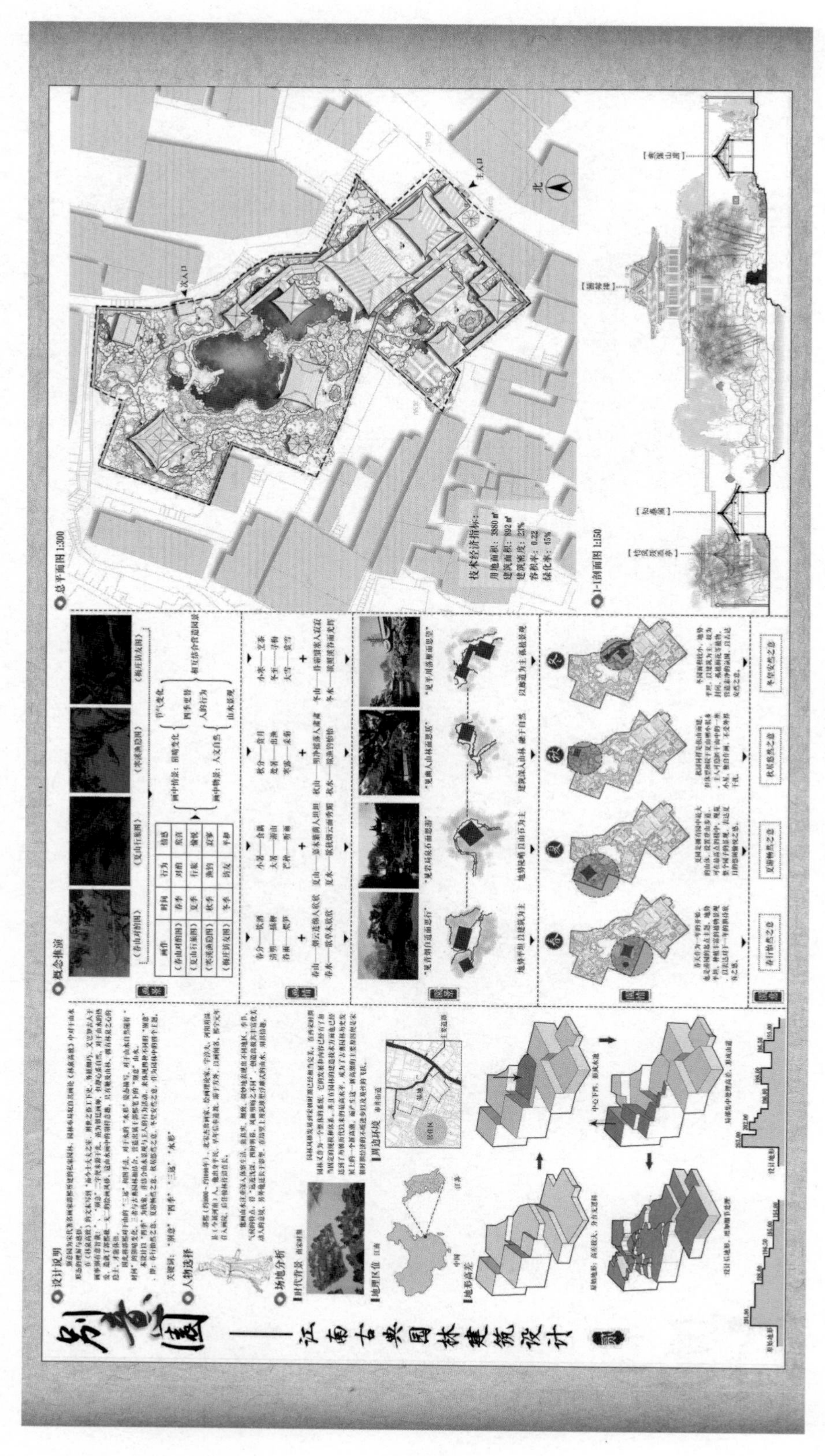

图7.14 别意园（二）

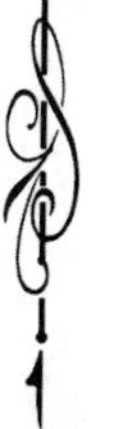

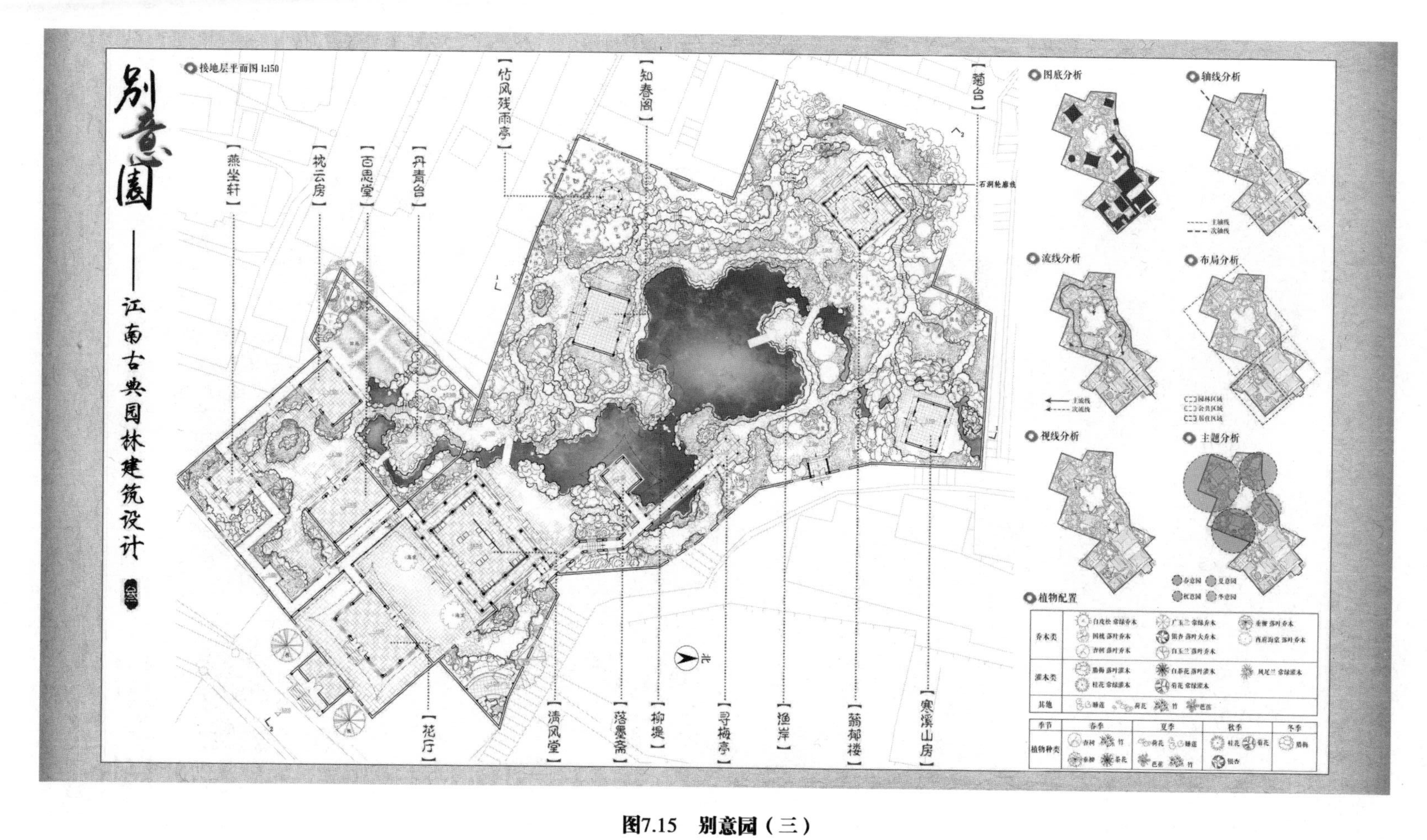
别意园
——江南古典园林建筑设计
接地层平面图 1:150
燕尘轩
枕云房
百思堂
丹青台
竹风残雨亭
知春阁
菊台
石洞轮廓线
花厅
清风堂
落墨斋
柳堤
寻梅亭
渔岸
蒴郁楼
寒溪山房
北
图底分析
轴线分析
主轴线
次轴线
流线分析
主流线
次流线
布局分析
园林区域
公共区域
居住区域
视线分析
主题分析
春意园
夏意园
秋意园
冬意园
植物配置
乔木类
灌木类
其他
季节
春季
夏季
秋季
冬季
植物种类

图7.15 别意园（三）

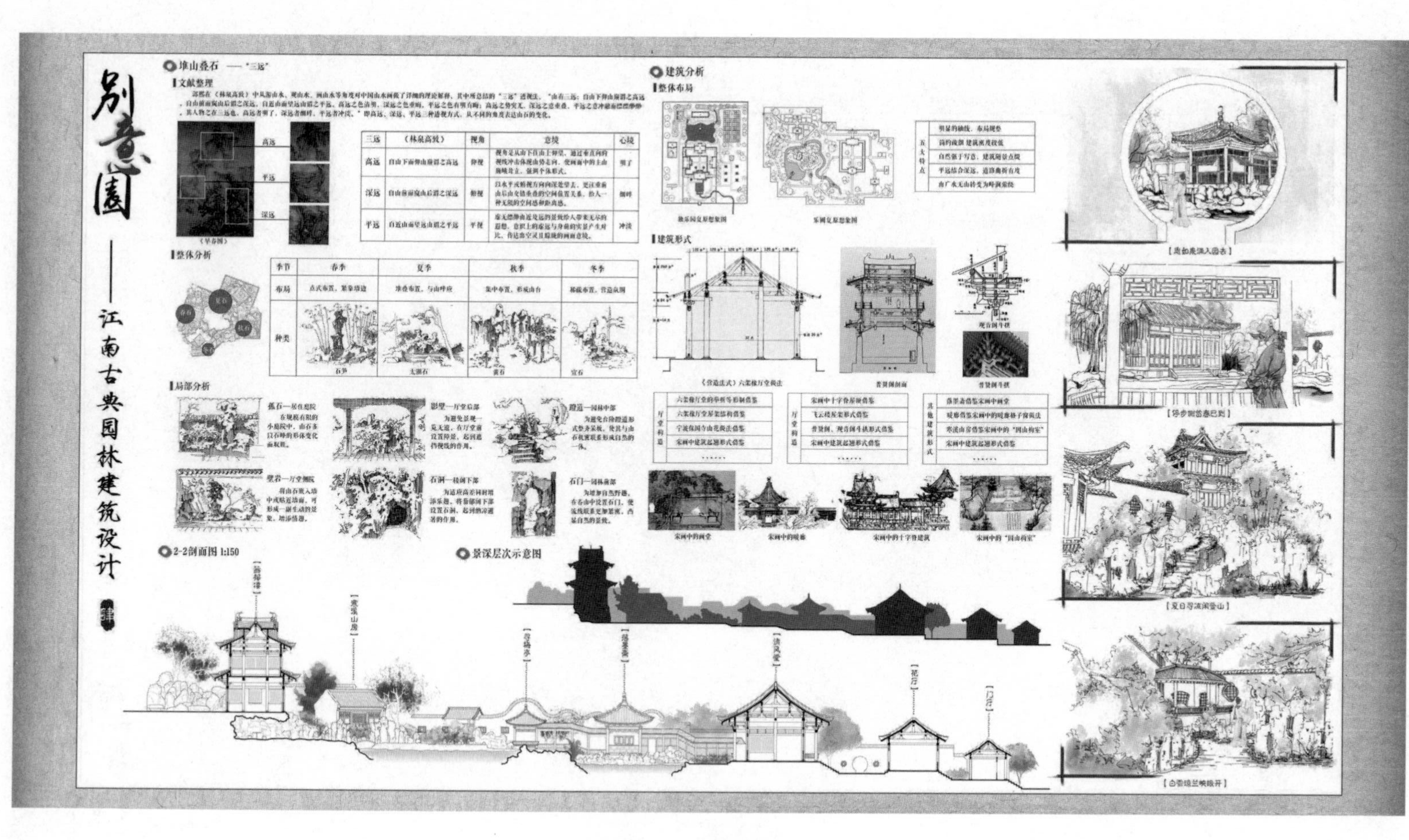
别意園
——江南古典园林建筑设计
堆山叠石——"三远"
文献整理
整体分析
局部分析
2-2剖面图 1:150
景深层次示意图
建筑分析
整体布局
建筑形式

图7.16 别意园（四）

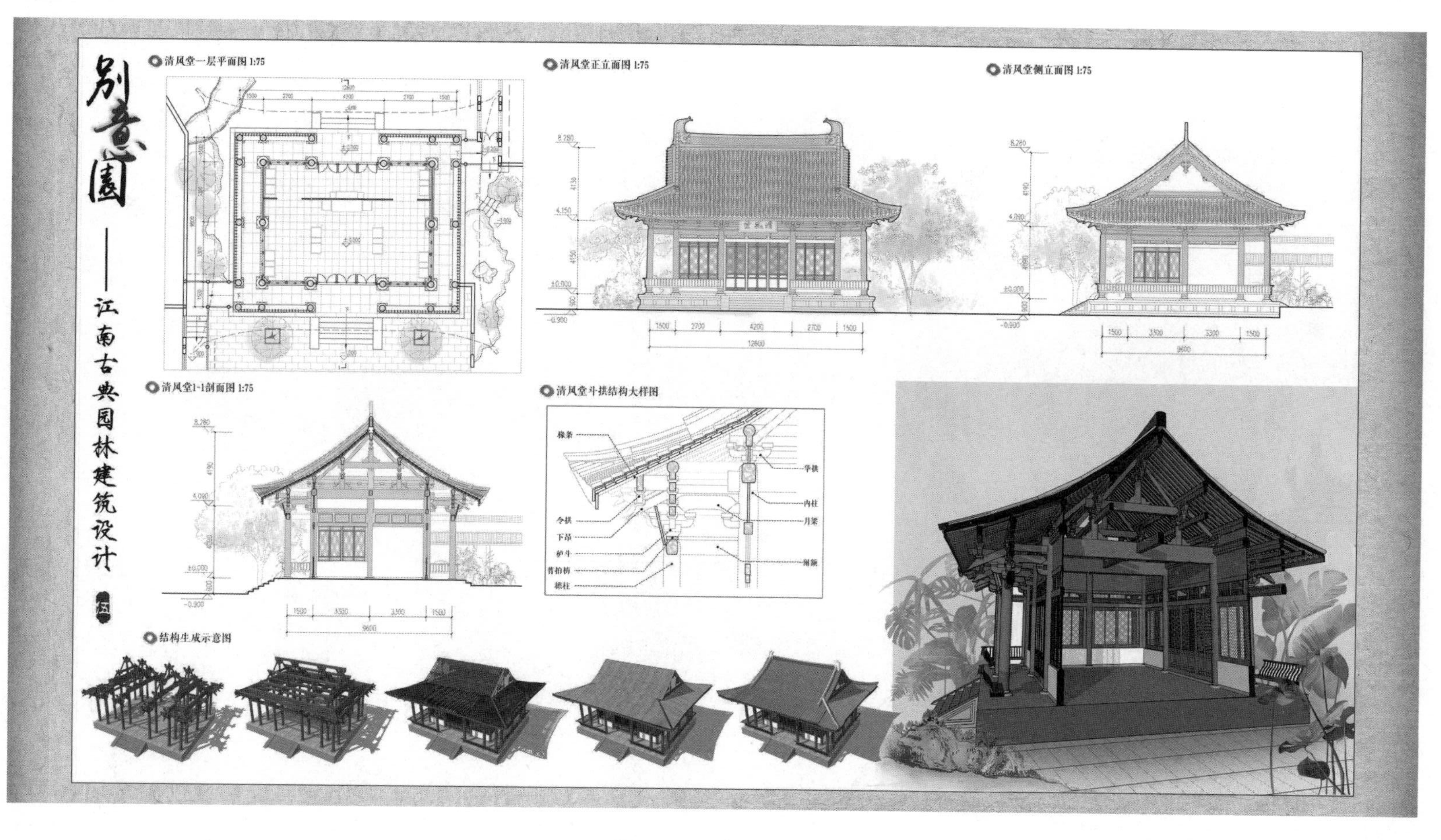
别意园
——江南古典园林建筑设计
五
清风堂一层平面图 1:75
清风堂正立面图 1:75
清风堂侧立面图 1:75
清风堂1-1剖面图 1:75
清风堂斗拱结构大样图
橡条
令拱
下昂
护斗
普柏枋
檐柱
华拱
内柱
月梁
结构生成示意图

图7.17 别意园（五）

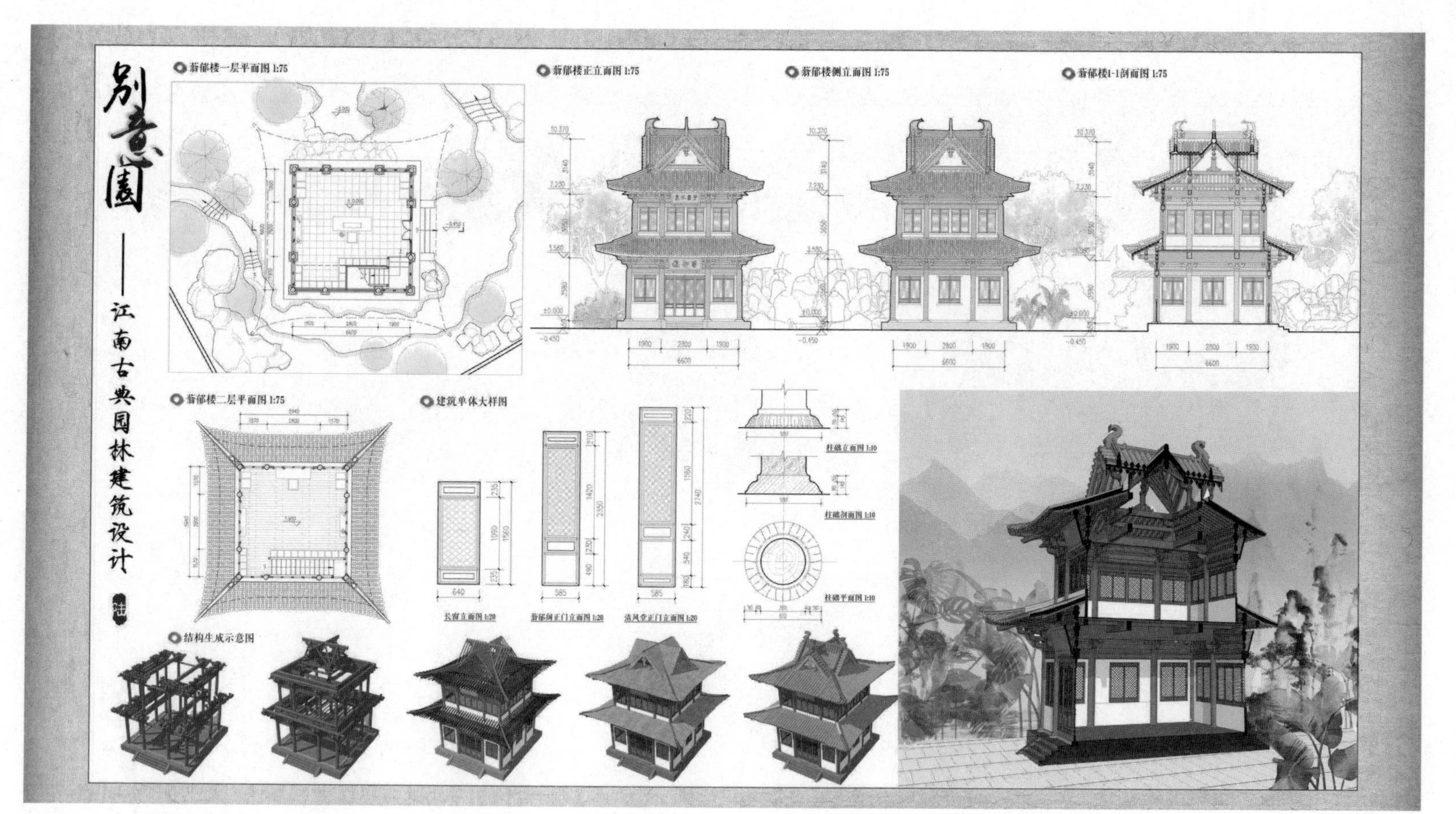

别意园
——江南古典园林建筑设计
蓊郁楼一层平面图 1:75
蓊郁楼正立面图 1:75
蓊郁楼侧立面图 1:75
蓊郁楼1-1剖面图 1:75
蓊郁楼二层平面图 1:75
建筑单体大样图
长窗立面图 1:20
蓊郁阁正门立面图 1:20
清风堂正门立面图 1:20
柱础立面图 1:10
柱础剖面图 1:10
柱础平面图 1:10
结构生成示意图

图7.18 别意园（六）

参考文献

[1] 计成. 园冶[M]. 李世葵,刘金鹏,评注. 北京:中华书局,2017.

[2] 计成. 园冶注释[M]. 陈植,注释. 2 版. 北京:中国建筑工业出版社,2017.

[3] 计成. 园冶图说(修订版)[M]. 赵农,注释. 济南:山东画报出版社,2010.

[4] 潘谷西,何建中.《营造法式》解读(修订本)[M]. 南京:东南大学出版社,2017.

[5] 姚承祖. 营造法原[M]. 张至刚,增编. 刘敦桢,校阅. 2 版. 北京:中国建筑工业出版社,1986.

[6] 祝纪楠.《营造法原》诠释[M]. 北京:中国建筑工业出版社,2012.

[7] 梁思成. 清式营造则例[M]. 北京:中国建筑工业出版社,1981.

[8] 王毅. 中国园林文化史[M]. 上海:上海人民出版社,2014.

[9] 金学智. 中国园林美学[M]. 2 版. 北京:中国建筑工业出版社,2005.

[10] 周维权. 中国古典园林史[M]. 3 版. 北京:清华大学出版社,2008.

[11] 冯钟平. 中国园林建筑[M]. 2 版. 北京:清华大学出版社,2000.

[12] 彭一刚. 中国古典园林分析[M]. 北京:中国建筑工业出版社,1986.

[13] 刘敦桢. 苏州古典园林[M]. 武汉:华中科技大学出版社,2019.

[14] 清华大学建筑学院. 颐和园[M]. 北京:中国建筑工业出版社,2000.

[15] 天津大学建筑学院. 中国古典园林建筑图录:北方园林[M]. 南京:江苏凤凰科学技术出版社,2015.

[16] 天津大学建筑系,北京市园林局. 清代御苑撷英[M]. 天津:天津大学出版社,1990.

[17] 刘先觉,潘谷西. 江南园林图录:庭院 · 景观建筑[M]. 南京:东南大学出版社,2007.

[18] 苏州民族建筑学会,苏州园林发展股份有限公司. 苏州古典园林营造录[M]. 北京:中国建筑工业出版社,2003.

[19] 赵长庚. 西蜀历史文化名人纪念园林[M]. 成都:四川科学技术出版社,1989.

[20] 陈其兵,杨玉培. 西蜀园林[M]. 北京:中国林业出版社,2010.

[21] 杜汝俭,李恩山,刘管平. 园林建筑设计[M]. 北京:中国建筑工业出版社,1986.

[22] 张青萍. 园林建筑设计[M]. 2 版. 南京:东南大学出版社,2017.

[23] 卢仁. 园林建筑[M]. 北京:中国林业出版社,2000.

[24] 梁思成. 梁思成全集:第九卷[M]. 北京:中国建筑工业出版社,2001.

[25] 冯纪忠. 与古为新:方塔园规划[M]. 北京:东方出版社,2010.

[26] 叶菊华. 刘敦桢 · 瞻园[M]. 南京:东南大学出版社,2013.
[27] 陆琦. 岭南园林艺术[M]. 北京:中国建筑工业出版社,2004.
[28] 向欣然. 论黄鹤楼形象的再创造[J]. 建筑学报,1986(8):43-49,84,85.
[29] 戴念慈. 曲阜孔子研究院设计[J]. 建筑学报,1989(12):2-6.